动手玩转 Scratch 3.0 编程

人工智能科创教育指南

[美] Majed Marji 著　李泽 于欣龙 译

Learn to Program with Scratch

A Visual Introduction to Programming with Games, Art, Science, and Math

電子工業出版社
Publishing House of Electronics Industry
北京•BEIJING

内 容 简 介

Scratch是可视化的编程语言，其丰富的学习环境适合所有年龄阶段的人。利用它可以制作交互式程序、富媒体项目，包括动画故事、读书报告、科学实验、游戏和模拟程序等，此外，Scratch也是人工智能科创教育领域的重要工具。本书的目标是将Scratch作为工具，教会读者最基本的编程概念，同时揭示Scratch在教学和科创方面的强大能力。本书使用升级后的Scratch 3.0版本，该版本尤其适用于人工智能科创教育领域。

全书共分9章，前三章讲解如何使用Scratch绘制几何图形，并创建富媒体应用程序，其余章节使用Scratch讲解各个编程概念。每一章都有许多完整的案例，读者可以模仿它们制作许多类似的程序。当读完整本书后，相信你一定可以亲自完成各种编程项目。

本书假定读者没有任何编程基础。本书内容的难度基本不会超过高中数学，个别有难度的模拟程序可以先行跳过。

版权贸易合同登记号 图字：01-2015-3482

图书在版编目（CIP）数据

动手玩转Scratch 3.0编程：人工智能科创教育指南 /（美）马吉德•马吉（Majed Marji）著；李泽，于欣龙译 .—北京：电子工业出版社，2020.1
书名原文：Learn to Program with Scratch: A Visual Introduction to Programming with Games, Art, Science, and Math
ISBN 978-7-121-37616-0

Ⅰ.①动… Ⅱ.①马… ②李… ③于… Ⅲ.①程序设计－指南 Ⅳ.① TP311.1-62

中国版本图书馆CIP数据核字（2019）第219906号

责任编辑：林瑞和
印　　刷：天津千鹤文化传播有限公司
装　　订：天津千鹤文化传播有限公司
出版发行：电子工业出版社
　　　　　北京市海淀区万寿路173信箱　邮编：100036
开　　本：720×1000　1/16　印张：18　字数：292千字
版　　次：2020年1月第1版
印　　次：2025年3月第20次印刷
定　　价：99.00元

凡所购买电子工业出版社图书有缺损问题，请向购买书店调换。若书店售缺，请与本社发行部联系，联系及邮购电话：（010）88254888，88258888。

质量投诉请发邮件至zlts@phei.com.cn，盗版侵权举报请发邮件至dbqq@phei.com.cn。
本书咨询联系方式：010-51260888-819，faq@phei.com.cn。

译者序 1

为什么我们要学习编程？为什么欧美发达国家的孩子更具有创造力？为什么中国青少年素质教育总是家长谈起的话题？带着一系列的问题，我便开始寻找答案。微软创始人比尔·盖茨曾说过孩子学编程要从小开始，从兴趣出发，通过学习计算机编程来培养创造力，未来我们的下一代才具有竞争力。为此，欧美发达国家掀起一股青少年学习计算机编程的浪潮。

Scratch 是由麻省理工学院（MIT）媒体实验室所开发的一款面向青少年的图形化简易编程软件。使用者只需将色彩丰富的指令方块进行组合，便可创作出多媒体程序、互动游戏、动画故事等作品。近几年本人一直从事少儿编程的研究工作，在研究中发现中小学生使用 C 语言编程的难度较大，许多学生受困于语法的规则和数学算法，无法理解程序之间的逻辑关系，一般的程序语言均采用英文编写，又增加了学习难度。而对于使用 Scratch 的学生来说，他们觉得编程就像是在设计一款游戏或者编写动画故事。他们不需要撰写复杂的文字语法，只需要通过指令流程安排和一连串积木模块的组合，就可以在短时间内完成有趣的游戏和动画设计。目前 Scratch 已被翻译成 40 多种语言在全球使用，并且能够直接在互联网浏览器上执行。

关于本书

本人有幸先于广大读者读到本书英文版 *Learn to Program with Scratch*，通过阅读发现，本书在内容编排上难度适中，非常适合中学生阅读，可作为中学科创教育教材或学生自学手册，同时也可以作为大学选修课辅助教材，实用性较强。为此，本人向电子工业出版社编辑推荐引进，并联合国内资深创客李泽先生将其翻译出来，早日跟广大师生分享，共同学习。2019 年，随着 Scratch 3.0 版本的普及，本书又推出了新的版本，更加适合作为人工智能科创教育领域的教材使用。

全书中的“试一试”和“练习题”的答案可以登录博文视点官网的本书页面 http://www.broadview.com.cn/37616，在“下载资源”区下载相关资源。

因书中图文内容丰富，设计精彩，难免会出现疏漏与错误，如果读者在阅读过程中发现任何问题，希望找到译者共同探讨，可以加入“爱上 Scratch”主题 QQ 群（157658050）。在这个群里，你会获得更多关于科创方面问题的解答。

致谢

首先要感谢麻省理工学院（MIT）媒体实验室的开发人员和本书作者为广大 Scratch 爱好者做出的巨大贡献，本人因寻找关于 Scratch 的学习资料有幸结识译者李泽先生，没有他的辛勤付出，本书不可能顺利完成。其次要感谢本书编辑林瑞和与高丽阳先生，他们为引进本书多次与外方进行沟通，并对译稿进行多次审阅。最后，感谢每一位投身于科创教育的老师。

值此出版之际，本人特别希望通过本书来唤醒更多的中国青少年从小喜欢编程，热爱创造，未来成为一个能够改变世界的科学家。

于欣龙
奥松智能创始人、资深创客

译者序2

2014 年春节午夜时分，我和弟弟在一起探讨儿童编程教育时，第一次听说 Scratch，从此便与 Scratch 邂逅、结缘。随后我尝试开办培训班，录制教学视频。10 个月后，我幸运地获得了翻译本书的机会。当我看到本书的目录时，我便下定决心：一定要将本书的思想传递给国内广大的 Scratch 爱好者、教师、学生以及家长。2019 年，鉴于 Scratch 3.0 版的普及，我又对本书做了升级整理。该版本更适合青少年读者在人工智能科创领域的学习。

纵观国内外的 Scratch 书籍，大都以独立或进阶的案例作为主线。本书虽然基于 Scratch，却完全超越 Scratch 本身。作者不仅贡献了众多优秀的案例，更重要的是，作者仅把 Scratch 视为工具，讲解了计算机科学常见的概念，如递归、字符串处理、列表等。因此，本书的适用范围很广，任何想了解计算机科学的人都能从中获益。

本书循序渐进地从计算机科学常见的概念出发，配合 Scratch 脚本演示说明，然后通过大量的项目、练习题加以巩固。作者详细地解释了每段脚本的含义，相信读者一定能理解其中的原理。

最后感谢好友于欣龙的翻译推荐，感谢研究生导师张学良院长的支持，感谢我的女朋友刘剡细致地审阅。有了大家的信任和支持，我才能竭尽全力完成本书的翻译。如有疏漏和不足之处，恳请读者批评、指正。如果读者在阅读过程中发现任何问题可以与我共同探讨，若下载本书的素材文件，可以加入“科技传播坊”的QQ群（633091087）或者关注微信公众号“kejicbf”。

李泽

作者简介

Majed Marji 拥有韦恩州立大学的电子工程博士学位和达文波特大学战略管理的 MBA 学位。他在汽车行业工作超过 15 年，开发了许多软件，涉及实时数据采集、设备控制、实验室管理、工程数据分析、嵌入式系统、远程信息处理、混合动力汽车，以及与安全相关的动力系统。Marji 博士还是韦恩州立大学电气工程系的兼职讲师，主要讲授通信工程、机器视觉、微处理器、控制系统，以及算法和数据结构等相关课程。

技术编辑简介

编辑 Tyler Watts 是一位富有创造性的计算机教育家。他在堪萨斯城的联合学区教授六到八年级的学生，还在密苏里大学堪萨斯分校教授成人学生。他从 2009 年开始使用 Scratch，并不断地用它弥补数字鸿沟，告诉学生如何像计算机科学家一样思考。在教学过程中，Tyler 逐渐认识到让学生独立思考、接受挑战，以及成为数字创造者的重要性。他认为编程是一种个性表达和教导学生的方法，和任何其他的艺术形式一样有趣。

致　谢

虽然本书封面上只有一个作者，但是有许多人都参与了创作。感谢 No Starch 出版社的专业人员，特别是本书的编辑 Jennifer Grifith-Delgado 和出版编辑 Alison Law。他们的建议和专业知识让本书更加完善，甚至在每一页上都有批注。同样感谢 Paula L. Fleming 和 Serena Yang 对本书的贡献。

感谢本书的技术编辑 Tyler Watts 提供的宝贵意见，他深思熟虑的建议在本书中多次出现。

最后感谢我的妻子 Marina 和我的两个儿子——Asad 和 Karam。他们是我完成这个长期项目的不竭动力，而且给予了我充分的时间和空间。现在终于可以弥补我曾经错过的那些时光了！

本书介绍

Scratch 是可视化的编程语言，其丰富的学习环境适合所有年龄阶段的人。利用它可以制作交互式程序、富媒体项目，包括动画故事、读书报告、科学实验、游戏和模拟程序等。与其他编程语言相比，Scratch 的可视化编程环境让我们更容易领略编程的魅力。

Scratch 不仅仅是编程工具，它还提升了我们解决问题的能力，而这才是生活中不可或缺的。该平台提供即时反馈，可以快速检查你的逻辑正确与否。可视化的结构让跟踪程序流程变得更加简单，利于完善思考的方式。从本质上讲，Scratch 缩短了大众与计算机科学思维的距离。它不仅可以激发学习的内在动力，促进你对知识的追求，还鼓励动手实践，通过探索和发现自主学习。学习 Scratch 的门槛非常低，创造力和想象力才是最重要的。

现在有不少 Scratch 编程教学的图书，但它们大多数都面向青年读者，而且案例简单、数量有限，指导读者通过 Scratch 的用户界面进行操作。这类书突出的是 Scratch 本身，而非编程的思想。相反，本书的目标是将 Scratch 作为工具，教会读者最基本的编程概念，同时揭示 Scratch 在教学上的强大能力。

本书为谁而写

如果你渴望探索计算机科学，那么这本书就是为你准备的。本书讲解基本的编程概念，可以作为中学的教材或自学手册。针对不同专业背景的学生，本书还可以作为大学教材，也可以作为类似课程的辅助教材。

通过本书的讲解，Scratch 授课老师将深化对编程的理解。老师们可以开发相应的教案，鼓励孩子们使用 Scratch 满足自己的需要。

本书假定读者没有任何编程基础。本书内容的难度基本不会超过高中数学，个别有难度的模拟程序可以先行跳过。

致读者

程序员的美妙之处在于创造。试想一下：你提出了一个问题，然后在数小时内使用键盘创造出一个软件，这是不是很让人惊叹呢？然而，编程技能和任何技能一样，唯有勤奋练习，方能游刃有余。在编程时，你可能会经常犯错，但是不要气馁，不要放弃，花时间思考其中的概念和逻辑，并使用不同的思路和技术，直到纠正它们。然后不断前行学习新的内容。

本书特点

本书的理念是亲自动手解决问题，从而掌握编程和计算机科学的相关概念。我希望培养读者的想象力，并向大家分享我在计算机编程领域的经验。

在这种理念下，本书的编写是以项目为导向的。我会详细说明某个概念，然后制作多个运用此概念的案例。因此，我们的重点是解决问题，而非 Scratch 的具体使用方法。

为了更好地解释编程的概念，不断增强你对知识点的理解，本书的案例都是精心挑选的，而且涉及各个领域的知识。

书中的“试一试”和每章结尾的“练习题”不断地挑战着你的编程能力。这两部分也能提供许多新的思想。我建议你尝试完成这些练习，并提出在编程时遇到的问题。如果你能够解决自己提出的问题，说明你对编程已经有了深刻的理解。

本书结构

为了快速入门，本书前三章讲解如何使用 Scratch 绘制几何图形，并创建富媒体应用程序。其余章节使用 Scratch 讲解各个编程概念。

第 1 章：准备开始，介绍了 Scratch 的编程环境、积木的概念和创建程序的方法。

第 2 章：运动和绘图，讲解了运动模块和 Scratch 的绘图方法。

第 3 章：外观和声音，讨论了 Scratch 的外观模块、声音模块和音乐模块。

第 4 章：过程，说明了过程是一种让程序结构化、模块化的方式。从本章开始，我们会关注良好的编程风格。

第 5 章：变量，讲解了如何使用变量跟踪记录信息，向用户询问并得到用户的输入，这为制作交互式应用程序打下基础。

第 6 章：用逻辑做决定，概括了用逻辑做决定的方法和控制程序的执行流程。

第 7 章：深入循环，详细讨论了 Scratch 中的循环结构，并通过具体案例展示循环的使用方法。

第 8 章：字符串处理，讨论了字符串数据类型，展示了许多常见的字符串操作过程。

第 9 章：列表，阐明了列表是变量的容器，展示了如何使用它们制作功能强大的程序。

每一章都有许多完整的案例，你可以模仿它们制作许多类似的程序。

本书最后还有**附录 A：分享与合作**，讲解 Scratch 3.0 网络版的相关内容。

当读完整本书后，我相信你一定可以亲自完成各种编程项目！

符号约定

为了用文字表达 Scratch 的编程界面，我们使用如下设计。

- 积木的名字：**当绿旗被点击时**。

Filename.sb3

与本节相关的文件名显示在左侧（如左侧的 *Filename.sb3*），“试一试”部分如下所示。

试一试

这是你可以尝试的部分。

在线资源

访问博文视点官网本书页面可下载本书的额外资源。下载并解压后的文件包括如下内容。

Bonus Applications：此文件夹含有许多 Scratch 案例供读者自行学习。其中 *Bonus Applications.pdf* 详细讲解了每个程序。

Chapter Scripts：包含书中的所有脚本。

Extra Resources：此文件夹包含三个 PDF 文档，深入讲解了三个你可能感兴趣的专题，包括绘图编辑器的使用、数学函数和绘制几何图形。

Solutions：包含所有的课后练习题和“试一试”的解决方案。

目　录

第 1 章

准备开始

你想自己动手创建游戏、动画故事、教学工具或科学模拟实验吗？那就快来学习 Scratch 吧！ Scratch 是图形化编程语言，可以快速实现上述程序。本章将简单对其进行介绍，包括如下内容。

- 初识 Scratch 的编程环境
- 学习不同类型的积木
- 创建第一个 Scratch 游戏

当完成一个 Scratch 程序时，你可以把它保存到计算机中，或者直接将其上传到 Scratch 官网上。（官网上的其他用户可以给你的程序留言甚至进行改编。）

有没有很激动？ OK，让我们启航吧！

什么是 Scratch

计算机程序本质上就是一系列指令的集合，它能告诉计算机要做什么。通常，我们使用编程语言写下这些指令，当然 Scratch 本质上也是这样。

大部分编程语言都是基于文本的，这就意味着你需要输入如下神秘的英文。例如，为了在屏幕上显示一句“Hello!”，你可能需要输入如下代码。

```
print('Hello!')                          (Python 编程语言)
std::cout << "Hello!" << std::endl;      (C++ 编程语言)
System.out.print("Hello!");              (Java 编程语言)
```

对初学者来说，学习这些编程语言并了解它们的语法规则是非常困难的。但是 Scratch 不同，因为它不是基于文本的，而是一种可视化的编程语言。Scratch 诞生于麻省理工学院（MIT）媒体实验室，设计它的初衷就是为了更加容易地学习编程，也让学习过程更加有趣。

创建 Scratch 程序无须输入任何复杂的命令或者代码，你要做的仅仅是连接一些图形化的积木。没理解？我们来看一个简单的程序，如图 1-1 所示。

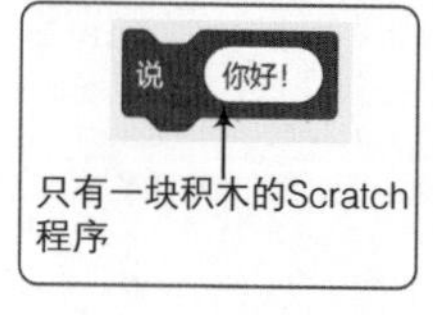

图 1-1：当运行这个 Scratch 积木后，猫咪会说“你好 !”，文字显示在说话气泡中

图 1-1 中的猫咪被称为角色，它能理解并执行你所发出的指令。紫色的积木就是一个指令，它命令猫咪在说话气泡中显示“你好 !”。本书中的大部分程序都包含多个角色，你可以使用各种积木让角色移动、旋转、说话、演奏音乐甚至做数学题。

创建 Scratch 程序需要将各种不同颜色的积木卡合在一起，就像玩拼图或乐高积木一样。卡合在一起的多块积木被称为脚本。图 1-2 展示了一段脚本，其功能是连续四次改变角色（Cat）的颜色。

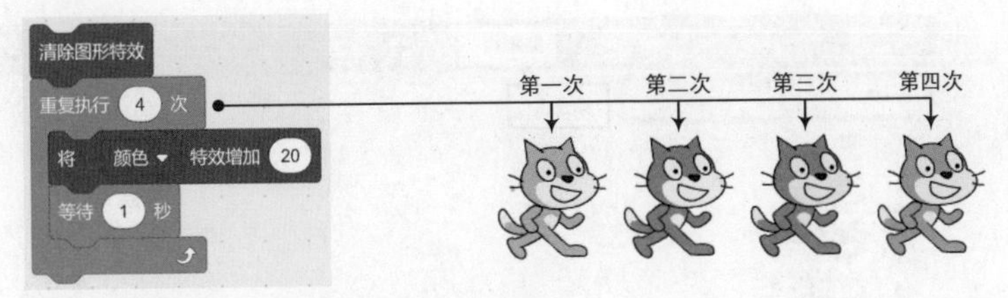

图 1-2：使用一段脚本改变角色的颜色

在这段脚本中，角色每次改变颜色时都会等待 1 秒。图 1-2 中的角色展示了颜色的变化过程。

试一试 1-1

虽然我们从未讨论过图 1-2 中积木的含义，但你可以仔细阅读一下，看看这些积木的组合，尝试指出脚本中哪些积木让猫咪改变了颜色。（提示：第一个紫色积木**清除图形特效**使猫咪的颜色还原为最初的颜色。）如果我们移除了**等待……秒**这块积木，你能想象出运行后的结果吗?

本书讲解的 Scratch 版本为发布于 2019 年 1 月 2 日的 Scratch 3.0。该版本允许你直接在网络浏览器中创建 Scratch 项目，因此，你不需要安装任何软件，本书也将使用网络版本进行创作。

现在你已经明白什么是 Scratch 了吗？下面开始我们的编程之旅吧！

Scratch 编程环境

如何打开 Scratch 呢？首先进入 Scratch 的官方网站（*https://scratch.mit.edu/*），然后单击创建选项，进入 Scratch 项目编辑器，界面如图 1-3 所示。

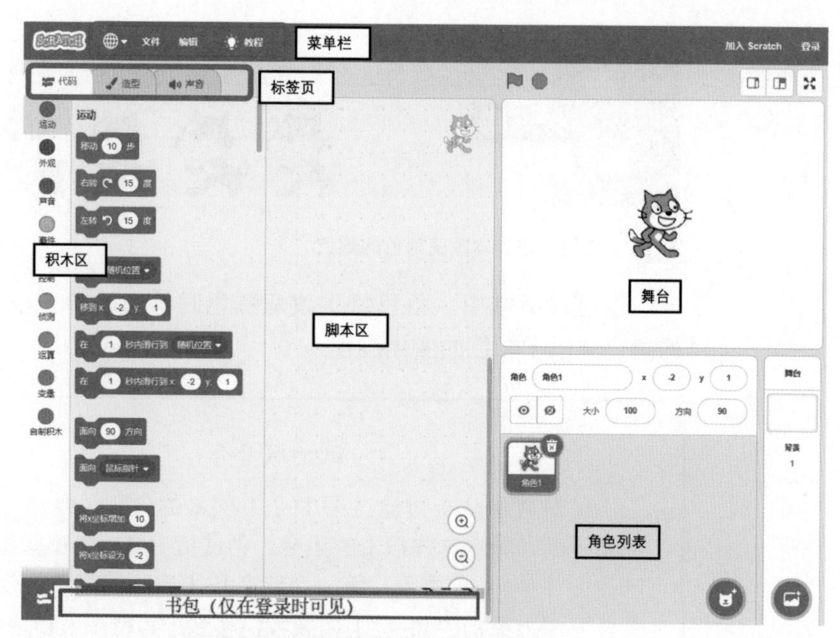

图 1-3：Scratch 项目编辑器界面，程序就在这里完成

图 1-3 大致包含三个部分：右上方的舞台、右下方的角色列表、左边与脚本相关的区域（包括积木区和脚本区）。在标签页中除了代码标签页①，还有造型标签页和声音标签页，我们将在后面讨论这些标签页。如果你已经登录 Scratch 官网，那么在左下方还能看到书包功能，它能分享你的项目，并使用现有项目中的角色和脚本。

下面让我们快速浏览一下这三个部分吧！

舞台

舞台是角色移动、交互的场所。舞台宽为480步长，高为360步长，如图 1-4 所示。舞台的中心点是 (0,0)。

① 译者注：在Scratch 2.0版本中，第一个标签页称为“脚本”。

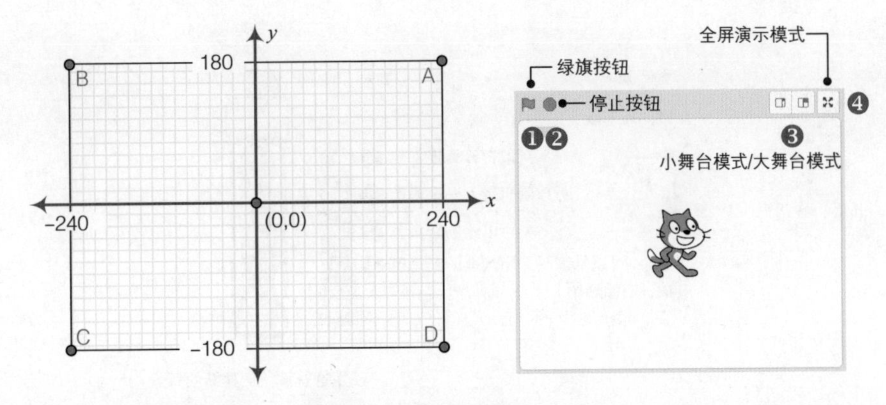

图 1-4：可以把舞台看成一个坐标系，点 (0,0) 是其中心点

绿旗按钮 ❶ 和停止按钮 ❷ 可以启动或停止程序。小舞台模式和大舞台模式 ❸ 能够缩小或放大舞台，使得脚本区便于展示。全屏演示模式 ❹ 会隐藏所有的脚本和编程工具，并将舞台放大到全屏。

试一试 1-2

我们切换到全屏演示模式，舞台有什么变化呢？如果要退出全屏演示模式，可以单击全屏演示模式中左上角的 ⌘ 图标或按 Esc 键。

角色列表

在当前项目中，所有的角色名称及其缩略图都会显示在角色列表中。一个新的 Scratch 项目默认包含一个白色的舞台和一只猫咪的角色（并且只有一个造型，这个概念会在后面介绍），如图 1-5 所示。

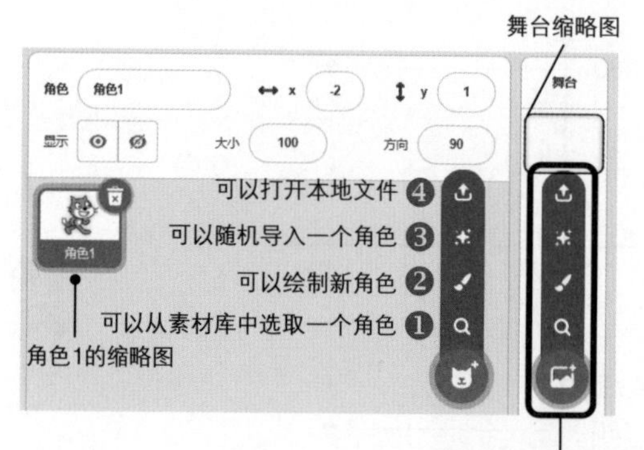

图 1-5：新的 Scratch 项目的角色列表

你可以通过“角色”工具栏上的四个按钮，向当前项目添加新的角色：Scratch 的素材库 ❶、内建的绘图编辑器（你可以在这里手绘一个造型）❷、从角色库中随机挑选一个角色 ❸，或者是本地的素材 ❹。

> **试一试 1-3**
>
> 尝试使用角色列表中的各种按钮，添加一些角色到当前项目中。你也可以拖动角色缩略图来改变角色的排放顺序。

每一个角色都有专属于自己的脚本（代码）、造型、声音。有两种方法可以查看它们：一是单击角色列表中的角色缩略图；二是双击舞台中的角色。当前已经选中的角色在角色列表中会以蓝框显示。当选中某个角色后，只需要在标签页中切换，就能访问其脚本（代码）、造型、声音，这些标签页在稍后会详细讲解。若用鼠标右键单击（Mac 可以使用“Ctrl+ 单击”）角色的缩略图，你将会看到如图 1-6 所示的菜单。

复制选项 ❶ 将复制当前角色并命名为不同的名称。删除选项 ❷ 能将该角色从列表中删除。导出选项 ❸ 可以把角色保存为 *.sprite3* 格式的本地文件（如果要导入该角色到某项目中，可以单击图 1-5 的**从本地文件中上传角色**按钮）。

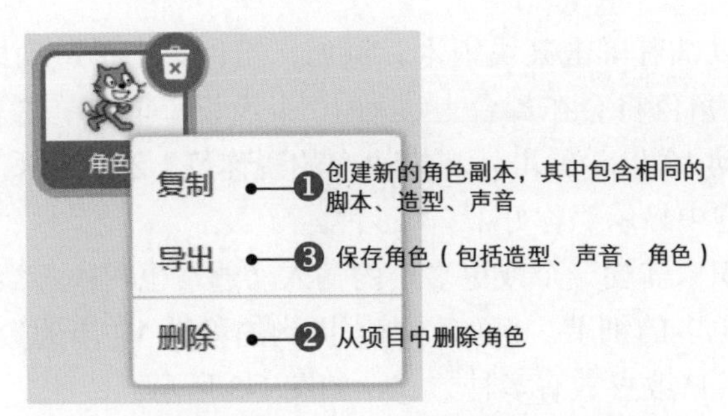

图 1-6：用鼠标右键单击角色的缩略图后显示的菜单

在角色列表的右边，我们可以看到舞台的缩略图。舞台也拥有专属于自己的脚本（代码）、背景、声音。舞台的图像被称为背景。新的 Scratch 项目默认包含一个全白的背景，你可以通过舞台缩略图下方的四个按钮添加新的背景图片。单击舞台的缩略图，可以查看并编辑与其相关的脚本（代码）、背景、声音。

积木区

Scratch 的积木默认分为九大模块：运动、外观、声音、变量、事件、控制、侦测、运算，以及自制积木。不同模块用不同的颜色标记，这样就能快速找到某块积木。Scratch 3.0 包含了超过 100 种积木，但某些积木仅在特定条件下才会出现。例如，变量模块（第 5 章和第 9 章会详细讨论）中的积木仅在创建了变量或列表之后才会出现。下面我们详细看看图 1-7 的积木区。

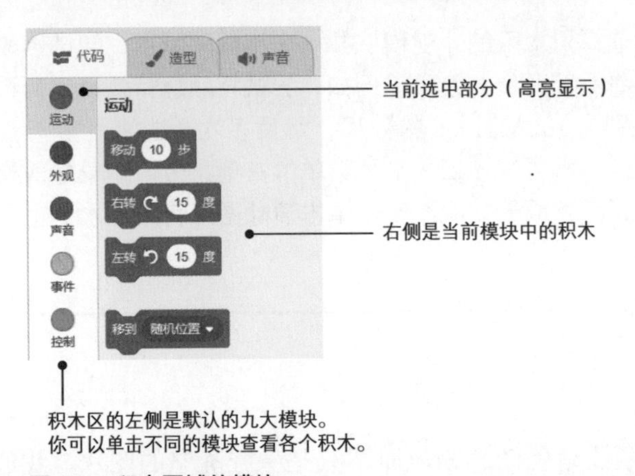

图 1-7：积木区域的模块

你可以试着单击某块积木。例如，当你单击了运动模块中的**移动 10 步**，角色将会在舞台上移动 10 个步长。再次单击，角色会继续向前移动 10 步。单击外观模块中的**说你好！2 秒**积木，角色就会在说话气泡中显示“你好！”两秒钟。

有些积木需要一个或更多个的输入（通常也叫作参数），它们能告诉积木更多的细节。例如，刚才提到的**移动 10 步**的数字 10 就是一个参数。修改参数有多种方式，如图 1-8 所示。

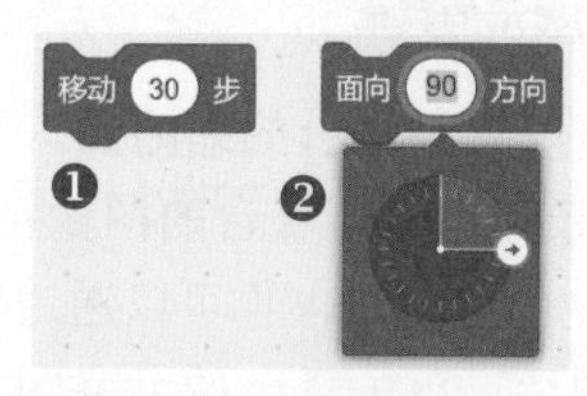

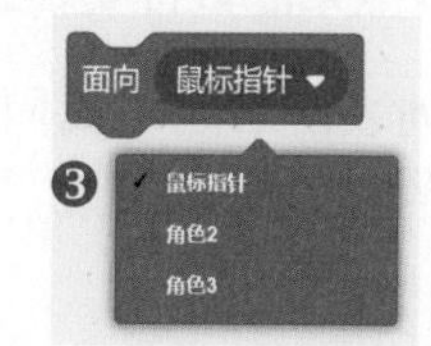

图 1-8：修改参数的方式

第一种方式如积木**移动 10 步**，你可以直接单击数字 10 的白色区域，然后输入新的数字，例如，在图 1-8 中输入了 30❶。第二种改变参数的方式如**面向 90° 方向**，点击参数后可以选择特定的方向❷。同时这种积木比较特殊，因为它也有白色的可输入区域（就像第一种方式），因此，你也可以在白色输入框内输入某个值作为参数。第三种方式就像**面向**积木一样 ❸，你只能从下拉菜单中选择一个值。

试一试 1-4

选择积木区的外观模块并单击不同的积木，尝试修改其中的参数看看都有什么效果。例如，尝试**将颜色特效设定为**积木的参数分别为 10、20、30 的效果，然后多次单击直到猫咪变回最初的颜色。再尝试该积木下拉菜单的其他特效。如果想清除所有的特效，即还原最初的图像，单击**清除图形特效**积木（也在外观模块中）。

脚本区

为了让角色动起来，而不只是一张静态的图片，我们需要给角色编写程序。编程前先选择相应的角色或舞台，然后把积木从积木区拖动到脚本区，最后将它们卡合在一起。若当积木拖动到脚本区时有灰色阴影提示，说明当前积木可以和另外一块积木形成有效的连接(如图 1-9 所示)。正是由于 Scratch 采用了积木卡合的编程方式，因此与基于文本的编程语言相比，它可以完全避免由输入不当造成的语法错误。

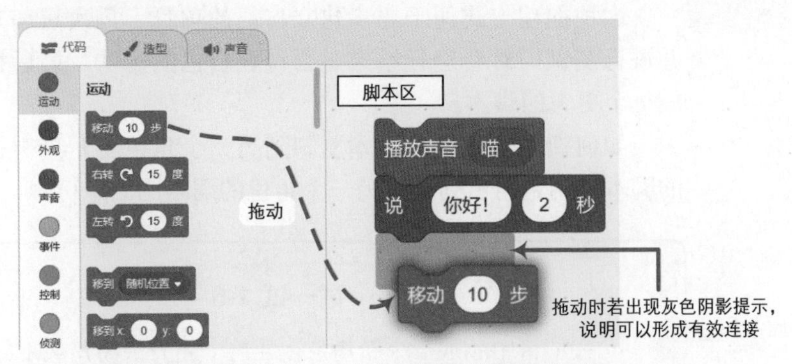

图 1-9：把积木拖动到脚本区，卡合在一起后创建更大的脚本

在创建脚本时，通常并不是将所有的积木拖动完后才运行，换言之，我们可以在创建脚本的过程中不断地进行测试。单击某段脚本的任意一块积木，这段脚本就会全部运行。

试一试 1-5

新建一个空白的 Scratch 项目，在角色 1 中创建如下脚本。(**重复执行**在控制模块中，其余的积木都在运动模块中。)

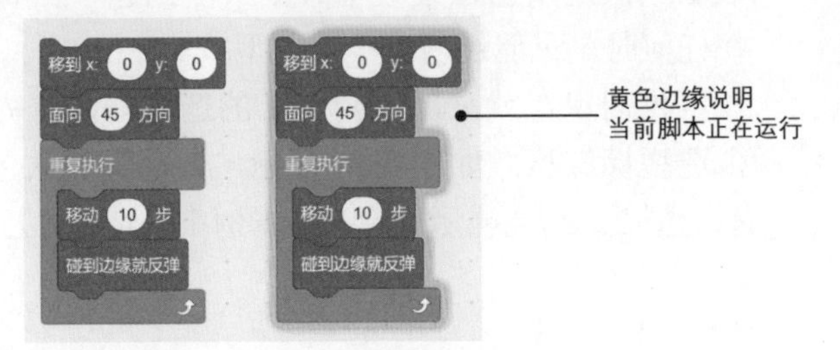

我们将在第 2 章中详细讲解这些积木。现在先单击脚本的任意一块积木让其运行（黄色边框表明脚本正在运行，如上图右侧脚本所示）。你甚至可以在脚本运行时直接修改各种参数或者向脚本中添加其他积木！例如，在脚本运行时直接修改**移动 10 步**的参数数字 10。若要停止脚本，再点击一次脚本的任意积木即可。

假设某段脚本特别长，我们可以将这段脚本拆分成多个小部分单独运行，这是理解它们的最有效的方法。如果要移动整段脚本，你应当拖动该脚本最上面的第一块积木，而拖动下面的积木则将脚本分离成两个部分。

这种拖动方式便于逐步建立自己的项目：每次只编写部分脚本并进行测试，看看运行结果是否符合自己的想法，最后把各部分连成一个更大的脚本。

如何把当前角色的脚本复制到另一个角色中？只需把当前角色的脚本拖动到角色列表中另一个角色的缩略图上即可。

试一试 1-6

在项目中添加一个新角色，并用上述方式将角色 1 的脚本拖动到新角色的缩略图上。注意，只有当鼠标停留在新角色的缩略图上，复制才能成功。复制后检查一下新角色脚本标签页中是否包含了相同的脚本。

造型标签页

你可以通过改变角色的造型来改变角色的外观。所谓造型，其实就是一张图像，可以把它想象成衣柜。一个衣柜里可以挂着许多衣服，但是角色在某一个时刻只能挑选一件衣服穿。换言之，角色在任何时刻只能展现出一个造型。

我们现在就来改变角色 1 的造型吧！首先选中角色 1，然后单击造型标签页。如图 1-10 所示，角色 1 默认包含两个造型：造型 1 和造型 2。高亮显示的造型（本例中是造型 1）代表当前选中的造型。

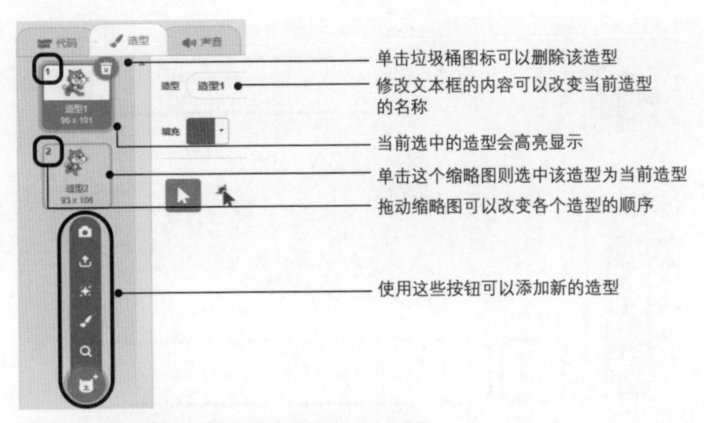

图 1-10：造型标签页可以管理所有的造型

用鼠标右键单击造型缩略图，你会看到一个菜单，其中包含三个选项：复制、删除、导出。复制选项会新建出一个一模一样的造型。删除选项则会删除当前右键选中的造型。导出选项则会把这个造型保存到本地文件，这样就能导入到其他的项目中使用。快试试这些按钮和选项的功能吧。

试一试 1-7

单击图 1-10 中第一个添加新造型的按钮，即从 Scratch 的素材库中添加造型，然后选择一个你喜欢的造型加入角色。根据图 1-10 的说明，再熟悉一下造型标签页的操作。

声音标签页

角色除了代码（脚本）和造型，还能播放声音，这会让你的程序栩栩如生！例如，当角色快乐或悲伤时发出不同的声音。再如导弹角色，当它击中或错过目标时发出不同的声音，这些都能让程序更加生动。

声音标签页可以管理角色播放的声音，如图 1-11 所示。Scratch 甚至可以编辑声音。本书不会详细介绍声音编辑工具，如有需要，你可以亲自探索其中的功能。

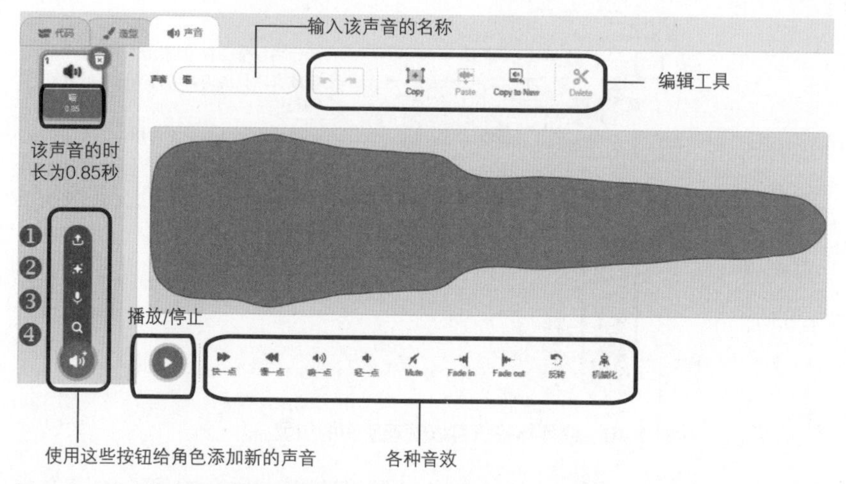

图 1-11：声音标签页管理角色的声音

第一个按钮可以导入现有的声音 ❶。第二个按钮可以随机地从声音库中选择一个声音 ❷。第三个按钮可以录制自己的声音（如果计算机有麦克风）❸。第四个按钮可以从声音库中选取声音 ❹。Scratch 只能导入 MP3 和 WAV 格式的音频文件。

试一试 1-8

试一下**从声音库中选取声音**选项，听听各种分类的声音，给你今后的项目找找灵感。

背景标签页

单击角色列表右侧的舞台缩略图，你会发现中间的标签页名称从造型变成了背景。背景标签页可以管理舞台的背景图片，并在脚本中进行切换和特效处理。例如，在游戏开始前，你可能会展示一个背景，当游戏开始后，切换到下一个背景。舞台的背景标签页等价于角色的造型标签页。

试一试 1-9

在角色列表右侧舞台缩略图下方，单击**选择一个背景**按钮，选择名为 xy-grid 的背景后单击确定。Scratch 会把 xy-grid 背景加入到项目中并显示该背景。（背景 xy-grid 就是一个二维笛卡儿坐标系，在使用运动模块的积木时很有帮助。）重复刚才的步骤选择一个你喜欢的背景。

角色信息

单击角色缩略图后，角色列表上方就会加载该角色的信息，如图 1-12 所示。角色信息包括角色的名称、当前 (x, y) 坐标、当前方向、旋转模式、可视化状态。下面简单说明下各个选项。

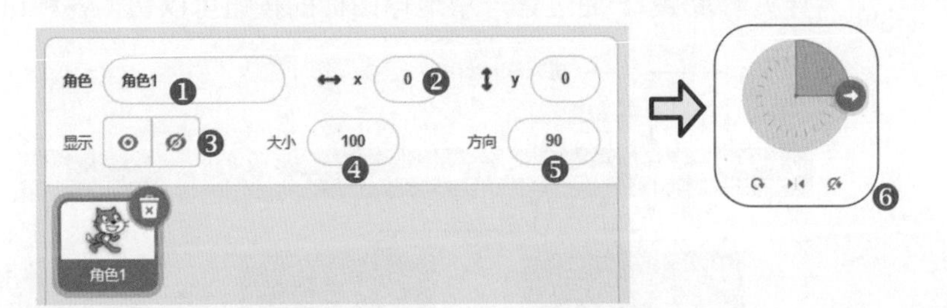

图 1-12：角色信息

最上方的编辑框 ❶ 可以修改角色的名称。本书会多次使用到这个编辑框。

第二项 x 和 y 的值 ❷ 说明了该角色在舞台上的坐标。拖动角色，这些数值也会随之而变。

显示复选框 ❸ 允许你在设计程序时显示 / 隐藏当前角色。本书今后有许多案例都有这种在舞台上隐藏而实际上在运行的角色。

角色大小 ❹ 是指角色在舞台中的大小，默认是 100。

角色的方向 ❺ 说明了角色将会朝哪个方向移动（与**移动……步**积木有关）。拖动转盘的箭头便能够旋转角色。

旋转模式 ❻ 有三个选项：任意旋转、左右翻转、不旋转。当角色改变其方向时，这些选项便控制造型如何显示。为了理解它们的差别，我们创建如图 1-13 所示的脚本，然后分别选择不同的旋转模式并运行脚本。**等待……秒**在控制模块中。

图 1-13：使用不同旋转模式运行该脚本

菜单栏

我们来看 Scratch 顶部的菜单栏，如图 1-14 所示（如果你已经登录到 Scratch 官网，那么你看到的菜单栏和图 1-14 稍微有些差异，详见附录 A）。通过第一个地球图标的按钮可以切换各种语言。

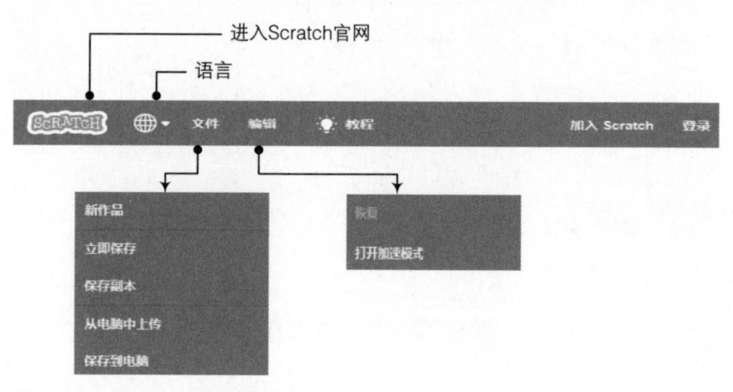

图 1-14：Scratch 的工具栏

通过“文件”菜单可以创建新的项目、上传（打开）项目、下载（保存）当前项目。Scratch 3.0 项目的文件名后缀为 *.sb3*，这样就能与旧版本 Scratch 的后缀 *.sb* 和 *.sb2* 区分开。

在“编辑”菜单中，恢复功能可以将程序恢复到打开前的原始状态。打开加速模式功能会增加某些积木的执行速度。例如，执行 1000 次**移动……步**积木，普通模式可能需要 70 秒，而加速模式仅需要 0.2 秒。

下面简单介绍 Scratch 内建的画图工具——绘图编辑器。

绘图编辑器

使用绘图编辑器（如图 1-15 所示）可以创建或编辑造型、背景。（当然也能使用你喜欢的编辑器。）

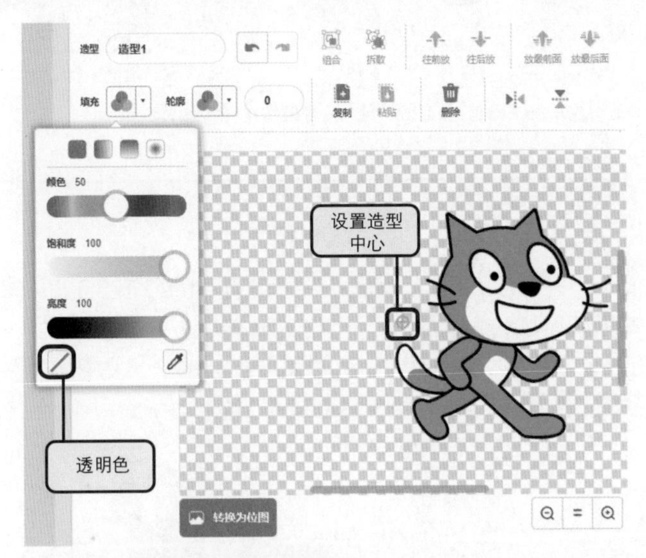

图 1-15：Scratch 的绘图编辑器

下面来学习一下绘图编辑器中两个重要的功能：设置图像的中心和设置透明色。

设置图像的中心

当角色左右旋转时，它会将其造型的中心点作为旋转中心。拖动角色的位置便可以设置旋转中心点的具体位置，如图 1-16 所示①。

① 译者注：Scratch 2.0能够直接调整中心点的位置，Scratch 3.0则是通过调整图片的位置，相对地调整中心点的位置。

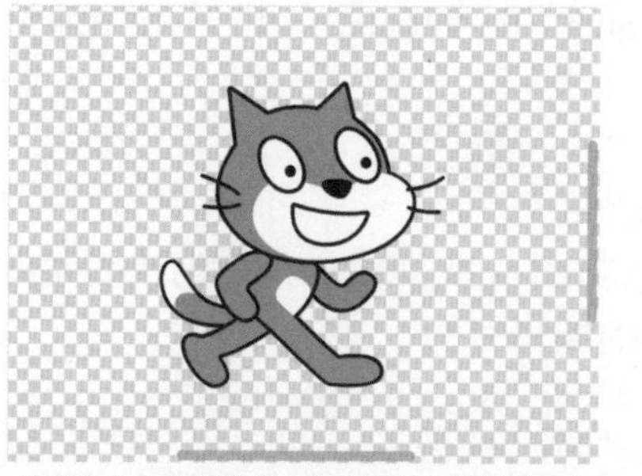

造型中心点位于猫咪下方（被角色遮挡住了）

移动图片，造型中心点也相对发生了变化

图 1-16：改变角色的位置便能够修改造型中心点的位置

RotationCenter.sb3

试一试 1-10

打开 *RotationCenter.sb3* 并运行。本程序包含一个角色以及下图所示的造型和脚本。造型的旋转中心设置在正方形的中心。运行这段脚本看看角色到底是如何旋转的。然后把旋转中心调整到圆的中心并运行，看看两者的差异。

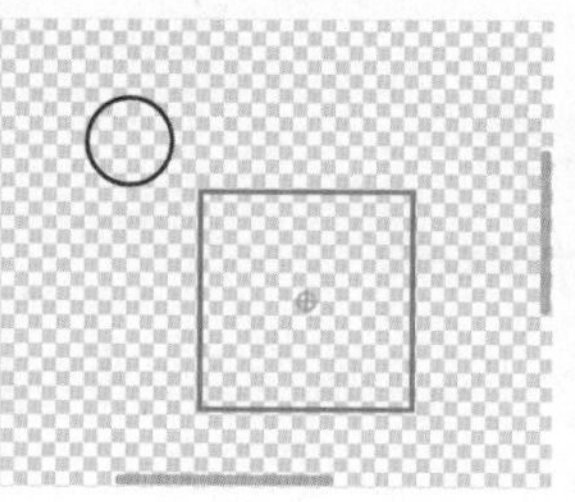

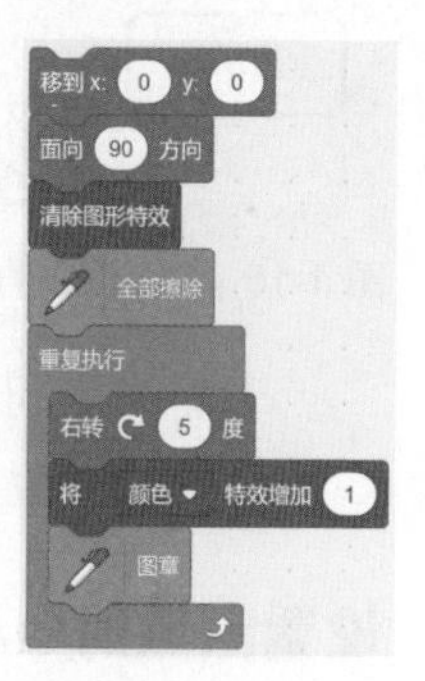

设置透明色

当两个图像发生重叠时，上层图像会覆盖下层图像。同理，角色也会覆盖舞台。如何才能看到被角色覆盖的舞台背景呢？这时需要在绘图编辑器中设置透明色，就像图 1-17 右边的猫咪那样。

在调色板中选择红色对角线按钮，即设置透明色，而透明的部分是不可见的。你可以把这个图标想象成“没有颜色”，就像“禁止吸烟”图标的红色斜杠划过香烟一样。

图 1-17：使用绘图编辑器中的填充工具设置透明色

我们学习 Scratch 的界面已经这么久了，是时候做点有趣的程序啦！卷起你的袖子，让我们来做个游戏！

制作第一个 Scratch 游戏

Pong.sb3
Pong_NoCode.sb3

本节将会创建一个单人游戏。该游戏的灵感来自经典的街机游戏，就是玩家移动弹板，使小球不断撞击顶部。图 1-18 展示了这个游戏的界面。

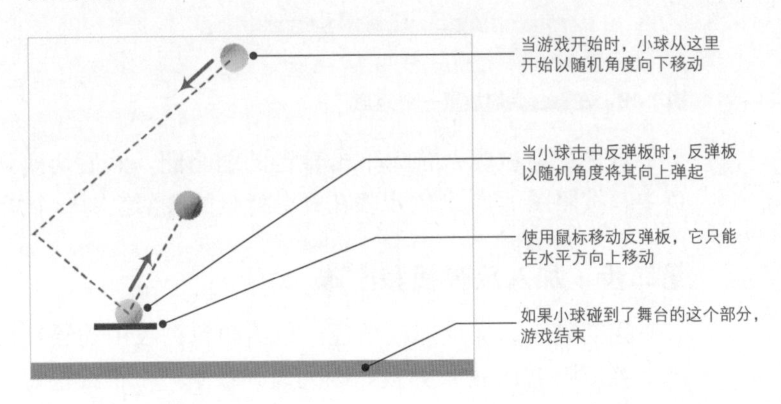

图 1-18：游戏界面

如图 1-18 所示，小球的起点在舞台的上方，然后以随机角度向下移动，碰到舞台的边缘就会反弹。玩家使用鼠标水平移动反弹板，将小球重新弹回去。如果小球碰到了舞台底部，游戏就结束。

下面分四个步骤逐步构建这个程序。首先建立新的项目（选择菜单**文件→新作品**），然后删除猫咪角色（用鼠标右键单击角色列表中的猫咪缩略图，在菜单中选择**删除**）。

第一步：准备背景

怎样才能检测到小球从反弹板边落下呢？我们可以在舞台的底部做一个标记，然后使用**碰到颜色?**积木（侦测模块）检测小球是否碰到了标记的颜色。当前的背景是白色的，因此，我们可以在底部设置一条很细的带有颜色的矩形区域，如图 1-19 所示。

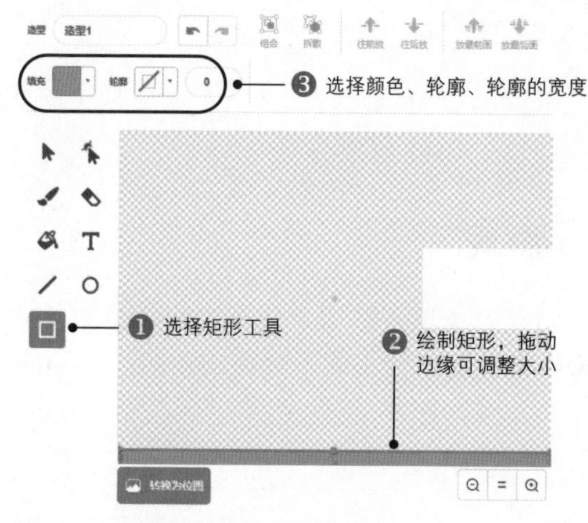

图 1-19：在舞台底部放置一个矩形

具体如何做呢？首先单击舞台的缩略图，然后切换到背景标签页中。按照图 1-19 上的步骤在舞台背景的底部绘制一个矩形即可。

第二步：加入反弹板和小球

我们先来添加反弹板角色。单击角色列表中的**绘制**按钮，绘制一个类似图 1-18 的反弹板。因为反弹板是一个很细很短的矩形，因此绘制方法基本等同于图 1-19 上的步骤。给反弹板填充一个你喜欢的颜色，然后设置其旋转中心点大致为矩形的中心。

接下来给反弹板角色起一个有实际意义的名字，这里命名为 Paddle，再将之拖动到 y 坐标等于 –120 的位置。

现在来添加小球角色。单击角色列表中的**选择一个角色**按钮，在素材库中选择**运动**分类，选择图像 Tennis Ball，将之添加到当前项目中，修改角色名为 Ball。

在准备写脚本之前，我们首先把这个项目保存下来。选择**文件→保存到电脑**，选择好路径后，将项目命名为*Pong.sb3*，单击**立即保存**按钮。如果你当前已经登录到 Scratch 的官网，那么这个项目会被自动保存到云中（也就是 Scratch 服务器，只要有网络，就能访问到你的项目）。无论是保存到本地还是云，一定要经常保存你的项目。

现在你的游戏界面大致类似于图 1-18。如果你遇到了任何问题，可以使用 *Pong_NoCode.sb3*，该项目包含目前创建的所有内容。下面就来给这些角色添加脚本。不用太担心这些脚本的难度，后面的章节会详细阐述各个积木的功能。下面让我们一起来完成这个游戏吧！

第三步：让角色动起来

作为游戏的设计者，应当考虑玩家如何开始游戏。例如，是按一下按钮开始，还是单击舞台上某个角色开始，还是当你挥手时开始（如果有摄像头的话可以实现）。通常情况下，可以使用舞台上方的小绿旗启动程序，本游戏也采用这种方式。

如何通过绿旗启动程序呢？很简单，当单击绿旗时，任何脚本都能由**当绿旗被点击**积木触发启动。然后小绿旗就会变亮，直到所有的脚本执行完毕。现在我们给角色 Paddle 添加如图 1-20 所示的脚本。

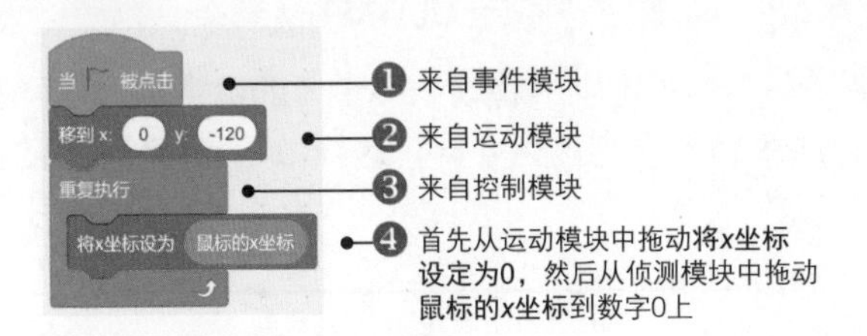

图 1-20：角色 Paddle 的脚本

当绿旗被点击时 ❶，**移到** x:y: 积木 ❷ 设置角色 Paddle 的竖直位置为 -120，这种初始化设置可以让它还原到初始的位置，因为你之前可能移动过这个角色。Paddle 应当悬停在舞台底部粉色区域的上方。如果你的反弹板太厚，厚到和底部粉色区域有重叠部分，则可以适当修改坐标的数值，使其悬停在粉色区域上方。

下一块积木是**重复执行** ❸，它不断地设置鼠标的位置，而设置的位置就是根据鼠标当前的 *x* 坐标位置 ❹ 设定的。运行这段脚本（通过单击绿旗运行），反弹板就会跟随着鼠标水平移动。单击绿旗旁边的停止按钮，就能停止脚本的运行。

角色 Ball 的脚本稍微多一些。为了便于理解，我把它拆分成多个小部分依次说明。当我们单击绿旗后，小球应当开始移动，因此给 Ball 添加如图 1-21 所示的脚本。

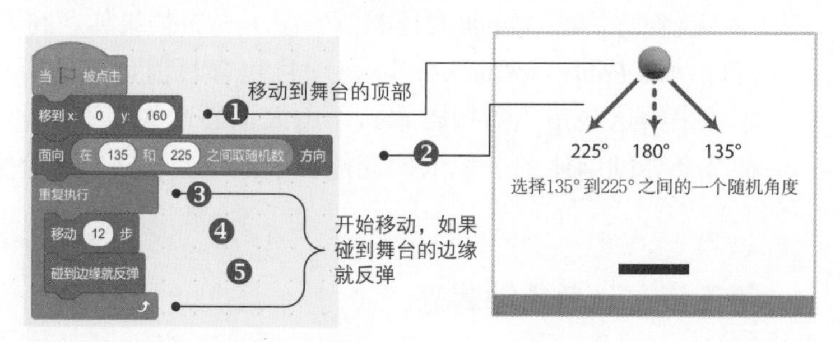

图 1-21：角色 Ball 的第一段脚本

首先，我们把小球移动到舞台的顶部 ❶，并使用**在……和……之间取随机数** ❷（运算模块）使其面向随机角度。随后脚本使用**重复执行** ❸ 移动小球 ❹ 不断在舞台上穿梭，若碰到边缘则反弹 ❺。单击绿旗测试脚本，小球应当在舞台内来回反弹，反弹板也应当跟随鼠标水平移动。

试一试 1-11

把图 1-21 的脚本中的**移动……步**内的数字 12 替换成其他数值，运行脚本后看看有什么差异。这样做不是就能设置游戏的难易程度了吗?

现在终于要完成最有趣的功能了——让小球在反弹板上反弹。我们在之前脚本的基础上进行修改，如图 1-22 所示。

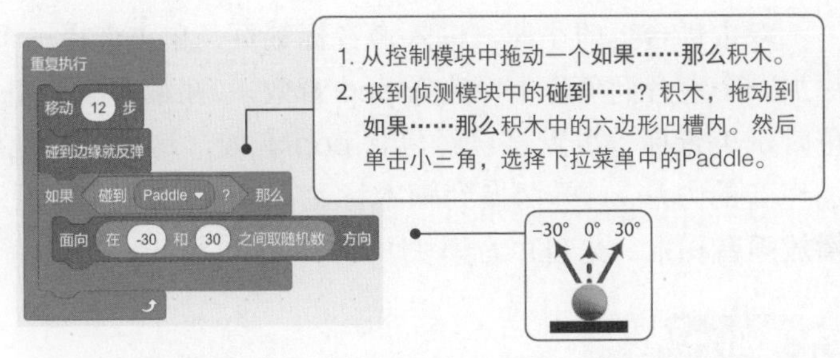

图 1-22：修改脚本使小球能从反弹板上弹起

当小球和反弹板接触时，我们命令小球随机选取一个 -30° 到 30° 之间的方向。然后**重复执行**积木会再次执行**移动……步**，这样小球就会向上方移动，形成反弹的效果。单击绿旗再次运行脚本，测试一下小球能否从反弹板上弹起来，单击停止按钮即可停止脚本。

还缺点儿什么呢？显然，当小球 Ball 碰到舞台底部粉色区域的那一刻，游戏就应当结束。在角色 Ball 中添加如图 1-23 所示的脚本，添加到图 1-22 的**如果……那么**积木的上方或下方。**碰到颜色……？**积木在侦测模块中，**停止**积木在控制模块中。

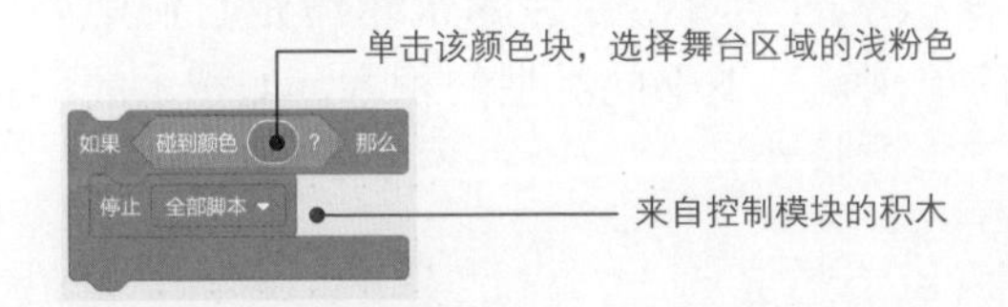

图 1-23：判断游戏结束

单击**碰到颜色……？**中的颜色方块后，积木会弹出一个设置颜色的选项，选择底部的取色器，再点击舞台上的粉色区域，积木中的颜色块也会变为粉色。**停止全部脚本**积木正如其名，它会停止所有角色的所有脚本。角色 Paddle 和 Ball 也不例外。

这个游戏的基本功能已经完成。单击绿旗多玩几次，测试看看有没有问题。你只用了这一点点代码就创建了一个完整的游戏，是不是觉得 Scratch 很神奇呢？

第四步：添加声音更有趣

显然，一个没有音效或背景音乐的游戏会非常无聊，所以让我们来添加一个音效吧：在每次小球从反弹板上弹起时播放一个音效。

双击舞台上的小球，进入声音标签页，单击**选择一个声音**按钮，添加一个声音到角色中，选择pop音效，（在最初添加Tennis Ball角色时，声音标签页默认已经包含pop音效，这里主要是熟悉一下添加声音的方法）。再切换到脚本标签页，按照图1-24所示添加一个**播放声音**积木（来自声音模块）。

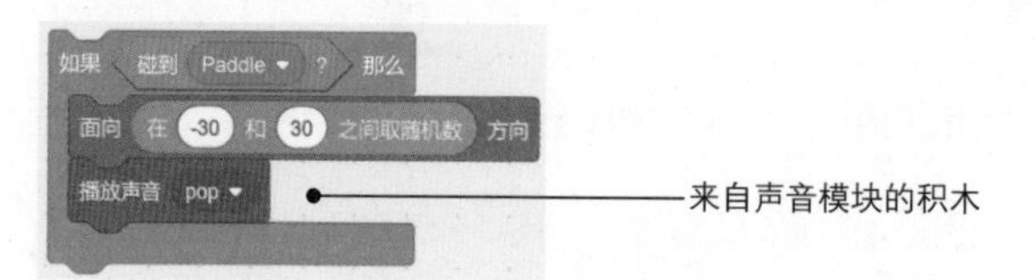

图1-24：当小球接触到反弹板时播放音效

再次测试程序。这次小球在反弹时，你应当能听到"砰"的一声。

恭喜！至此你的游戏已经全部完成，这可是你写的第一个Scratch程序哦！当然，你还能继续添加更多有趣的功能，例如，把角色Ball复制一次，那么现在游戏中就有两个小球，单击绿旗后会发生什么事情呢？快试试吧。

随着对各种积木的学习，你会越来越清楚它们是如何运行的。现在我们先来简单浏览一下不同类型的积木，即积木的形状。

Scratch积木一览

本节讲解积木形状所代表的含义，包括它们的名称、设计意图，然后定义一些术语，方便后面章节的学习。若今后章节遇到不懂的术语，可以随时翻到这里查阅。

如图1-25所示，Scratch的积木有四种形状，代表四种不同类型的积木：命令积木、功能积木、触发积木和控制积木。首先介绍命令积木和控制积木（也叫堆栈积木），两者上方均有一个缺口，下方通常都有凸起，这些缺口和凸起可以卡合在一起形成更长的脚本。触发积木（就像帽子一样）的上方是圆形的，无缺口，说明它总是处于一段脚本的起始位置。这种积木会等待某个事件，一旦事件触发，则立刻执行它下方的脚本。何谓事件？例如，当按下某个按键或单击了某个角色，包括之前的点击绿旗图标，则执行**当绿旗被点击**下方的积木。

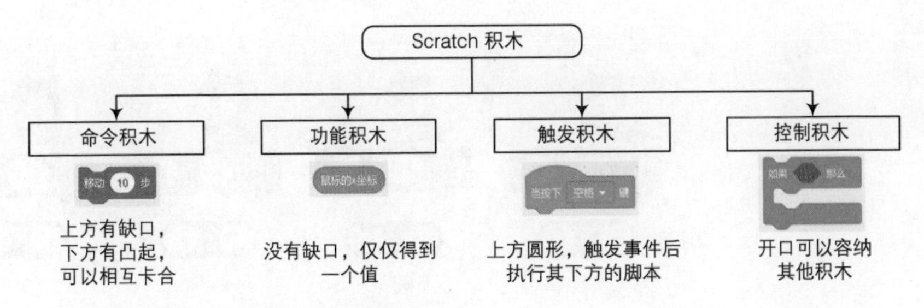

图 1-25：Scratch 中的积木分为四种类型

功能积木没有缺口和凸起，因此无法单独使用，它们通常是作为其他积木的输入。因此，看到这种形状，你就要知道它们的功能仅仅是得到一个值。如图 1-26 所示，圆角矩形的功能积木能得到数字或字符串，六边形的功能模块得到的是真或假。

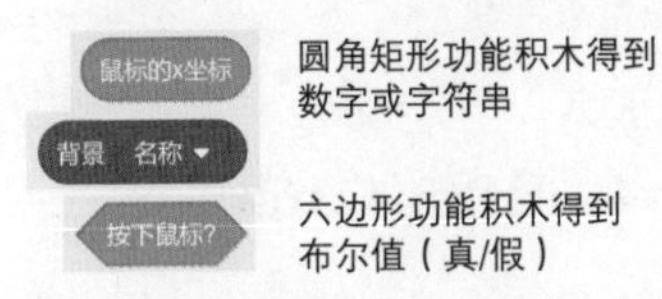

图 1-26：不同形状的功能积木返回不同类型的数据

还有一些功能积木的前面有复选框，如果选中该复选框，舞台内就会出现一个值显示器，它将持续地显示当前功能积木的值。例如，选择一个角色，选中运动模块中 **x 坐标**积木前的复选框，然后随意拖动该角色，值显示器的内容也会随之变化。

算术运算符和函数

下面我们来快速浏览一下 Scratch 中的算术运算符和函数。即使没有计算器，你也不用太担心，因为有了 Scratch 的运算模块，你甚至可以在 Scratch 中做出自己的计算器。快来学习该模块的积木吧！

算术运算符

Scratch 支持四种基本的算术运算：加法（+）、减法（–）、乘法（*）和除法（/）。这四种算术运算对应的积木通常也叫操作符，如图 1-27 所示。由于这些积木会生成一个数字，因此，如果某块积木能接受数字参数，即能接受数字作为输入，那么这四种操作符便能放入其中，正如图 1-27 放入**说**积木中一样。

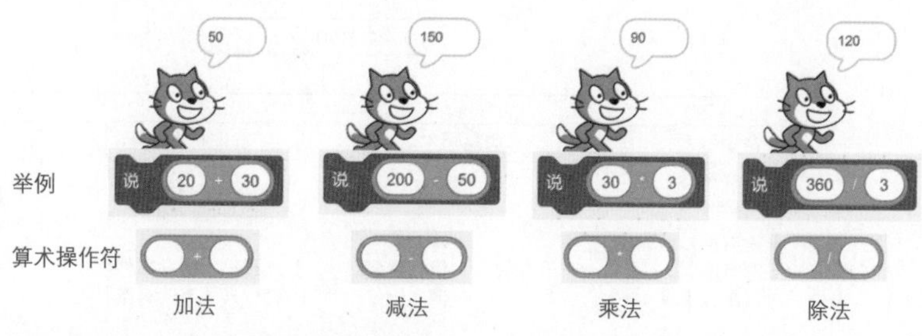

图 1-27：Scratch 中的算术运算符

Scratch 还支持取余数操作**（某数）除以……的余数**，它会得到两个数字相除后的余数。例如，**10 除以 3 的余数**返回数字 1。取余数操作符通常用来测试一个数能否被另一个数整除。如果可以被整除，两数相除的余数必为 0。你能够使用整除判断一个数字是奇数还是偶数吗？

还有一个常用的操作**四舍五入**，它会将数字保留到整数位。例如，**四舍五入 3.1=3**，**四舍五入 3.5=4**，**四舍五入 3.6=4**。

随机数

在编写程序时，尤其是创建游戏和模拟实验时，你有可能需要生成随机数让程序富有变化。为此，Scratch 专门提供了**在……和……之间取随机数**这块积木。

这块积木每次都会随机生成一个数字。两个参数可以指定生成数字的范围，Scratch 就从这个范围内随机选取一个数字（包括指定的范围上下限）。表 1-1 展示了该积木的使用方法。

表 1-1：在……和……之间取随机数的使用案例

样例	输出结果
在 0 和 1 之间取随机数	{0,1}
在 0 和 10 之间取随机数	{0,1,2,3,…,10}
在 -2 和 2 之间取随机数	{-2,-1,0,1,2}
10 * 在 0 和 10 之间取随机数	{0,10,20,30,…,100}
在 0 和 1.0 之间取随机数	{0,0.1,0.15,0.267,0.3894,…,1.0}
在 0 和 100 之间取随机数 / 100	{0,0.01,0.12,0.34,0.58,…,1.0}

注意　在 0 和 1 之间取随机数和在 0 和 1.0 之间取随机数是不一样的。前者返回的只是 0 或 1,后者会得到 0 和 1 之间（包括 0 和 1）的所有数字。只要该积木中任何一个参数有小数点，那么它就会返回小数，而不是整数。

数学函数

Scratch 提供了许多数学函数。在**绝对值**积木的下拉菜单中，总共包含了 14 个数学函数，包括平方根、三角函数、对数、指数等。详细内容可以参考 *MathematicalFunctions.pdf*（可以到博文视点官网的本书页面下载）。

本章小结

在本章中，我们学习了 Scratch 的编程环境和用户界面中的各种元素，甚至制作了一个游戏！最后了解了 Scratch 的算术操作符和数学函数。

至此，你已经拥有创建更大脚本的基础，但本章只是第一步。在接下来的章节中，你将更加深入地学习 Scratch，逐步提高自己的编程技巧。

练习题

1. 写出下列各个积木的结果。这些乘积之间有什么规律吗？

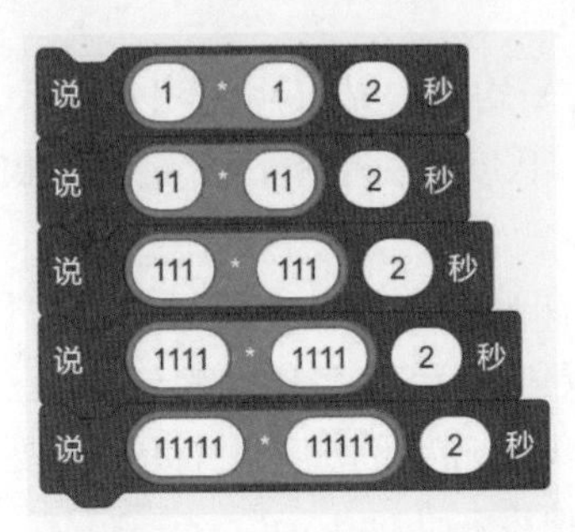

2. 将上例中的 1 全部改为 9，即 9×9，99×99，999×999，…，分别用**说**积木展示这些乘积的结果，仔细观察一下是否存在规律。

3. 写出下表中各个表达式的运算结果。

表达式	值
3+（2×5）	
（10/2）−3	
7+（8×2）−4	
（2+3）×4	
5+（2×（7−4））	
（11−5）×（2+1）/2	
5×（5+4）−2×（1+3）	
（6+12）mod 4	
3×（13 mod 3）	
5+（17 mod 5）−3	

可以使用**说**积木和相关的操作符来验证你的答案是否正确。

4. 已知 x=2，y=4，尝试计算下列表达式的值。

a. 6 * x

b. 2 * x + 4 * y

c. x * x

d. y + 4 / x * x

e. y * y / 2 * x + 2

5. 使用**说**积木以及运算模块中的相关积木，计算如下表达式。

a. $\sqrt{32}$

b. sin 30°

c. cos 60°

d. 99.459 四舍五入

6. 计算 90、95、98 的平均数，结果用**说**积木展示。

7. 创建一段脚本，将 60 华氏度转换为摄氏度。（提示：摄氏度 =（5/9）×（华氏度 −32）。）

8. 计算梯形的面积。梯形的高为 4/6 英尺，上底长度为 5/9 英尺，下底长度为 22/9 英尺。（提示：梯形的面积 =0.5×（上底 + 下底）× 高。）

9. 让 2000kg 的小汽车以 3m/s^2 的加速度行驶，需要多大的力？（提示：力 = 质量 × 加速度。）

10. 电力的单位成本是 0.06 美元每千瓦时。创建一段脚本计算在 2 个小时内使用 1500 瓦需要多少成本。（提示：总成本 = 瓦数 × 时间 × 单位成本。）

11. 四舍五入操作符默认是将小数保留到整数位。其实只需要一个很简单的小技巧就能保留到任意位。例如，你想让 5.3567 保留到十分位（保留一位小数），只需要如下三个步骤。

    a．5.3567×10 = 53.567　　　　（将这个数字乘以 10）

    b．将 53.567 四舍五入为 54　（将上一步的结果四舍五入到整数位）

    c．54 / 10 = 5.4　　　　　　（将上一步的结果除以 10）

如果将数字四舍五入到百分位（保留两位小数），那么上述三个步骤有什么变化？创建一段脚本将 5.3567 四舍五入到十分位或百分位，然后使用**说**积木展示结果。

第2章 运动和绘图

在第 2 章中，我将介绍 Scratch 界面中的各个元素，这为大家掌握更多的编程工具做好了准备。本章将介绍如下内容。

- 探索 Scratch 中运动和画笔模块的积木
- 使用角色制作动画并使之在舞台上移动
- 绘制富有艺术感的几何图形并制作游戏
- 理解角色克隆的重要性

请插上创意的翅膀，随我一起翱翔在计算机图形学的世界里吧！

使用运动模块的积木

如果要制作游戏或者带有动画的程序，使用运动模块中的积木移动角色是最常见的操作。所谓角色的移动，是指命令角色移动到舞台中某一个具体的点，或者是旋转到一个特定的方向。本节就来学习角色的移动。

绝对运动

如图 1-4 所示，舞台是一个 480×360 的矩形网格，其中心点为 (0,0)。在 Scratch 的运动模块中，共有四个绝对运动积木（**移到 x:y:**、**在……秒内滑行到**、**将 x 坐标设为**和**将 y 坐标设为**），它们能精确地把角色移动到舞台的某个具体位置。

注意　如果要了解积木的作用，可以使用脚本区右侧的功能块帮助窗口。如果没有找到，也可以单击 Scratch 菜单最右边的问号图标，再单击你想了解的积木。

下面我们制作一个简单的案例演示绝对运动。假设火箭角色 Rocket 要击中目标角色 Target，目标的位置坐标是 (200,150)。最简单的方式就是使用积木**移到 x:y:**，如图 2-1 右侧所示。*x* 坐标告诉角色在舞台上水平移动的距离，*y* 坐标告诉角色垂直的距离。

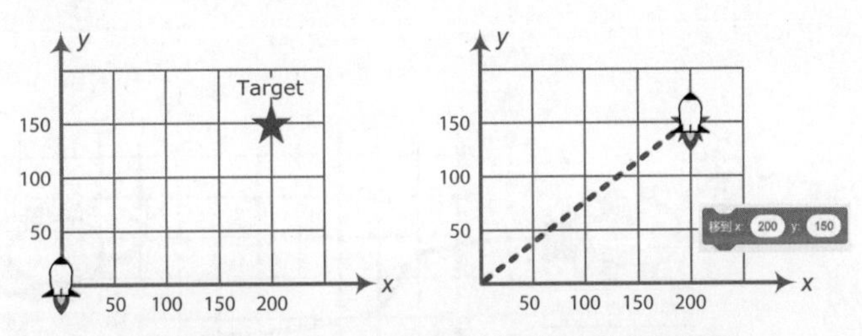

图 2-1：使用移到 x:y: 积木把角色移动到舞台的任何位置

火箭角色 Rocket 在移动时有两个问题：首先它没有面向角色 Target，而是面向上方移动；其次是直接从点 (0,0) 瞬间移动到了点 (200,150)。我们先来解决第二个问题。为了缓慢移动，而非瞬间移动，我们可以使用**在……秒内滑行到**积木。虽然这两块积木都能将角色移动到某个具体位置，但是后者能设置移动时花费的时间。

火箭还有另外一种击中目标的方式，那就是单独改变 *x*、*y* 坐标，如图 2-2 所示。还记得第 1 章节乒乓球游戏中的**将 *x* 坐标设为**这块积木的含义吗？（如果忘记，可以回顾图 1-20。）

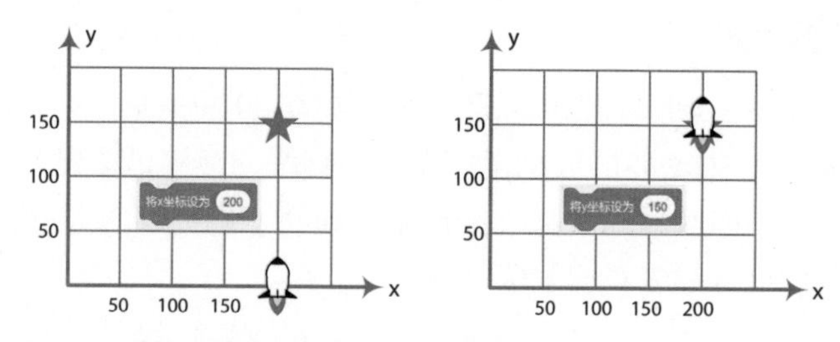

图 2-2：单独设置角色的 *x*、*y* 坐标值

在脚本区的右上角，有一个半透明的角色缩略图及其当前坐标数值。如果希望在舞台上显示其坐标，可以选中运动模块中 **x 坐标**、**y 坐标**积木前的复选框。

注意 角色坐标本质上是指造型的中心位置，我们已经在第 1 章中学习过如何设置。如图 2-3 所示，若把角色移动到点 (100,100)，本质上就是设置其中心位置为 (100,100)。因此，当你在角色中导入造型后，一定要注意其中心位置。

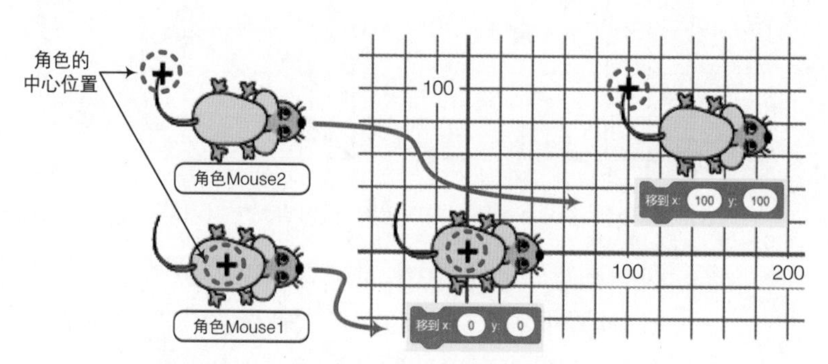

图 2-3：运动模块中的 *x*、*y* 坐标值本质上是造型的中心位置

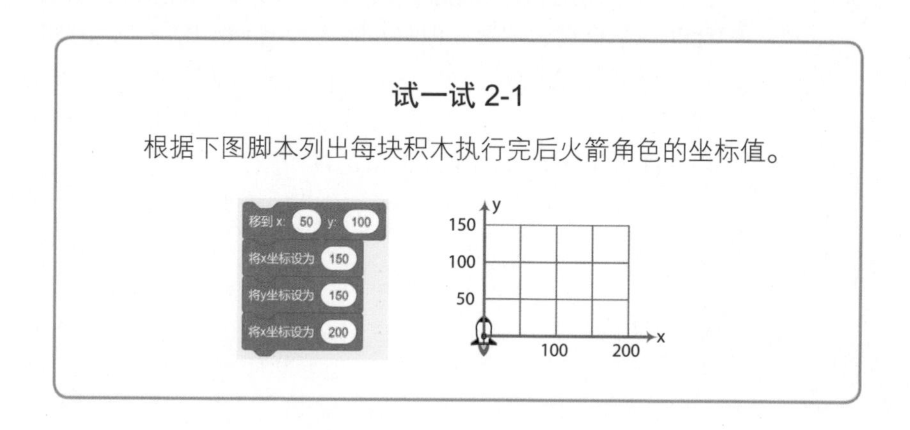

试一试 2-1

根据下图脚本列出每块积木执行完后火箭角色的坐标值。

相对运动

如图 2-4 所示，和之前不同的是图中没有任何可以参考的坐标，那么火箭要如何才能击中目标，即火箭如何知道目标的具体坐标呢？如果火箭角色 Rocket 会说话，它一定会说："向前移动三步，向右转，再向前移动两步"。

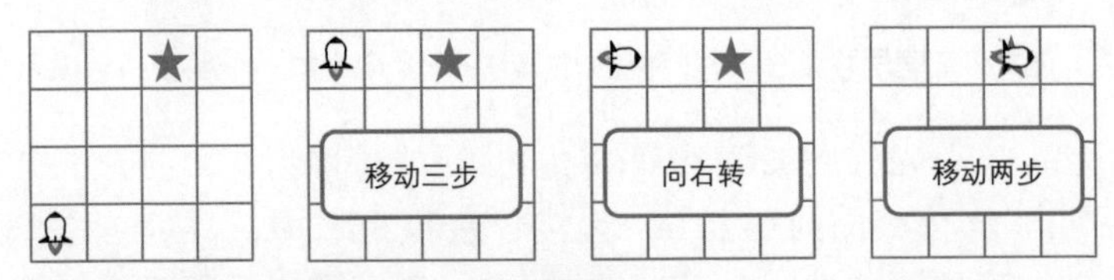

图 2-4：可以使用相对运动命令移动角色

移动……步和**左 / 右转……度**都是相对运动积木。图 2-4 中第一个移动指令使得火箭向上，第二个移动指令使得火箭向右。因此，移动的方向主要取决于角色当前的方向。图 2-5 展示了 Scratch 中各个方向对应的度数。

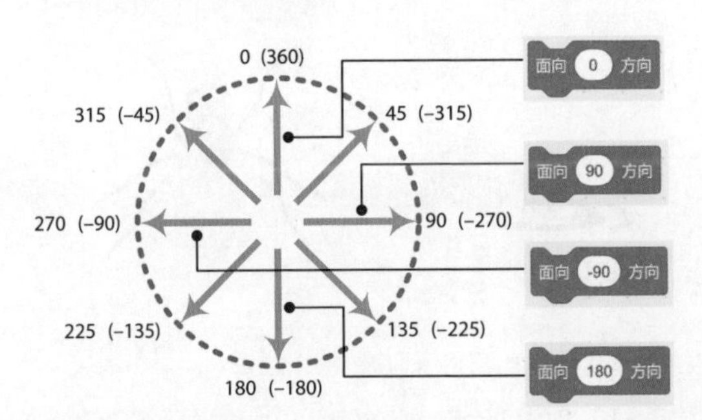

图 2-5：在 Scratch 中 0° 是向上，90° 向右，180° 向下，-90° 向左

使用**面向……方向**积木就能将角色旋转到任意一个角度。如果只是要面向上下左右，那么使用该积木中的下拉菜单即可快速选择。至于其他的方向，则需要在该积木的参数中指定。角度值甚至可以是负数（例如，45° 和 -315° 都是东北方向）。

注意　有两种方法可以得到角色当前的方向值。第一是在角色信息区域查看，第二是选中运动模块中**方向**积木前方的复选框。

你应该已经明白了 Scratch 中方向的概念，现在再让我们来看看相对运动命令（**移动……步**、**将 x 坐标增加**、**将 y 坐标增加**以及**左 / 右转……度**）是如何工作的，如图 2-6 所示。注意角色在移动时是面向当前方向进行移动。

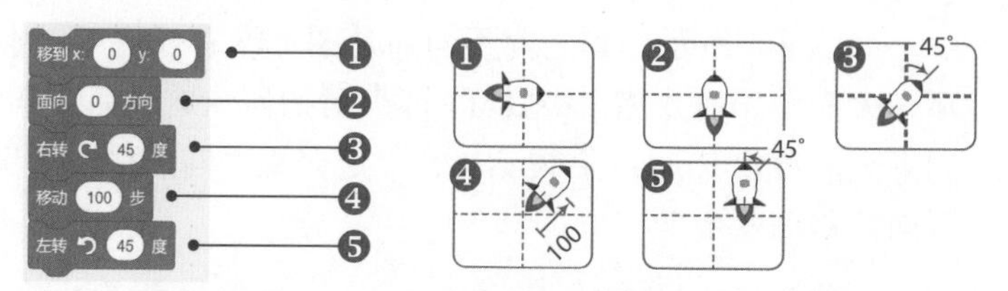

图 2-6：使用移动……步和左 / 右转……度命令的一个简单角色演示

首先**移到 x:0 y:0**❶ 将角色 Rocket 移到舞台的正中央，**面向 0 方向** ❷ 使其面向正上方，紧接着**右转 45°** ❸，并朝着这个旋转后的方向**移动 100 步** ❹，最后**左转 45°** ❺，使其重新面向上方。

方向和造型

其实**面向……方向**积木并不能真正决定角色中造型的方向。例如，有如下两个角色。

我们使用绘图编辑器绘制这两个角色：一个朝向右方的鸟，一个朝向上方的昆虫。如果我们给这两个角色分别使用**面向 90° 方向**（90° 是向右）会有什么效果呢？

你可能认为昆虫会朝向右方，但实际上两个角色都没有反应。尽管在这块积木中 90° 后面写着“向右”，但实际上此处的“向右”是指该角色的造型在绘图编辑器中的初始方向。昆虫头部在绘图编辑器中的初始方向是向上的，但该造型默认的初始方向却是向右的，正因为如此，使用**面向 90° 方向**并没有效果。那如何使用**面向……方向**才能正确地对应图 2-5 的各个方向呢？很简单，只需要在绘图编辑器中把这个角色的造型改成面向右方即可（正如上图中的鸟造型）。

有时你可能只想基于角色当前的位置，水平或垂直地移动角色，这时你可以使用**将 x 坐标增加**或**将 y 坐标增加**。图 2-7 的脚本演示了它们的作用。

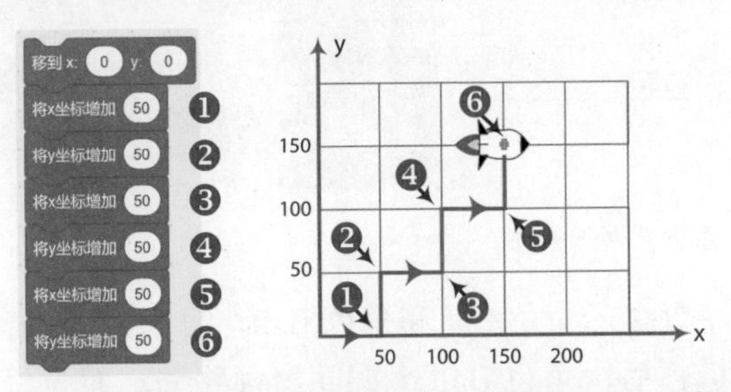

图 2-7：使用将 x 坐标增加和将 y 坐标增加积木绘制曲折的路径

当火箭角色离开舞台的中心后，第一块积木**将 x 坐标增加 50**❶先把角色的 *x* 坐标增加 50，即向右移动 50 步。第二块积木**将 y 坐标增加 50**❷则是增加 *y* 的坐标，即向上移动 50 步。剩下的积木同理。你可以试着在图 2-7 中跟踪移动的火箭，看看最终停下的位置。

试一试 2-2

分别执行下面两段脚本，你能找出火箭最终的（*x*，*y*）位置吗？你如何证明这两段脚本是等价的呢？

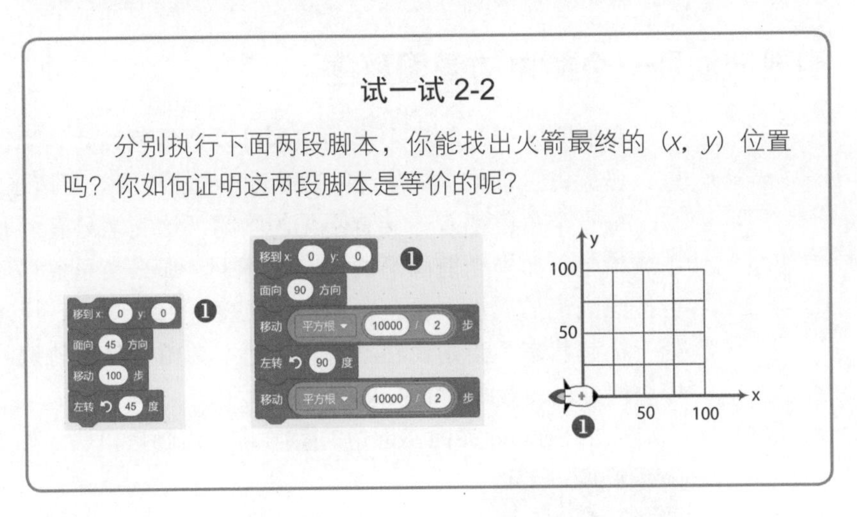

其他运动积木

我们继续学习最后四个运动积木：第二种类型的**面向**、第二种类型的**移到**、**碰到边缘就反弹**以及**将旋转模式设为**。

TennisBallChaser.sb3

之前我们已经学习过旋转模式和**碰到边缘就反弹**（见第 1 章的图 1-13）。下面我们创建一个简单的猫咪抓网球的小程序来演示另外两块积木的作用。

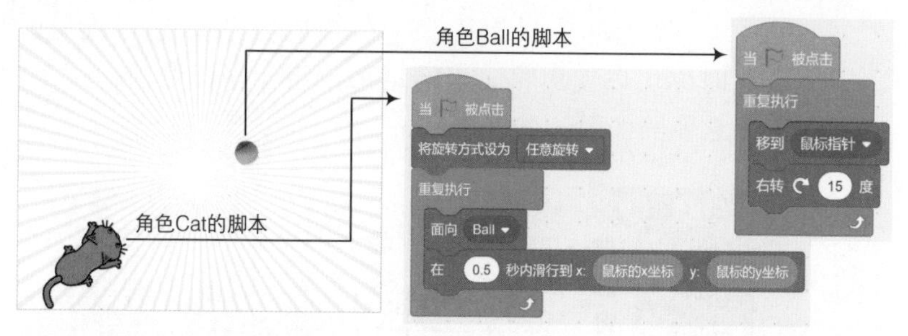

图 2-8：猫咪一直追着网球移动

这个程序包含了角色 Cat 和角色 Ball，每个角色都有一段脚本。当点击绿旗运行后，角色 Ball 会跟随鼠标移动，而角色 Cat 则会面向角色 Ball 的方向缓慢移动（因为使用的是**在……秒内滑行到**）。图中的**重复执行**在积木区的控制模块中，**鼠标的 x 坐标**和**鼠标的 y 坐标**在侦测模块中。在 *TennisBallChaser.sb3* 中可以查看完整的程序。

在下一节中，我们将学习画笔模块中的积木，了解如何绘制出角色的移动轨迹。

画笔模块和一个简单的画图程序

EasyDraw.sb3

我们刚才学习的各个运动积木可以把角色移动到舞台的任意位置。那么我们怎样才能看到角色移动时的轨迹呢？有请画笔登场！

每一个角色都有一支看不见的画笔，这支笔只有两种状态：落下或抬起。如果当前画笔的状态是落下，那么当角色移动时，它就会按照画笔的属性（颜色、粗细、色度）绘出轨迹。反之，若画笔处于抬起状态，当角色移动时，画笔不会留下任何轨迹。使用画笔模块便可以设置画笔的状态和属性。

点击 Scratch 界面左下角的，再点击画笔模块，如下。

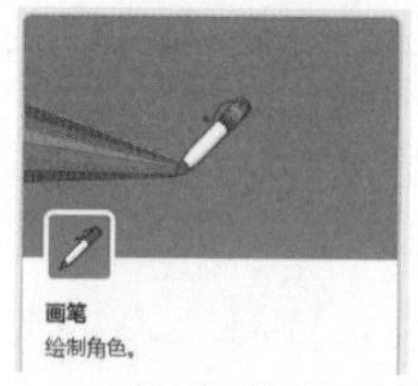

就会发现画笔的相关积木被添加到了界面中。

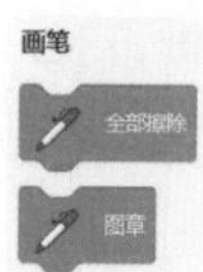

试一试 2-3

下面这三段脚本使用了画笔模块中的大部分积木。尝试分别创建并运行，看看每段脚本的绘制效果。记得在运行脚本之前设置画笔状态为落笔！（**重复执行**积木可以在控制模块中找到。）

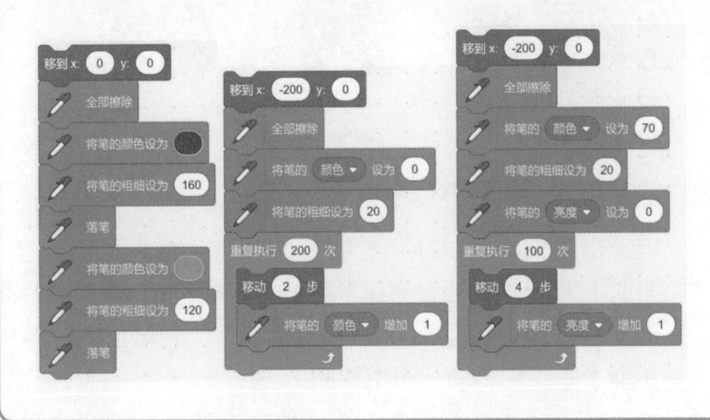

下面我们来完成一个简单的画图程序：使用方向键移动角色，同时绘制移动时的轨迹。当按向上方向键（↑）时，角色会向上移动 10 步，当按向下方向键（↓）时，角色向下移动 10 步，每按一次向右方向键（→），角色将会向右旋转 10°，每按一次向左方向键（←），角色将向左旋转 10°。因此，如果像图 2-9 那样转弯，即旋转 90°，你需要连续按 9 次向左方向键或向右方向键。

首先打开一个新的 Scratch 项目，把默认的猫咪换成一个上下左右转换方向比较明显的造型（推荐素材库中动物分类的 beetle 和 cat2）。单击造型标签页，选择**从造型库中选取造型**，然后选择自己喜欢的造型。

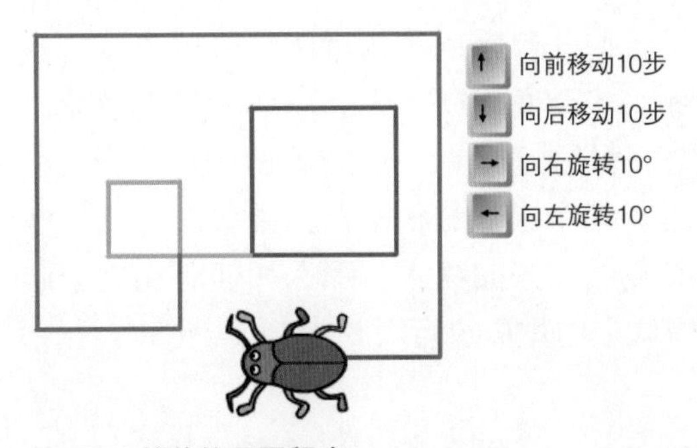

图 2-9：简单的画图程序

现在在这个角色中添加如图 2-10 所示的脚本。你可以从事件模块中拖动出四个**当按下……键**积木，点击其上的小三角可以改变按键。

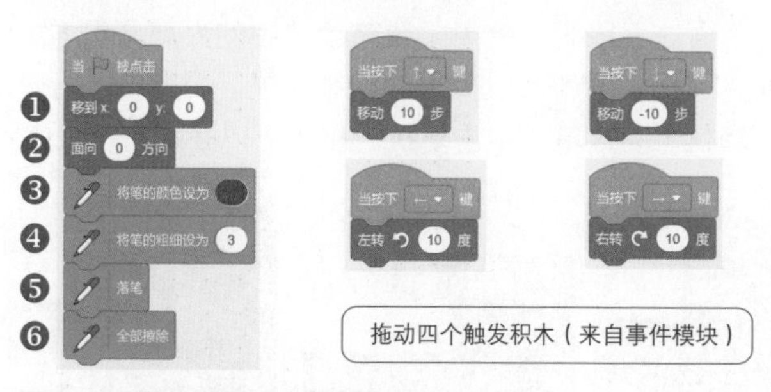

图 2-10：简单画图程序的脚本

当我们单击绿旗运行脚本时，角色首先移动到舞台的中央❶，面朝上方❷，然后设置画笔的颜色❸和粗细❹，最后将画笔设置为落笔状态❺。为了清除画笔在脚本运行之前留下的各种笔迹，我们在脚本的结尾拖动一个**擦除**积木❻。

单击绿旗运行脚本，然后使用方向键绘制你喜欢的图形吧！你能想象出来依次按下↑→↑→ ↑→……能创建出什么图形吗？

> **试一试 2-4**
>
> 尝试加入两个功能：当按下 W 键时画笔变粗，当按下 N 键时画笔变细。你可以想想还有什么方法能增加程序趣味性，然后将其实现。

神奇的重复执行

迄今为止，我们的程序还是相对比较简单的，但是当你的脚本越来越大时，你可能会发现积木中会出现大量的重复。重复的积木越多，脚本就会变得越冗长，越难以理解，越不易阅读。打个比方，你多次复制了带有某个参数的积木，如果要统一修改参数，你不得不依次修改所有复制出来的积木。那么如何避免这个问题呢？让我们来学习控制模块中的**重复执行**吧！

DrawSquare.sb3

假设要绘制类似于图 2-11 左侧的正方形图案，你可能需要让角色依次执行如下命令。

1．移动某个步数，然后逆时针旋转 90°。
2．移动相同的步数，然后逆时针旋转 90°。
3．移动相同的步数，然后逆时针旋转 90°。
4．移动相同的步数，然后逆时针旋转 90°。

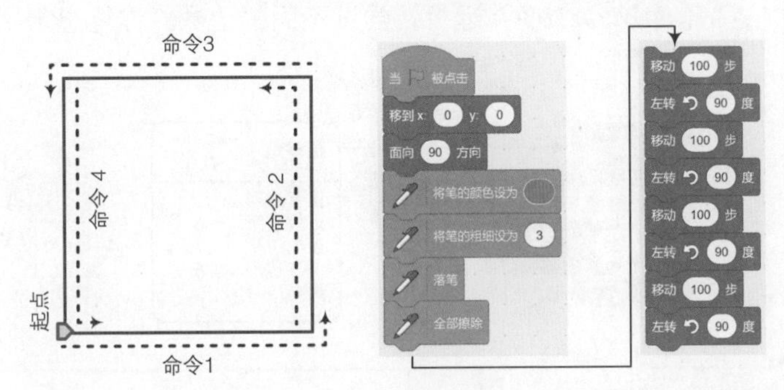

图 2-11：为了绘制左边的正方形，脚本使用了连续的移动……步和左转……度积木

图 2-11 的脚本实现了上述四步命令。我们注意到，这段脚本重复了四次**移动 100 步**和**左转 90 度**。我们可以使用**重复执行**积木，如图 2-12 所示。当使用**重复执行**时，它会将其内部的积木重复执行多次，而执行的次数可以在积木的参数中指定。使用**重复执行**的脚本是不是变得更加清晰、易于理解了呢？

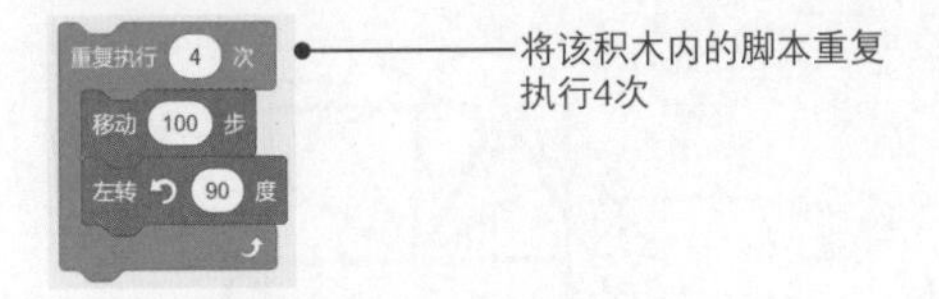

图 2-12：使用重复执行积木绘制正方形

在图 2-11 中绘制的正方形的位置取决于角色最初的方向，图 2-13 说明了这个问题。注意，当正方形绘制完毕后，角色的方向和最初的方向一致。

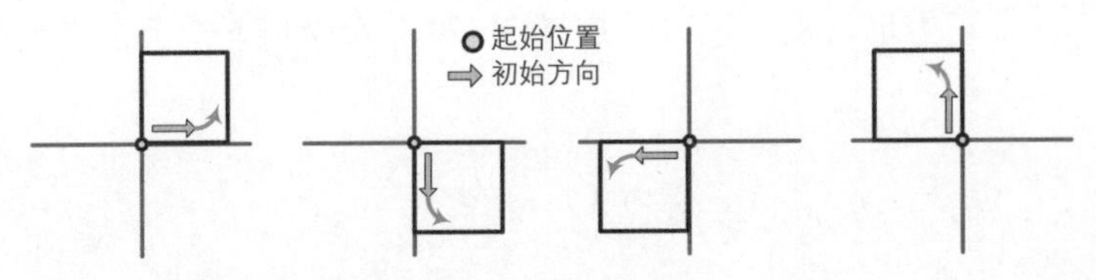

图 2-13：角色的初始方向决定了正方形的位置

试一试 2-5

Polygon.sb3

尝试修改图 2-12 的脚本，使其绘制各种正多边形。如下图所示，只需要替换脚本中的边数（控制正几边形）和边长（控制正多边形的大小）即可。下图右侧的图案是用该脚本绘制的六个相同边长的正多边形，角色起点和初始的面向方向如下图所示。打开 *Polygon.sb3* 并运行，尝试不同的边数。你能想象出怎么绘制一个圆吗？

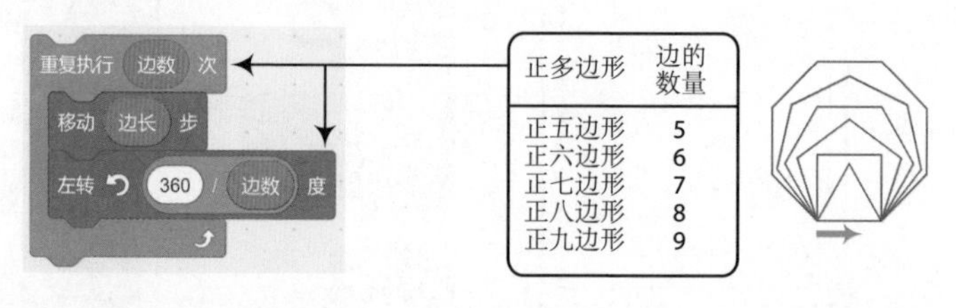

旋转的正方形

RotatedSquares.sb3

通过重复执行特定的积木（就像上面的多边形），你可以创建出许多神奇的艺术图案。如图 2-14 所示，这段脚本将一个正方形旋转 12 次。这个图案是不是很奇妙呢？（为了简洁，这里忽略了画笔属性和落笔状态的设置。）

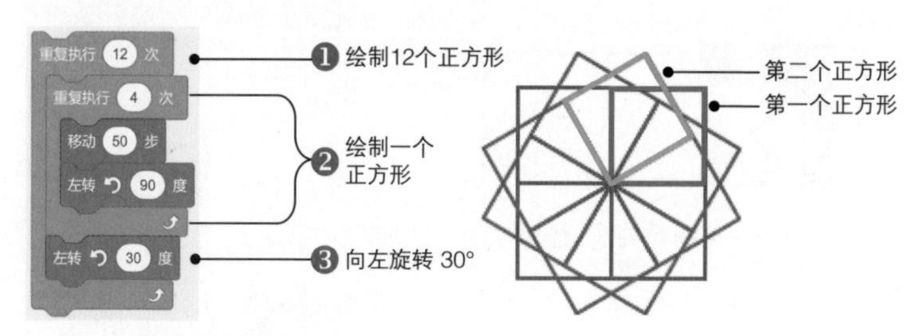

图 2-14：绘制旋转的正方形

外层的**重复执行** ❶ 会执行 12 次。内层的**重复执行** ❷ 只绘制一个正方形，然后逆时针旋转 30°❸，为绘制下一个正方形做好准备。

> **试一试 2-6**
>
> 如果足够细心，你会发现 12 次重复执行 × 每次重复执行旋转 30°=360°。如果把 12 次改成 4 次，把 30° 改成 90°，你能想象出最终绘制的图形吗？那 5 次和 72° 呢？尝试不同的组合看看效果。如果绘制的速度太慢，可以使用编辑菜单中的加速模式。

图章积木

Windmill.sb3

刚才我们看到，只需要**左转 / 右转**和**重复执行**，就能把简单图案（如正方形）变成复杂图案。但如果我们要旋转的不再是简单图案，而是复杂图案呢？这时图 2-14 中内部重复执行的**移动**和**左转**就力不从心了（内部重复执行负责绘制正方形）。遇到这种情况，我们通常会在绘图编辑器中创建出这个复杂图案的造型，然后使用**图章**积木在舞台上不断地复制。为了展示这种技术，下面我们来绘制一个大风车吧！如图 2-15 所示。

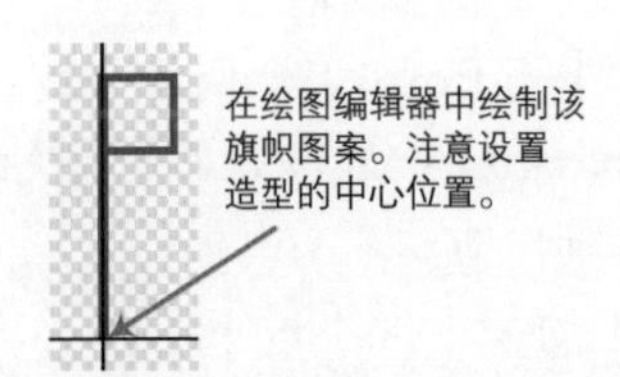

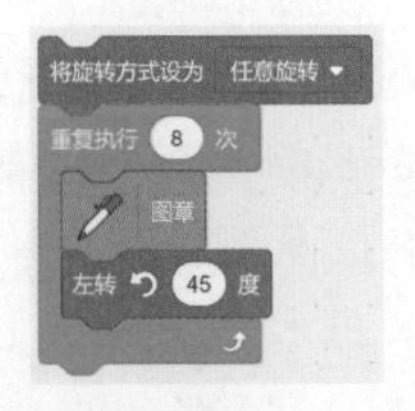

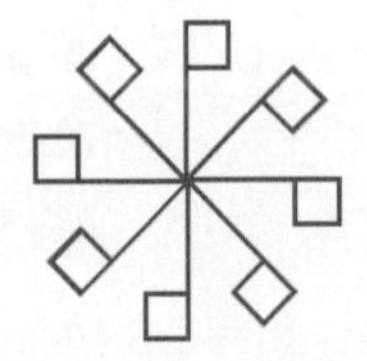

图 2-15：图章积木可以轻松创建复杂的几何图形

我们在绘图编辑器中绘制一个旗帜图案（如图 2-15 左侧所示），选择它作为角色当前造型。注意，将造型的中心点设置到旗杆的底端，这样才能围绕这个点进行旋转。

在图 2-15 中间显示绘制大风车的脚本。分析一下，首先**重复执行** 8 次，每次旗帜的造型都会被印在舞台上，就像按下图章一样。然后向左旋转 45° 为下次按下图章做好准备。注意，脚本中需要**将旋转方式设为任意旋转**，这样旗帜才能进行旋转。

注意 Extra Resources 内的 *DrawingGeometricShapes.pdf*（可以到博文视点官网的本书页面下载）提供了各种几何图形的画法，包括矩形、平行四边形、梯形、菱形等，同时讲解了如何绘制富有艺术感的多边形图案。

试一试 2-7

将颜色特效增加积木（外观模块）可以添加图形特效，例如，颜色、鱼眼特效、旋转特效等。打开 *Windmill.sb3*，在**重复执行**中加入这块积木，可以尝试各种不同的特效，做出更加酷炫的图形。注意，若旗帜为黑色，那么颜色特效将不起作用。

Scratch 项目

本节将学习两个简单的程序，它们使用了运动和画笔模块以帮助你理解本章的内容。你可以在本章的项目文件中找到背景图片和角色等素材，因此，我们将注意力集中在脚本的编写上。由于篇幅原因，你可以在本书的资源文件夹 Bonus Applications 中找到名为 *Survival Jump* 的游戏，查看 *BonusApplications.pdf*（可以到博文视点官网的本书页面下载）并学习其制作方法。

下面的脚本会出现许多陌生的积木，不过不用担心，我们会在随后的章节中逐一学习它们。

猫咪收集钱袋

Money_NoCode.sb3

第一个程序是一个很简单的游戏：玩家使用方向键控制角色的移动，尽可能多地收集钱袋。但是钱袋可不会傻傻地等着猫咪。如图 2-16 所示，钱袋的位置会随机地出现在网格中。当钱袋出现后，若玩家在 3 秒内没有抓住它，它则会随机出现在网格的其他位置。

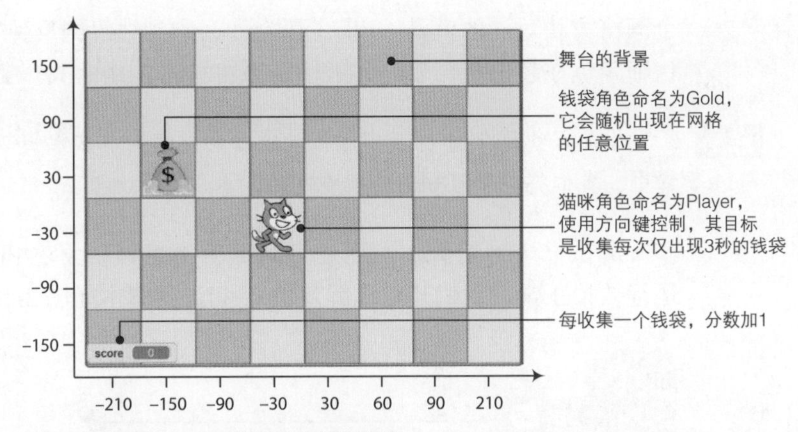

图 2-16：帮助猫咪尽可能多地收集钱袋

你可以在 *Money_NoCode.sb3* 中添加脚本。在这个项目文件中除了脚本外，各个素材都已经准备齐全。

注意 图 2-16 的坐标值对应着脚本中出现的坐标值。如果忘记猫咪移动时的坐标值，可以返回到图 2-16 查看。

我们从猫咪角色 Player 的脚本开始吧！如图 2-17 所示。

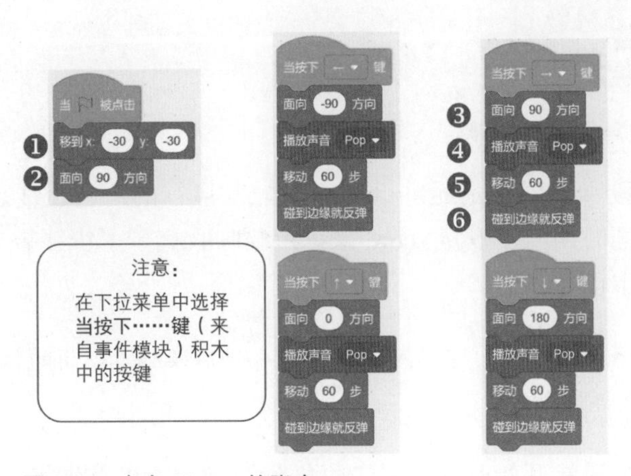

图 2-17：角色 Player 的脚本

当玩家单击绿旗后，角色移动到点 (-30,-30)❶，并面向右侧 ❷。另外四段脚本由方向按键触发。当按下某个方向键时，其对应的脚本首先改变角色的面向方向 ❸，并发出“砰”的一声 ❹（来自声音模块），然后朝着该方向移动 60 步 ❺，最后碰到边缘反弹 ❻。你知道为什么是移动 60 步，而不是其他步数吗？因为在图 2-16 中，每个网格方块对应的就是 60 步。那为什么碰到边缘则反弹？这是为了保证角色在超出舞台后，其坐标系仍然与图 2-16 保持一致。

注意 你是否觉得在图 2-17 中四段处理方向键的脚本非常相似呢？在第 4 章中，我们将会学习如何处理重复的脚本。

测试一下当前脚本，通过方向键应当能移动角色 Player。如果运行效果正常，我们开始讲解角色 Gold，其脚本如图 2-18 所示。

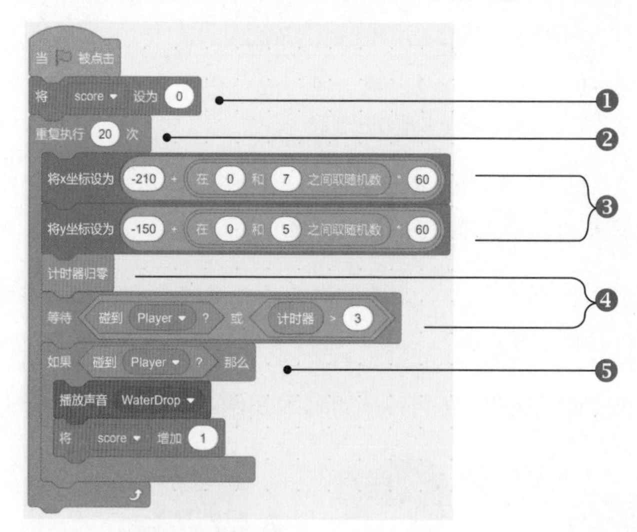

图 2-18：角色 Gold 的脚本

这段脚本同样是通过单击绿旗触发执行的。它让钱袋在网格中移动，同时用一个变量 score 来记录猫咪收集了多少钱袋。变量在变量模块中创建。

注意 score 叫作变量，它是可以保存起来供后续脚本使用的信息。在第 5 章中我会详细介绍。

因为游戏开始时猫咪还未收集到钱袋，所以首先将变量 score 的值设置为 0❶。然后设置 20 次**重复执行** ❷，表示总共收集 20 个钱袋。（你也可以随意修改这个值。）每次重复执行时，钱袋会被放置到舞台的任意位置 ❸，使玩家在有限的时间内控制猫咪收集钱袋 ❹，如果抓到钱袋，则增加变量 score 的值 ❺。

正如图 2-16 所示，要让钱袋在舞台的 48 个方格中随机出现，

则其 x 坐标必须是下列值之一：-210，-150，-90，…，210。每个数字之间相隔 60 步，并以 -210 为起点，它们满足如下公式。

$$x = -210 + (0 \times 60)$$
$$x = -210 + (1 \times 60)$$
$$x = -210 + (2 \times 60)$$
$$x = -210 + (3 \times 60)$$

其余的 x 坐标值类似。y 坐标值的计算方法与之相同。

要让钱袋的 x 坐标随机变化，我们可以生成一个 0 到 7 之间的随机数字，乘以步数 60，再加上起点 -210。图 2-19 演示了**将 x 坐标设为**积木的建立过程。同理，将 **y 坐标设为**的方法相同。

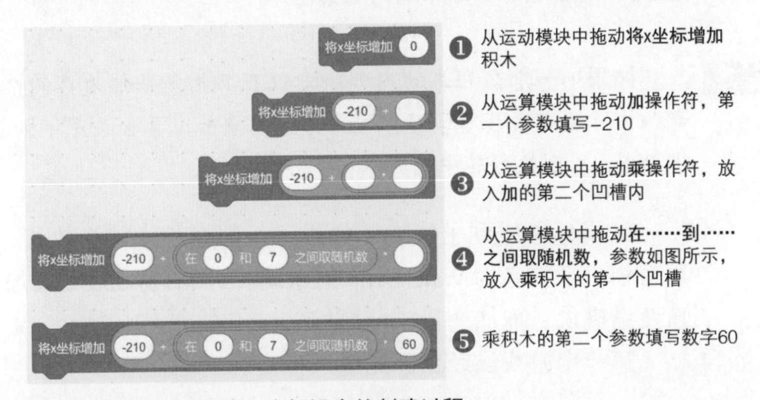

图 2-19：图 2-18 中将 x 坐标设为的创建过程

当钱袋随机出现后，玩家只有 3 秒的时间（你也可以修改这个时间间隔调整游戏的难度）。为了记录时间，脚本首先重置 Scratch 的计时器，使其从 0 秒开始计时，然后**等待**积木会一直等待着，脚本不再继续向下执行，直到玩家碰到了钱袋或者计时器超过了 3 秒，脚本才会继续执行下面的**如果……那么**积木。它的创建过程如图 2-20 所示。

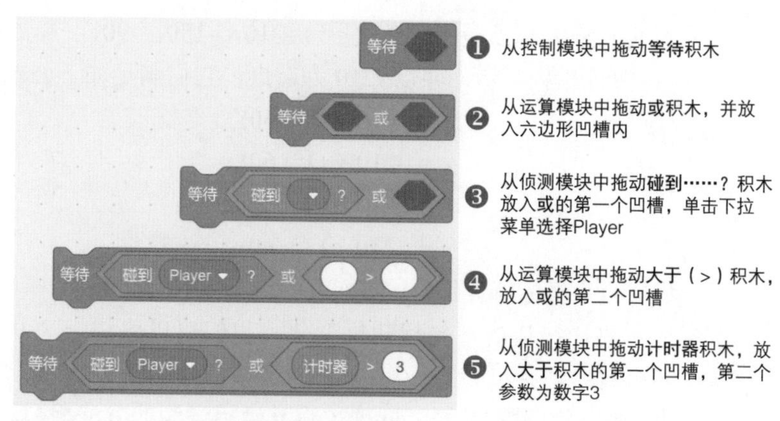

图 2-20：图 2-18 中等待积木的创建过程

注意　**如果……那么**积木的内部脚本仅在其指定条件为真的情况下执行。详细内容将在第 6 章学习，现在你只需要知道其含义是：如果碰到了角色 Player，则执行其中的脚本。

如果角色碰到了钱袋，**如果……那么**积木就会执行。首先**播放声音**积木播放名为 WaterDrop 的水滴声，然后**将 score 增加 1** 积木（来自变量模块）增加变量 score 的值。

第一个游戏已经全部完成，单击绿旗运行吧！

Scratch 计时器

Scratch 内置了一个计时器。当你在浏览器中打开 Scratch 后，计时器被设置为 0，并立刻开始计时。侦测模块中的**计时器**积木可以得到当前计时器的值，其前面的复选框可以将值显示器显示 / 隐藏在舞台上。**计时器归零**积木将计时器的值重置为 0（因此，若从未使用过该积木，计时器则记录 Scratch 的运行时间）。项目停止运行后，计时器仍然会继续计时。

接苹果游戏

Catch Apples_NoCode.sb3

看图 2-21 中接苹果的游戏界面。在这个游戏中，苹果从舞台的顶部随机落下，玩家则需要移动货车接住不断掉落的苹果，接住一个苹果得到 1 分。

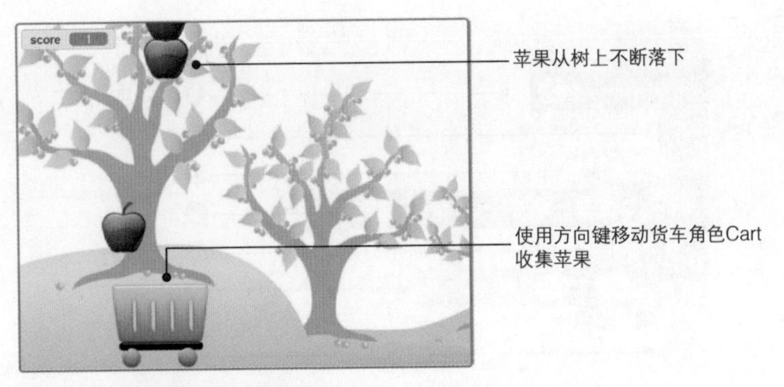

图 2-21：接苹果游戏的界面

游戏界面中掉落了许多苹果，那么你是否认为我们需要许多苹果角色呢？在 Scratch 2.0 版本之前这可能是必需的，但是 Scratch 2.0 之后的版本则不必如此，因为它有一个叫作克隆的新特性，能快速复制出一模一样的角色。在接苹果游戏中，我们只需要一个苹果角色，然后使用克隆技术复制出更多的苹果。

打开只有素材而没有脚本的 *CatchApples_NoCode.sb3*。为了让游戏更有趣，我们添加了用来记录货车接住了多少苹果的变量 score。先从货车的脚本开始吧！

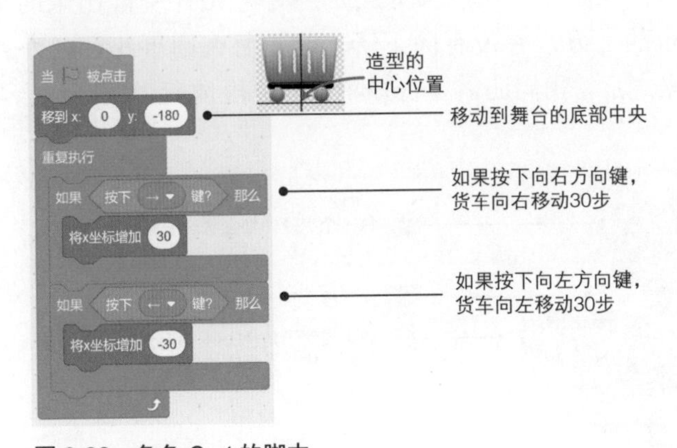

图 2-22：角色 Cart 的脚本

当绿旗被点击时，货车 Cart 被移动到舞台的底部中央，然后脚本不断检查左右方向键是否被按下，如果按下，货车会左右移动。根据测试，选择了每次移动 30 步，当然你可以修改该步长。

下面来看看如何克隆苹果。角色 Apple 的脚本如图 2-23 所示，这段脚本同样是当绿旗被点击时启动的。

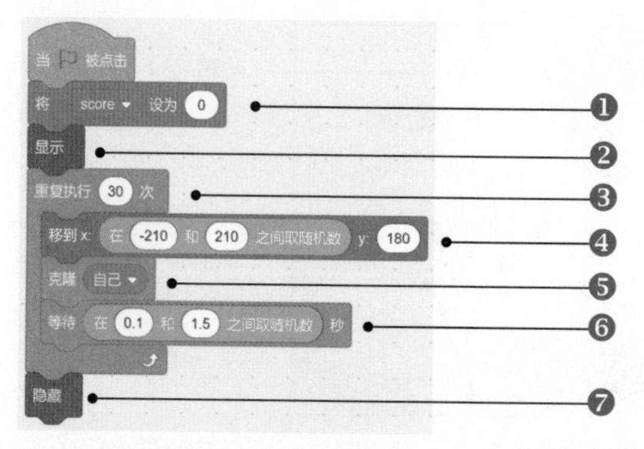

图 2-23：角色 Apple 的第一段脚本

游戏开始时显然没有收集到任何苹果，因此先将变量 score 的值设置为 0❶，再显示角色自身❷（来自外观模块）。接着是一个 30 次的**重复执行**积木❸，30 表示一共会掉落 30 个苹果。

每次重复执行时，角色 Apple 会随机出现在舞台上方❹，然后使用**克隆**积木（来自控制模块）克隆自己❺，再等待一个很短的随机时间❻，最后继续**重复执行**这些步骤。**重复执行** 30 次后，脚本使用**隐藏**积木（来自外观模块）把作为原角色的苹果设置为隐藏状态。

单击绿旗运行这段脚本，你会发现 30 个克隆出来的苹果都聚集在舞台的上方，并没有向下落。这是怎么回事儿？因为当角色被克隆出来之后，我们还需要告知苹果的克隆体应当做些什么，如图 2-24 所示。

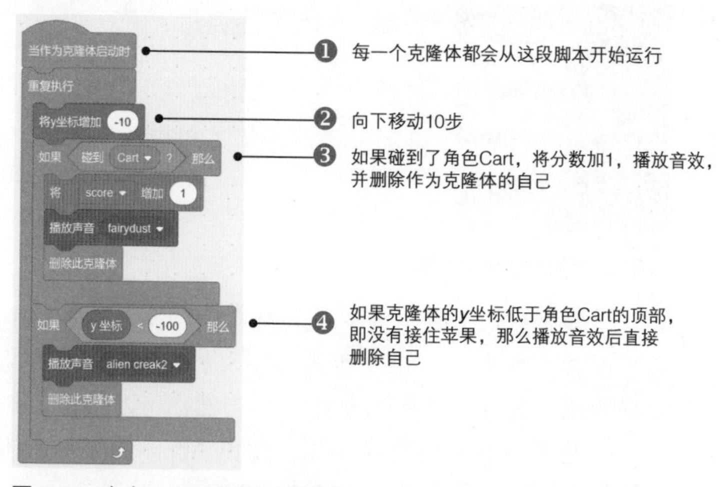

图 2-24：角色 Apple 的第二段脚本

当作为克隆体启动时积木 ❶（来自控制模块）使得每个克隆体在克隆完毕后都以它为起点开始运行。每个克隆出来的苹果向下“掉落”10 步 ❷，然后检查它是否被货车接住。如果克隆体碰到了货车 ❸，则表明接住了苹果。因此增加 1 分，播放音效，然后删除作为克隆体的自己（因为克隆体已经不需要做什么了）。如果克隆体 *y* 坐标低于货车的高度 ❹，即玩家没有接住，这时播放一个不同的音效，再把自己删除。如果两个条件都没有发生，**重复执行**积木让克隆的苹果继续下落。

第二个游戏大功告成啦！单击绿旗运行试试看。你可以尝试修改货车的移动速度或克隆苹果时的随机等待时间，这样就能调整游戏的难度。

关于被克隆的角色

任何角色都能使用**克隆**积木创建出自己或其他角色的克隆体，甚至连舞台也能使用**克隆**积木。克隆发生的那一刻，克隆体会继承原角色的所有状态，例如当前坐标位置、方向、当前造型、隐藏或显示、画笔属性的设置、图形特效等。图 2-25 的实验说明了这点。

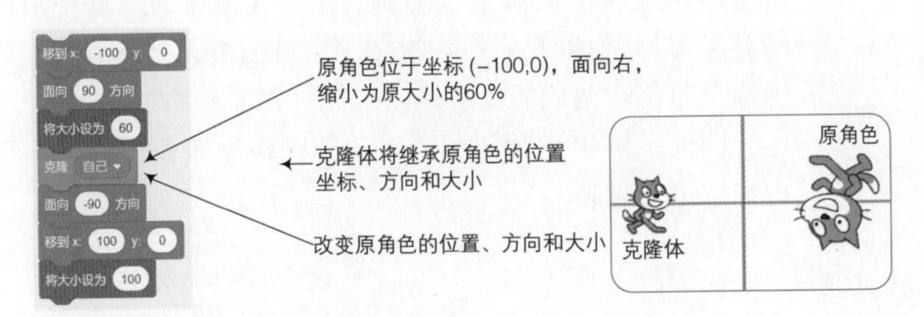

图 2-25：克隆体继承了原角色的属性

图 2-26 说明克隆体内的所有脚本和原角色相同。这段脚本首先创建两个克隆体。当按下空格键时，三个角色（原角色和两个克隆体）都会向右旋转 15°，因为它们都会触发**当按下空格键**这段脚本。

要特别注意一种情形：**克隆**积木不是当绿旗被点击触发时执行，因为这种克隆方式的效果可能不是你想象的那样。如图 2-27 所示的脚本，第一次按下空格键时，创建出一个克隆体，因此程序现在只有两个角色：原角色和克隆的角色。

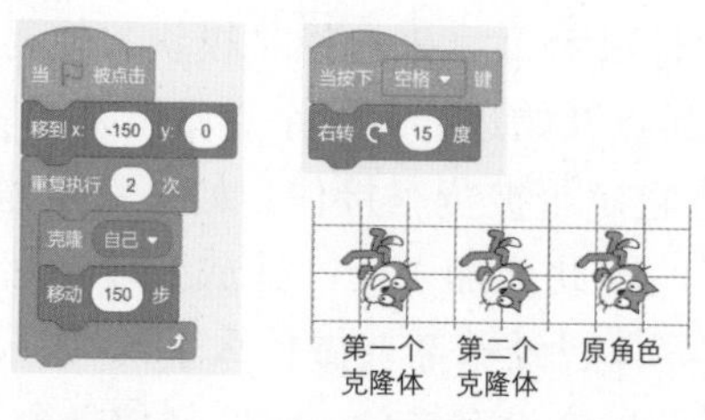

图 2-26：克隆体的脚本与原角色的脚本相同

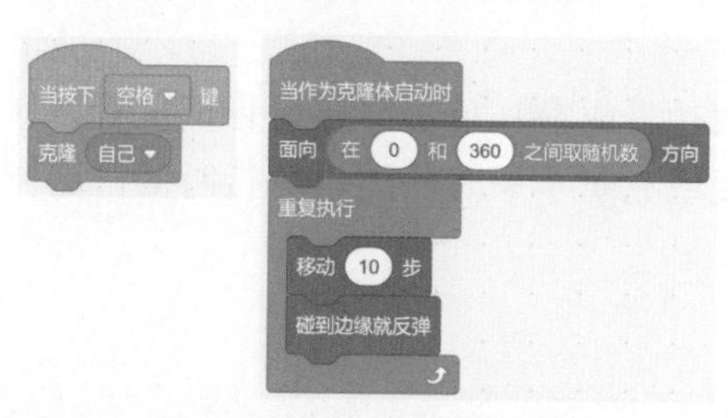

图 2-27：当按下空格键触发克隆积木

如果我们第二次按下空格键会发生什么？舞台上会出现四个角色。为什么？首先原角色会克隆一个角色，然后第一次按下空格键的那个克隆体由于拥有**当按下空格键**的脚本，也会对第二次按下空格键做出反应，从而克隆出新的角色（换言之，这个角色是克隆体的克隆体）。如果我们第三次按下空格键会怎么样？那么舞台上会出现八个角色。角色的数量是以指数方式增长的！

因此，解决这种问题的方法便是在原角色中仅使用**当绿旗被点击**积木进行克隆。

本章小结

在本章中，我们学习了如何使用绝对运动积木移动角色，也学习了参考角色当前的位置或方向进行移动的相对运动积木。之后我们使用画笔模块制作了一个简单的画图程序。

随着绘制的图案越来越复杂，你会发现**重复执行**积木能创建更简短、更高效的脚本。然后学习了**图章**积木配合**重复执行**绘制复杂图形的方法。

在本章的末尾，我们制作了两个游戏，初步了解 Scratch 的克隆功能。在第 3 章中，我们将使用外观和声音模块中的积木创建更多好玩、有趣的程序。

练习题

1. 解释脚本是如何执行的，并写出该图形中每个拐角的 (x,y) 坐标。

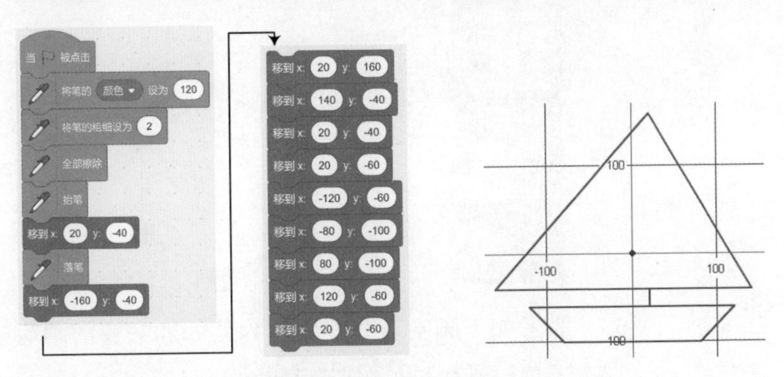

2. 编写一段脚本，依次连接下面的点并展示绘制结果。

   a. (30,20)，(80,20)，(80,30)，(90,30)，(90,80)，(80,80)，(80,90)，(30,90)，(30,80)，(20,80)，(20,30)，(30,30)，(30,20)

   b. (–10,10)，(–30,10)，(–30,70)，(–70,70)，(–70,30)，(–60,30)，(–60,60)，(–40,60)，(–40,10)，(–90,10)，(–90,90)，(–10,90)，(–10,10)

3. 编写脚本绘制如下图形。

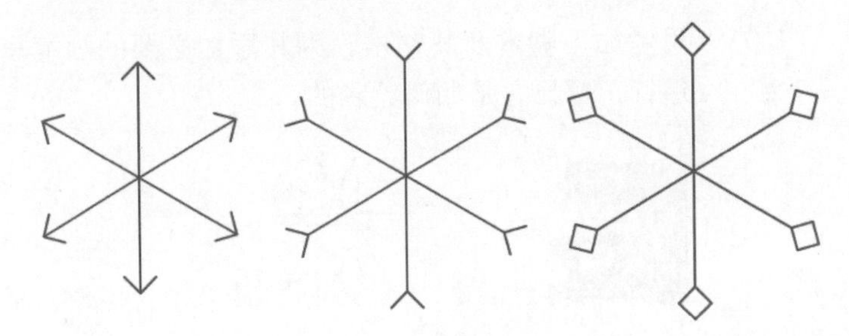

4. 思考如下脚本及其输出。为其添加必要的画笔模块中的积木并运行，解释它是如何绘制的。

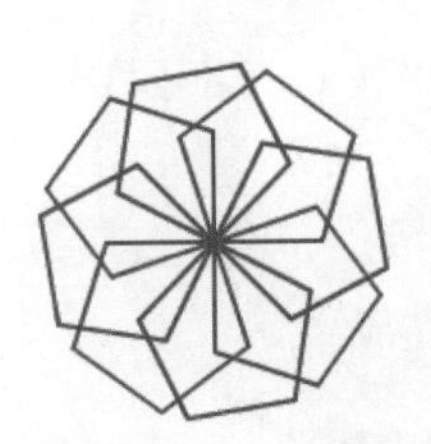

5. 思考如下脚本及其输出。为其添加必要的画笔模块中的积木并运行，解释它是如何绘制的。

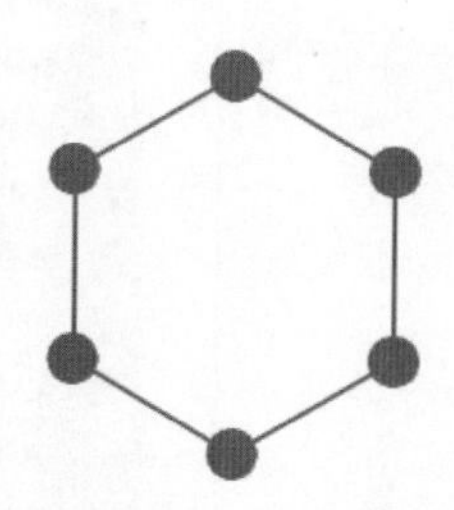

6. 思考如下脚本及其输出。为其添加必要的画笔模块中的积木并运行，解释它是如何绘制的。

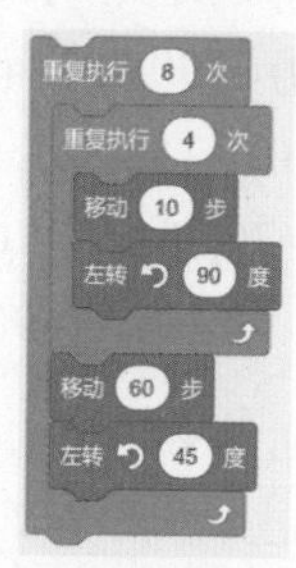

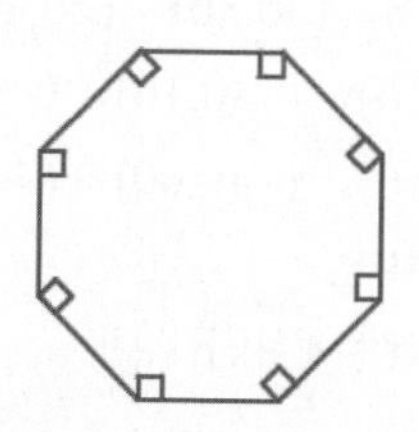

7. 思考如下脚本及其输出。为其添加必要的画笔模块中的积木并运行，解释它是如何绘制的。

8. 编写一段脚本绘制如下图形。

BalloonBlast_NoCode.sb3

9. 在这道题中，你将完成射击气球的游戏，游戏界面如下图所示。

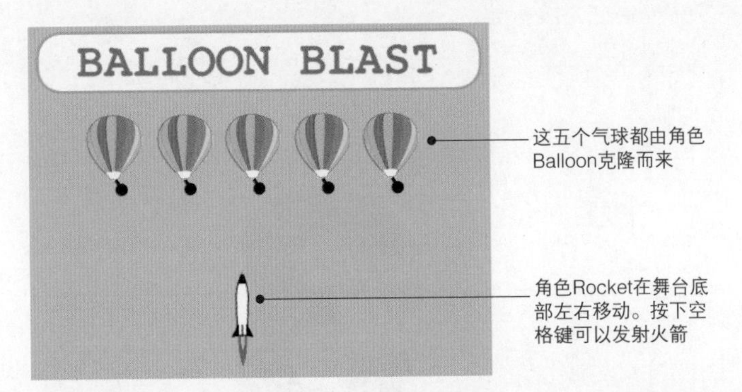

这个游戏包含两个角色：气球角色 Balloon 和火箭角色 Rocket。当单击绿旗运行后，气球角色 Balloon 将自己克隆 5 次。火箭 Rocket 在舞台底部左右移动，碰到边缘则反弹，若按下空格键，则发射。

打开 *BalloonBlast_NoCode.sb3* 文件，其中已包含克隆气球 Balloon 的脚本。你的任务是把下面两段脚本加入到该文件并测试运行。

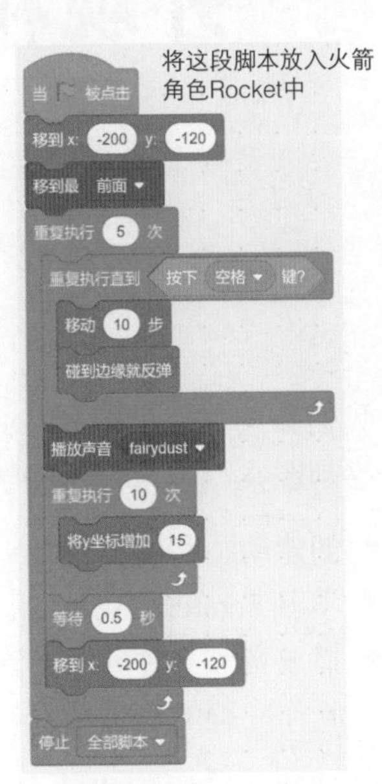

第3章

外观和声音

我们在第 2 章学习了如何使用运动模块移动角色以及使用画笔模块绘制图案。本章我们将学习外观和声音模块，并完成如下内容。

- 创建动画和图形特效
- 学习 Scratch 中图层的概念
- 播放音频文件并演奏音乐
- 制作完整的动画场景

外观模块可以创建动画，还能给角色的造型和背景添加各种图形特效，如漩涡、鱼眼特效、虚像等。声音模块可以给程序添加特效和音乐。让我们从创建动画开始吧！

外观模块

利用画笔模块能直接在舞台上绘图，而Scratch的造型功能是另一种既简单又强大的绘图方式。外观模块能操作造型，从而创建动画，还能添加思考气泡、应用图形特效、隐藏或显示角色。接下来我们将一起探索外观模块。

切换造型创建动画

Animation.sb3

虽然角色可以从舞台的一头移动到另一头，但是如果在移动的过程中静止不动，角色看上去就特别生硬。如果角色的各个造型之间能以适当的速度切换，那么在移动时就更加逼真。打开*Animation.sb3*并运行，你会看到如图3-1所示的动画效果。

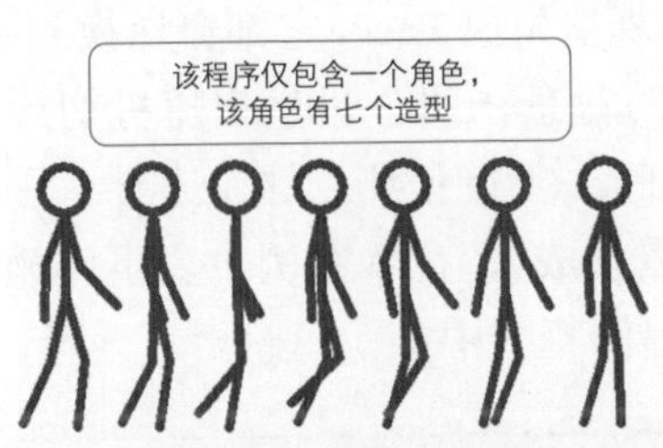

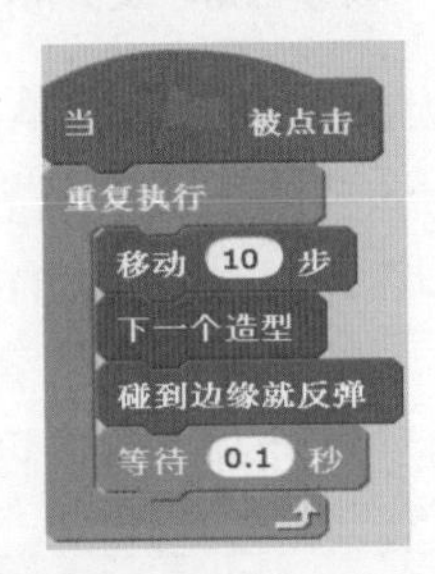

图3-1：通过切换角色的造型创建动画效果

该程序仅包含一个角色，它有七个造型和一段脚本，在造型标签页中就能看到所有的造型。当单击绿旗运行后，小人便在舞台上来回走动。这段脚本中最关键的积木是**下一个造型**，它能让角色切换到造型列表中的下一个造型。如果现在正处于最后一个造型，那么执行它之后会重新切换到第一个造型。

当绿旗被点击后，脚本进入**重复执行**，每次造型切换后都会**等待0.1秒**。如果删除**等待**积木，造型切换的时间间隔会更短，小人行走的速度也就更快。尝试不同的等待时间和**移动……步**，并观察效果。

虽然使用画笔模块也可以绘制动态的小人，但脚本会十分复杂。反之，若将这些复杂的图案绘制到各个造型中，通过切换造型制作动画则非常简单。你可以使用自己喜欢的绘图工具或Scratch内置的绘图编辑器进行绘图。

ClickOnFace.sb3

单击鼠标改变角色的造型是一种良好的交互方式，如图3-2所示，单击表情的应用程序。该程序仅包含一个角色Face，其中有五个造型。如图3-2所示。脚本使用**当角色被点击**积木（来自事件模块）通知角色切换造型。

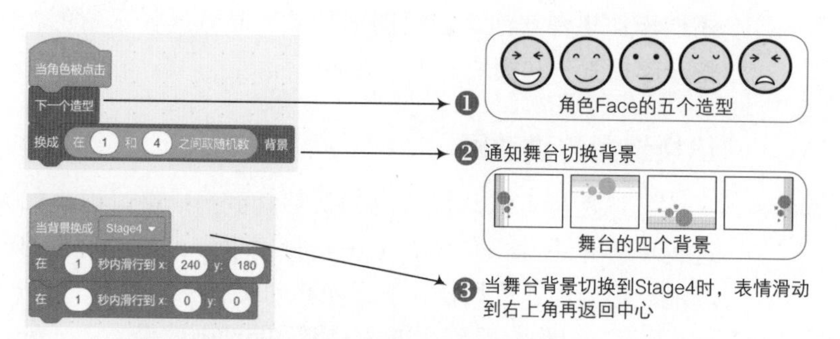

图3-2：每次单击角色表情和背景都会改变

程序运行后，每当单击表情角色Face，它都会切换到下一个造型。**换成……背景**积木让舞台的背景在四个背景中随机切换。当舞台切换到背景Stage4时，角色Face就能侦测到这个事件（因为使用了事件模块中的触发积木**当背景换成**）。在本案例中，事件触发后表情角色滑动到舞台右上角，再返回舞台中心。

TrafficLight.sb3

试一试 3-1

文件*TrafficLight.sb3*包含一个红绿灯角色，其中有三个造型（分别命名为red、orange、green），还有一段不完整的脚本，如下图所示。尝试在适当的位置加入**等待……秒**积木，使这个红绿灯更加真实。

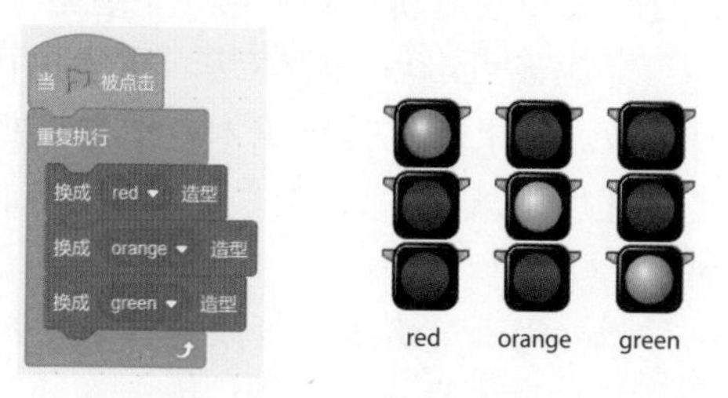

注意 **将背景换成**积木可以实现故事场景的改变、游戏级别的切换等功能。角色使用触发积木**当背景换成**可检测舞台何时切换到某个背景。

让角色思考并说话

使用**说**和**思考**积木命令角色说话或者思考，就像漫画一样，如图 3-3 所示（左图）。

说和**思考**中的内容会永久地显示在气泡中。如果要去除气泡效果，只需要将积木中的内容清空后再执行。若要在一段时间后自动消失，可以使用**说……秒**和**思考……秒**，如图 3-3 所示（右图）。

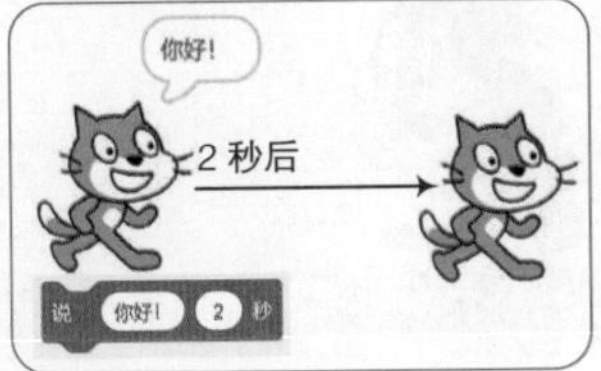

图 3-3：使用说和思考积木将消息显示在气泡中

试一试 3-2

Argue.sb3

打开并运行 *Argue.sb3*，它模拟了两个角色之间一段无休止的争吵，如下图所示。看看这段脚本，你知道为什么两个角色之间的对话是同步的吗？（所谓同步，是指你一句，我一句，而不是两个角色同时说话。）

图形特效

GraphicEffects.sb3

使用积木**将……特效设定为**可以给背景和造型添加各种图形特效。Scratch 支持的特效有鱼眼、旋转、马赛克等。图 3-4 展示了所有的特效。

图 3-4：Scratch 支持的所有图形特效

可以在积木**将……特效设定为**的下拉菜单中选择具体的特效。**将……特效改变**积木可以在当前特效的基础上增加或减少而非直接设定。例如，当前角色的虚像特效为 40，再增加虚像特效 60，这时角色的虚像特效为 100，最终就像幽灵一样消失了。如果想要将图像还原到最初的状态，可以使用**清除图形特效**积木。

注意　连续使用多个特效积木可以给一个图形添加各种特效。

角色大小和可视状态

SneezingCat.sb3

有时你可能需要在程序中控制角色大小或角色是否隐藏。例如，在某个场景中把角色放大显得离屏幕更近，或者在游戏开始后把说明文字隐藏。

放大或缩小角色使用积木**将大小设为**或**将大小增加**。前者的参数是一个百分比，100 则为原始大小；后者根据角色当前的大小进行设置。显示 / 隐藏角色使用积木**显示**或**隐藏**。

打开项目文件 *SneezingCat.sb3*，可以看到猫咪就像卡通人物一样打着喷嚏并改变大小，脚本如图 3-5 所示。

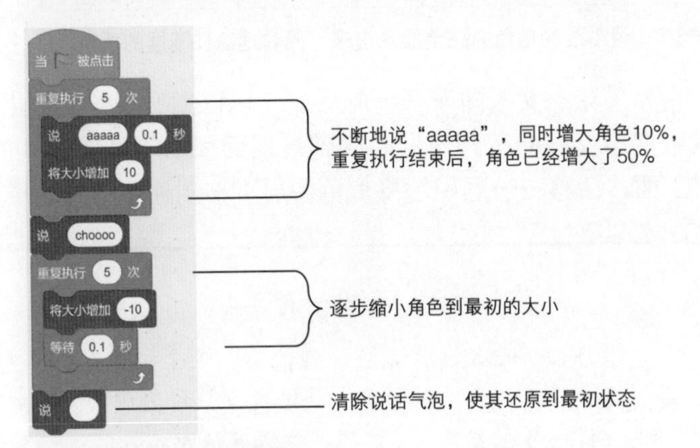

图 3-5：猫咪打喷嚏的脚本

当猫咪准备打喷嚏时，角色不断增大，打完喷嚏之后又缩小到最初的大小。运行这段脚本看看具体的效果。

试一试 3-3

在图 3-5 中脚本的结尾加入一块积木，使其在打完喷嚏后消失在舞台中。再在脚本的开头加入一块积木，使猫咪一开始就出现在舞台上。

角色间的图层

外观模块中最后两块积木**移到最前面**和**后移 1 层**会影响角色在舞台上的遮盖顺序，它决定了角色在重叠区域时优先显示哪个角色。假设这样一个场景：石头（Rock）后面站着一个小女孩（Girl）。这时如果没有图层，就会有两种可能，如图 3-6 左侧所示。

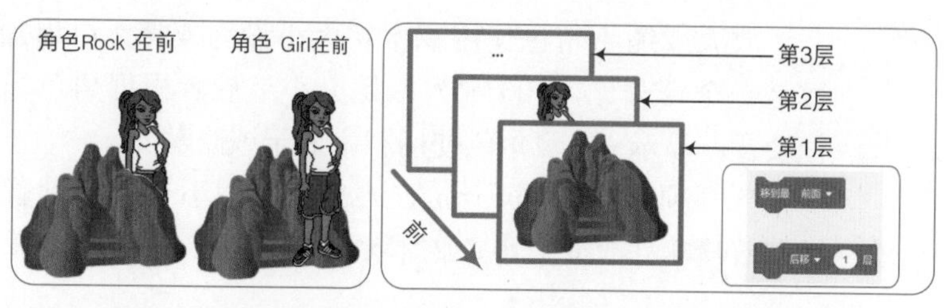

图 3-6：最上层的角色会完全显示出来，同时遮盖住下层的角色

如果让小女孩站在石头的后面，可以把石头作为最上层的角色，或者把小女孩向下移一层。**移到最前面**积木将当前角色的图层放到最上面，**后移……层**积木将角色图层下移到你所指定的层数。

Layers.sb3

试一试 3-4

打开 *Layers.sb3* 并运行，我们看到四个角色在舞台上来回移动。每个角色代表一种颜色，只要按下某种颜色（Blue、Orange、Pink、Yellow）的首字母，就能把这种颜色对应的形状移至最上层。运行程序并观察**移到最前面**积木的效果。

我们已经学习了外观模块，若想让程序更加生动，那么只有动画是不够的。下面来学习声音模块。

声音和音乐模块

为了让程序更加有趣，我们通常会使用各种音效和背景音乐。下面将学习与声音有关的积木，包括如何控制音频文件的播放、弹奏鼓声和其他乐器，以及改变音量和演奏速度。

播放音频文件

音频文件的格式非常多，但是 Scratch 仅能识别两种格式：WAV 和 MP3。有三块积木可以控制声音的播放：**播放声音**、**播放声音……等待播完**以及**停止所有声音**。前两者都能播放给定的声音。**播放声音**积木在声音开始播放后立刻执行后面的脚本，但是**播放声音……等待播完**积木则必须等到音乐全部播放完毕才执行后面的脚本。**停止所有声音**积木会立刻停止播放所有的声音。

若要在程序中加入一段重复播放的背景音乐，最简单的方法就是使用**播放声音……等待播完**，因为它能让音乐完整地播放，如图 3-7 左侧所示。

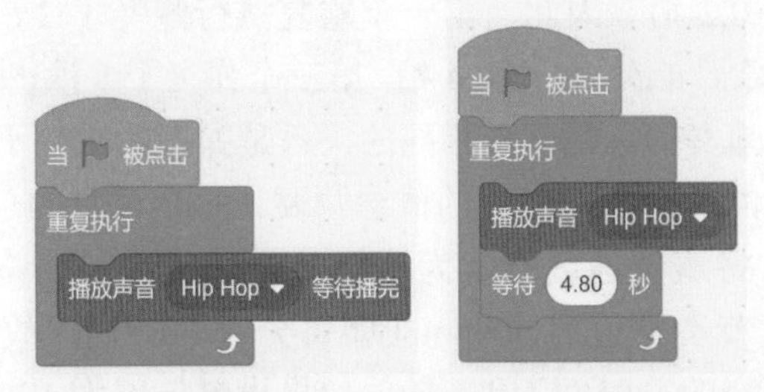

图 3-7：创建背景音乐的两种方法：左侧是重复播放声音（完整播放），右侧是播放声音后再等待一定时间以控制播放声音的时长

两种方法各有所长。左侧的方法虽然简单，但是在本次播放到下次播放之间，音频文件可能会有很短（甚至很明显）的一段空白声音，使重复播放之间的过渡不太流畅。右侧的方式能很好地解决这个问题，因为**等待**积木可以让你控制播放的时间。通过不断地测试，通常都能找到一个比较合适的等待时间，从而让本次结束播放时和下次开始播放时之间的过渡更加自然。

弹奏鼓声和其他声音

BeatsDemo.sb3

在制作游戏的过程中，我们可以在玩家击中目标、完成任务时添加一些音效。使用**击打……拍**积木可以轻松地制造出这些音效，同时能以指定的拍数弹奏 18 种音色。你还能使用**休止……拍**积木暂停弹奏。打开 *BeatsDemo.sb3*，脚本演示了拍数的作用，如图 3-8 所示。

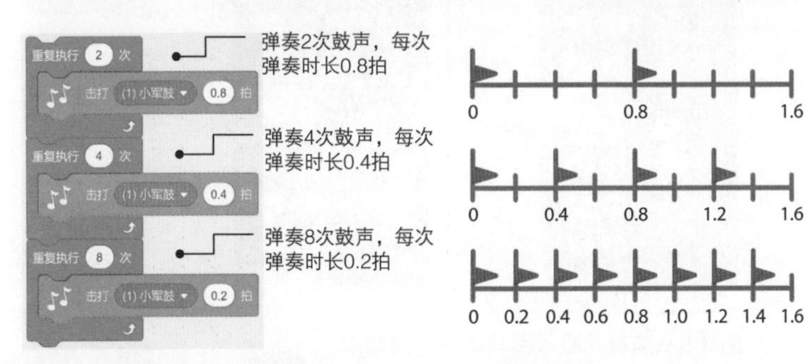

图 3-8：Scratch 中的拍数示例

这段脚本包含三个**重复执行**积木，分别重复2、4、8次。每一个**重复执行**弹奏相同的鼓声（积木中的参数1），但是拍数不同。为了解释拍数的概念，请看图3-8右侧，把数轴想象成弹奏的时间线，其最小间隔是0.2拍。因此，第一个**重复执行**弹奏了2次，每次0.8拍，第二个弹奏了4次，每次0.4拍，第三个弹奏了8次，每次0.2拍。每个**重复执行**弹奏的总时间是相同的，只是弹奏的次数不同。

我们所说的拍数并非时间的概念。要让每个重复的总时间减少，应当使用积木**将演奏速度设定为**或**将演奏速度增加**调整节奏的值。默认情况下，节奏数值为60bpm（即每分钟60拍），故图3-8中每个重复执行弹奏的总时间为1.6秒。如果设置节奏为120bpm，那么每个重复执行只需要0.8秒；如果节奏是30bpm，则需要3.2秒。

创作音乐

FrereJacques.sb3

除了弹奏鼓声，Scratch还能弹奏音符，从而创作音乐。点击界面左下角的“添加扩展”按钮，然后增加“音乐”模块。**演奏音符……拍**积木可以弹奏范围在0到127之间的音调，同时还能指定拍数。**将乐器设为**积木可以设置不同的乐器，即音色。让我们用这两种积木创作一首歌曲吧！图3-9的脚本演奏了源于法国的儿歌《两只老虎》。

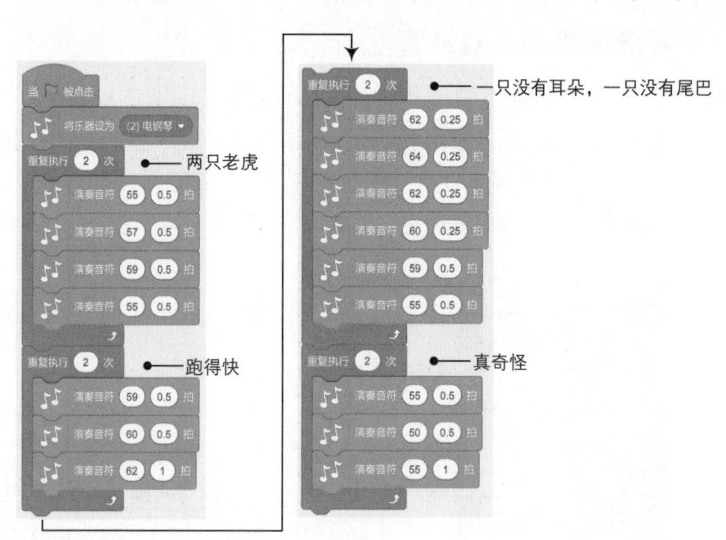

图3-9：演奏儿歌《两只老虎》的脚本

打开*FrereJacques.sb3*，尝试设置不同的乐器，听听演奏效果。

控制音量

假设一个场景：火箭徐徐升空，发出震耳欲聋的声响，随着火箭飞向高空，声音越来越小。实现这种声音效果需要控制音量的大小。

Scratch 使用**将音量设为**积木控制声音的大小，默认参数 100 为原始音量大小。使用它要注意两个问题。第一，所谓的音量是指播放声音、弹奏鼓声以及弹奏音符的音量；第二，该积木控制的是一个角色的音量，而非所有角色。因此，若要在同一时刻发出两个不同音量的声音，你必须使用两个角色。**将音量增加**积木可以基于当前音量值改变声音的大小。使用正数声音更大，负数声音更小。如果需要查看角色的音量，可以选中**音量**积木前的复选框。使用这些积木便能很方便地实现某些场景，例如，根据角色靠近目标的距离改变音量，甚至让多个角色以不同音量共同演奏各种乐器，从而组建一支管弦乐队。

VolumeDemo.sb3

试一试 3-5

文件 *VolumeDemo.sb3* 模拟了一个场景：猫咪走进森林的深处。脚本使用**将音量增加**积木使猫咪走得越远，声音越小。尝试完善这个程序，使其更加真实。

设定演奏速度

音乐模块中的最后三块积木与演奏速度有关，它设定了鼓声和音符的弹奏速度，单位是每分钟节拍数（bpm）。其值越大，弹奏速度越快。

使用**将演奏速度设定为**积木可以设置特定的演奏速度值，也可以使用**将演奏速度增加**积木相对增大或减小弹奏速度。如果你想看到演奏速度值，可以选中**演奏速度**积木前的复选框。注意，演奏速度和音量不同，前者会影响所有角色，后者只影响一个角色。

TempoDemo.sb3

试一试 3-6

打开 *TempoDemo.sb3* 并运行，说明积木**将演奏速度设定为**和**将演奏速度增加**是如何发挥作用的。

Scratch 项目

外观和声音模块能让程序更加精彩！下面将完成两个场景：跳舞的人和漂亮的烟花。我们会回顾一些未曾详细学习但早已见过的积木，积累创建完整的 Scratch 项目的经验。

在舞台上跳舞

DanceOnStage.sb3

下面将演示在舞台上的一个舞者角色，这个程序让一个舞者舞动起来，界面如图 3-10 所示，完整的脚本在文件 *DanceOnStage.sb3* 中。下面就来学习如何构建这个有趣的场景吧！

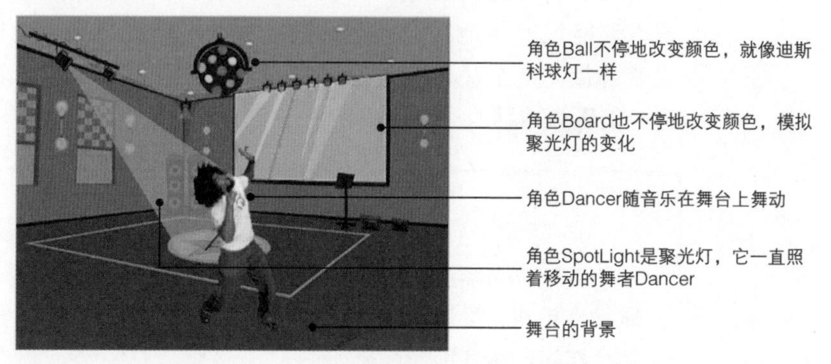

图 3-10：舞台的界面

首先启动 Scratch，新建一个项目。若 Scratch 已经打开，选择**文件**菜单中的**新作品**即可。新项目的舞台上默认有一只猫咪。

这个案例将使用外部图片素材“party room.png”。导入该背景，并删除不需要的默认的白色背景。现在舞台应该如图 3-11 所示。

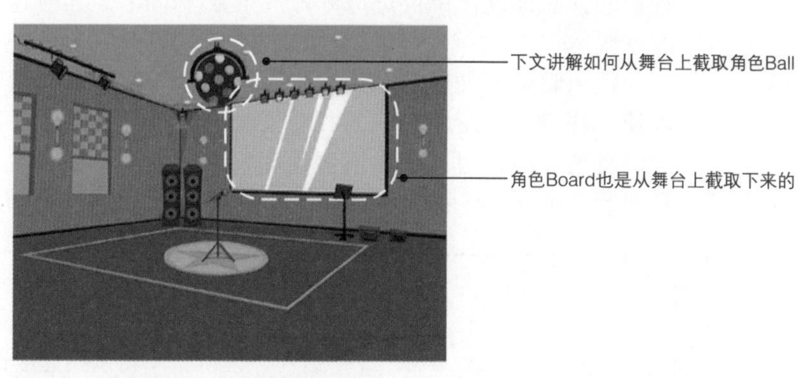

图 3-11：将舞台的一部分转变为角色

仔细对比图 3-10 和图 3-11 可以发现，角色 Ball 和 Board 就像原始舞台的组成部分。下面会说明这两个角色是如何从背景图片中创建出来并遮盖在舞台上的。让这两个角色不断地改变颜色会让舞厅显得更加真实。

我们来添加一段背景音乐。首先在舞台的声音标签页中导入 *medieval1*（来自素材库中的可循环分类），删除默认的 pop 音效，然后添加如图 3-12 所示的脚本。脚本中使用**播放声音**积木，接着等待 9.5 秒（通常要进行多次实验才能确定这个数值），它比音乐 *medieval1* 的时间短一些，这能让音乐在重新开始时更加流畅。

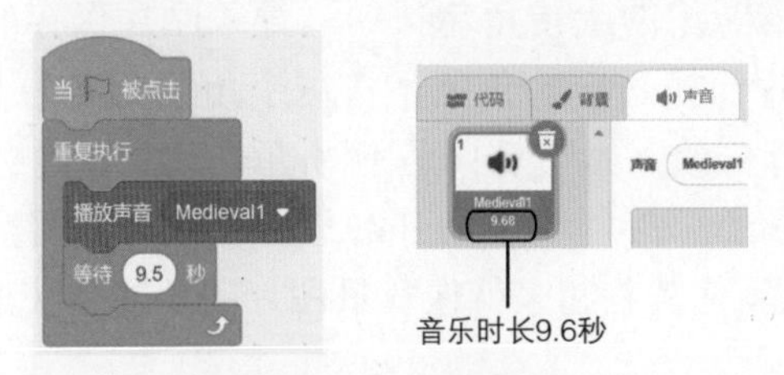

图 3-12：舞台重复地播放背景音乐

单击绿旗运行并测试，你应当能听到一段重复的背景音乐。下面我们开始制作舞者角色 Dancer。

在猫咪的造型标签页中，导入造型 dan-a 和 dan-b（来自素材材库中的人物分类），删除猫咪造型，再把角色的名字从默认的 Sprite1 改为 Dancer。舞者的脚本如图 3-13 所示。

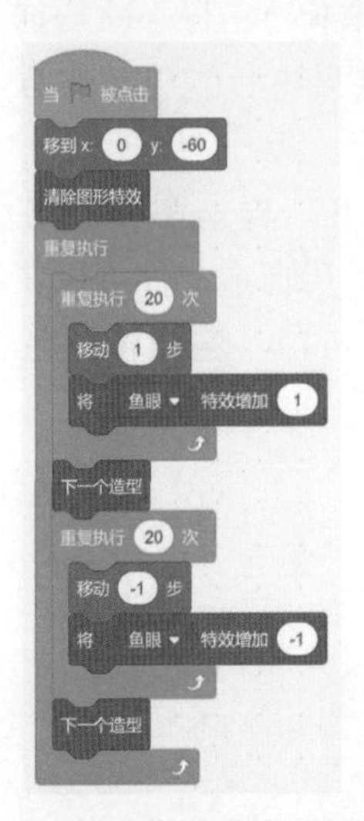

图 3-13：控制舞者舞动的脚本

从总体上看，舞者先向右移动 20 步，切换到下一个造型，再向左移动 20 步，切换下一个造型到最初的造型，如此往复。这样左右来回 20 步，就像在舞动一样。每次移动的过程中使用了鱼眼特效。单击绿旗运行，测试这段脚本。现在除了能听到背景音乐，你还能看到 Dancer 在舞台上左右移动。

下面创建三个装饰性的角色：Ball、Board 和 SpotLight。要创建 Ball 角色，首先单击角色列表右侧的舞台缩略图，切换到**背景**标签页，右击 party room 缩略图，选择下拉菜单中的**导出**，然后在出现的对话框中选择合适的位置将图片 party room 保存到本地。

单击角色列表旁边的**上传角色**按钮，导入刚才保存的图片，从而创建与背景图片一模一样的角色。将这个角色命名为 Ball，并在绘图编辑器中进行修改，如图 3-14 左侧所示。注意，角色 Ball 的周围是透明色而非白色。接着将角色 Ball 放置在刚好能覆盖舞台背景中迪斯科球的位置，使其看起来就像背景图片的一部分（见图 3-11）。

图 3-14：绘图编辑器中的角色 Ball 及其脚本

图 3-14 展示了迪斯科球 Ball 的脚本，它将不断增加角色的颜色特效，最终效果就是迪斯科球不停地变换着颜色（注意，颜色特效对黑色不起作用）。

角色 Board 的创建方法和角色 Ball 一样。图 3-15 左侧展示了绘图编辑器中的角色 Board，右侧展示了其脚本。你可以在绘图编辑器中添加一些颜色（比较图 3-15 和图 3-11），这样**将颜色特效增加**积木的效果会更加明显。

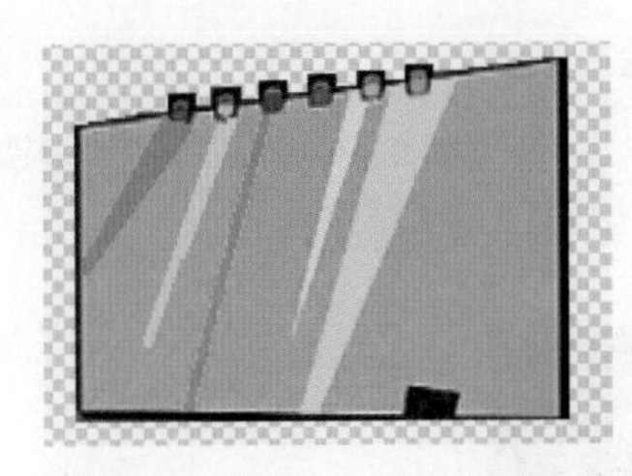

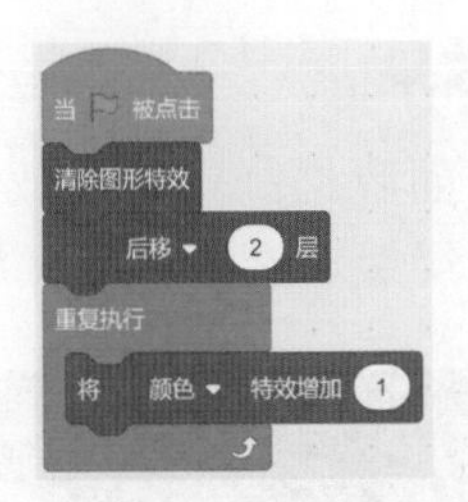

图 3-15：角色 Board 及其脚本

由于角色 Board 挡住了角色 Dancer，脚本中使用了**后移 2 层**，这样角色 Dancer 就会始终处于舞台的最上层。当然，你也可以在 Dancer 中使用**移到最前面**积木（来自外观模块）达到同样的效果。

该程序中的最后一个角色是聚光灯角色 SpotLight。图 3-16 展示了绘图编辑器中的 SpotLight 以及相应的脚本。注意，设置该造型的中心位置为这道锥形光束的尖端。

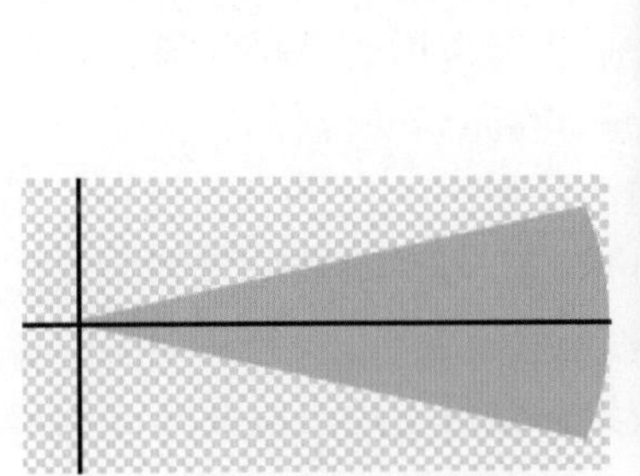

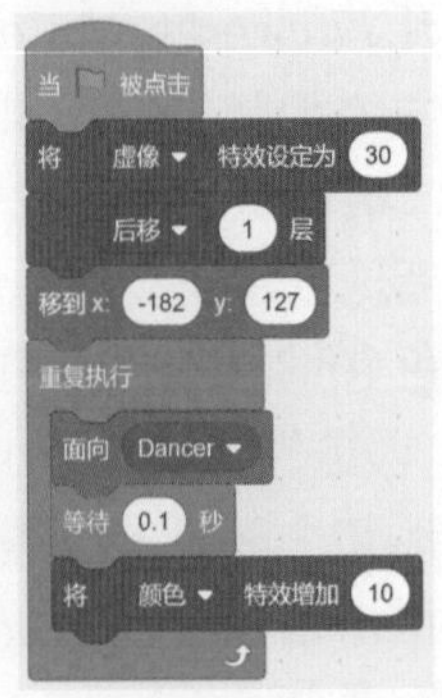

图 3-16：角色 SpotLight 及其脚本

脚本首先设置角色的虚像特效为 30，使其处于半透明状态而不会完全遮盖住背景。然后把角色下移一层，将其置于舞者 Dancer 之后。接着再将其移动到聚光灯的位置，就好像光束是从聚光灯发出来的一样（见图 3-10）。你必须基于你的绘图选择好 *x*、*y* 坐标。最后使用**面向**积木让光束一直照着舞者 Dancer，同时不断变换颜色。

添加聚光灯角色后，我们的程序就算完成了，单击绿旗看看整体效果吧。伴随着音乐和舞蹈，角色 Ball、Board 以及 SpotLight 不断变换着颜色，就像真的迪斯科舞厅一样哦！

第二个程序将会使用更多本章学习过的积木，让我们开始吧。

烟花效果

Fireworks_NoCode.sb3

下面我们制作一个放烟花的动画场景：烟花随机地升空爆炸，绽放后缓缓下落并逐渐消失，如图 3-17 所示。

图 3-17：漂亮的烟花效果

打开 *Fireworks_NoCode.sb3*，文件内各种素材已经准备就绪，下面向其中添加脚本。正如图 3-17 所示，程序包含两个角色：City 和 Rocket。城市角色 City 是起装饰作用的高楼大厦。烟花角色 Rocket 持续不断地创建在夜空中爆炸绽放的克隆体。

角色 Rocket 有八个造型，如图 3-18 所示。其中，第一个造型名为 C1，它是代表烟花的小红点，我们会将它发射到夜空。当这个小红点到达某个随机的位置后，再将它切换到其他七个造型之一，这样就模拟出烟花绽放的效果。最后使用一些简单的图形效果让整个过程更加真实。

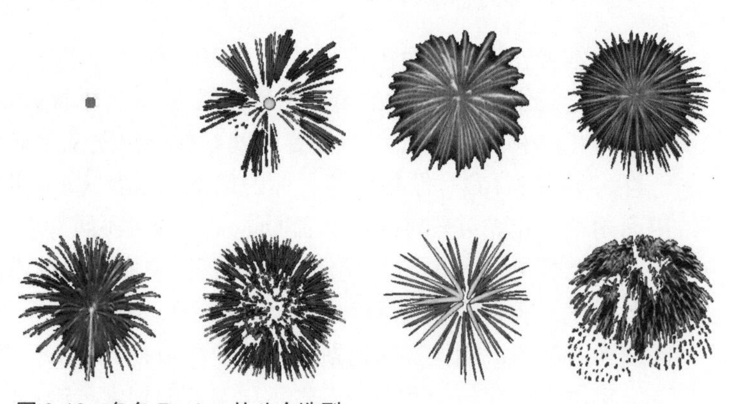

图 3-18：角色 Rocket 的八个造型

理解了上面的逻辑后，我们开始编写角色 Rocket 的第一段脚本，如图 3-19 所示。当绿旗被点击时，角色将隐藏自己，并进入无限次数的**重复执行**，它每隔一个随机时间创建一个克隆体。由于当前原角色是隐藏的，因此它的克隆体一开始都是隐藏的。

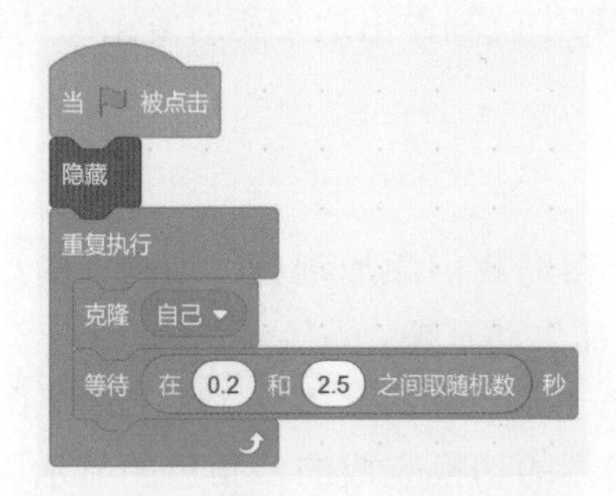

图 3-19：角色 Rocket 的第一段脚本

克隆完成后，我们要指定克隆体的行为，脚本如图 3-20 所示。

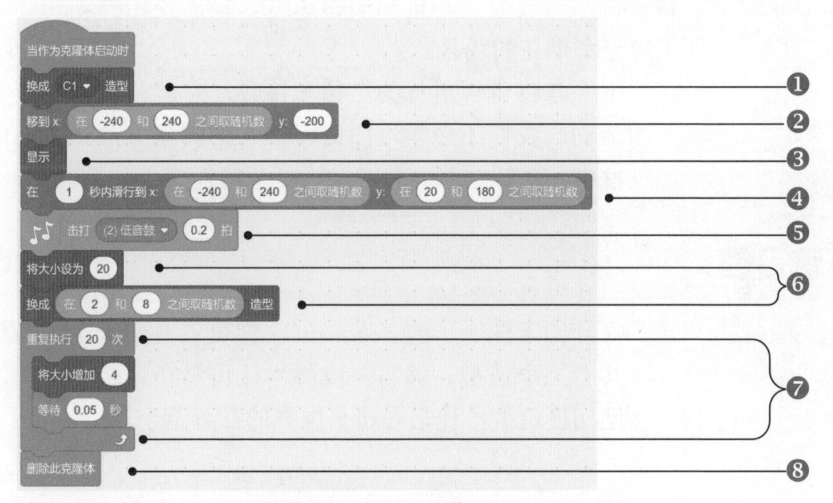

图 3-20：角色 Rocket 的第二段脚本（启动脚本）

原角色 Rocket 的克隆体首先设置当前造型为 C1❶，即第一个代表烟花的小红点造型，然后随机移动到舞台的底部❷并显示❸，再随机滑动到舞台的上方❹，即建筑物的上方。至此，脚本模拟了烟花发射升空的场景，运行后会发现小红点从地面被发射到夜空。下面我们来模拟当小红点到达预定位置后爆炸的场景。首先克隆体弹奏一段很短的鼓声❺模拟爆炸的声音。因为后面要放大烟花，我们设置一个初始大小，并将其随机切换到一个烟花效果❻，最后进入

重复执行 ❼ 逐渐放大烟花，每次重复都将烟花大小增加 4。（你还能加上**将 y 坐标增加 -1** 和**将亮度特效增加 -3** 积木模拟出烟花缓缓下降并逐渐消失的效果。）重复完毕后删除克隆体本身 ❽。

烟花动画制作完毕！程序运行后应当展现出漂亮的烟花动画效果，而我们仅使用了两段脚本就制作出这个相对复杂的动画。

本章小结

本章学习的积木可以帮助我们添加颜色、动画、图形特效和音乐等，这些让程序变得更加生动有趣。

我们学习了外观模块，并制作了许多案例，同时讲解了一些概念，包括动画的制作是通过造型的切换完成的，角色的显示取决于图层的顺序等。

然后学习了声音和音乐模块，讲解了如何播放声音、弹奏鼓声和音符，以及改变音量和演奏速度。最后使用外观和声音模块制作了舞会和烟花的场景。

下一章将讲解消息的广播和接收，它能协调和同步各个角色之间的运动。我们还会学习如何将很长的脚本分散到更小的容易管理的过程中。理解这些概念对编写复杂的程序十分重要。

练习题

Zebra.sb3

1. 打开如下图所示的 *Zebra.sb3*，你可以看到一个斑马角色 Zebra，其有三个造型。编写一段脚本让斑马在舞台上移动，同时不断地切换造型，让它看起来像真的在奔跑一样。

Wolf.sb3　2. 打开 *Wolf.sb3*。当点击绿旗时，角色 Wolf 播放时长约 4 秒的声音 WolfHowl。编写一段脚本，使得狼嚎声和 Wolf 造型切换之间的配合更加协调和同步。

ChangingHat.sb3　3. 打开 *ChangingHat.sb3*，你会看到帽子角色 Hat 有五个造型。编写一段脚本，使其在点击帽子时切换造型。

Aquarium.sb3　4. 打开 *Aquarium.sb3*，其中包含了六个角色。尝试给鱼缸添加不同的图形特效。建议尝试如下特效。

a. 在舞台上使用漩涡特效。可以给一个非常大的数字(如 1000)，使鱼缸中有波浪般的效果。

b. 以适当的速度切换气泡角色 Bubble1 和 Bubble2 的造型。

c. 移动小鱼角色 Fish 的同时改变造型。

d. 给水草角色 Tree 添加虚像特效。

e. 给珊瑚角色 Coral 和气泡角色 Bubble3 添加颜色特效。

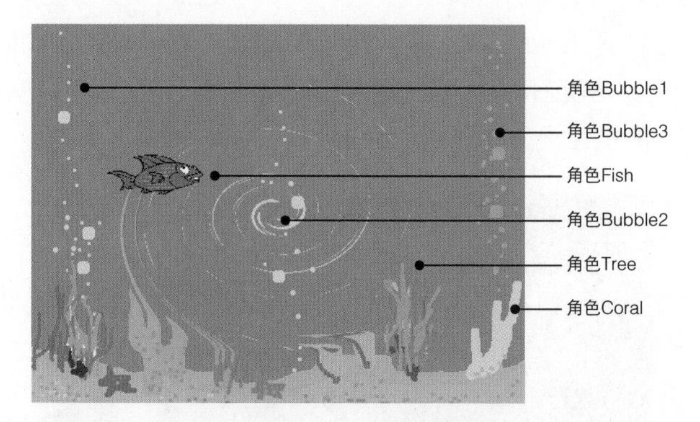

Words.sb3　5. 打开 *Words.sb3*，使用大小和右转的相关积木让文字变化。编写下图的两段脚本并运行，看看有什么效果。

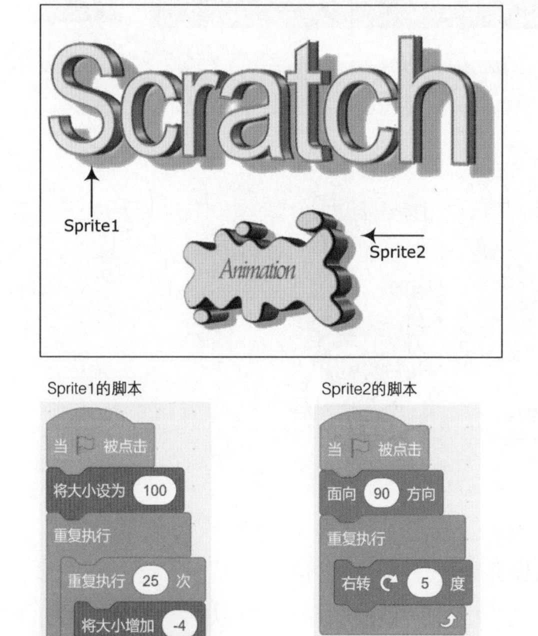

Joke.sb3　6. 打开 *Joke.sb3*，完成男孩角色 Boy 和女孩角色 Girl 中的脚本，让他们说一个笑话。

Boy 的脚本

Girl 的脚本

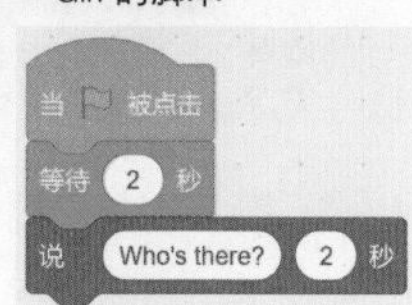

Nature.sb3

7. 打开 *Nature.sb3*，该程序包含三个角色。使用运动、外观和声音模块完成如下场景。
   a. 小鸟角色 Bird 有两个造型，尝试展现出扇动翅膀的场景。再创建一段脚本实现小鸟在舞台上来回飞行的效果，同时不定期地发出鸟叫声。
   b. 鸭子角色 Duck 有 14 个造型，尝试展现出鸭子捕鱼和吃鱼的场景。再创建一段脚本实现鸭子在舞台上来回游动的效果，同时不定期地发出鸭叫声。
   c. 海豹角色 Seal 有四个造型，尝试展现出海豹顶着球的场景。再创建一段脚本，使其不定期地发出海豹的叫声。

第4章

过　程

本章主要介绍“分而治之”的编程方式。在通常情况下，程序的整体功能并非全部编写在一段脚本中，而是把整体功能划分为多个部分，使用本章介绍的过程实现每个部分的功能，最后将各个过程合并在一起。合理使用过程能让程序更加清晰，更容易测试和调试。本章的内容如下。

- 使用消息广播来协调各个角色间的行为
- 使用广播机制实现过程
- 学习 Scratch 中的“自制积木”
- 学习结构化程序设计

在本章之前有不少程序仅包含一个角色，而包含多个角色的程序更常见。例如，动画故事就需要诸多不同的人物和背景。那么如何才能让众多角色的脚本协调一致地运行呢？

在本章中，我们可以使用 Scratch 的消息广播机制协调各个角色间的行为，也可以使用 Scratch 中的“自制积木”。自制积木能够把很长的脚本划分为更小的易于管理的过程。所谓过程，是指执行特定功能的一系列积木的集合，例如绘制图形、执行复杂的计算、处理用户输入、弹奏音符或管理游戏等。过程被创建后以积木的形式存在并能卡合到脚本中。

消息的广播和接收

Scratch 的广播机制到底是什么呢？任何角色都可以广播带有名称的消息。在实践中，消息的名称不仅是根据程序的需要自行指定的，更重要的是富有可读性。使用事件模块中的**广播**或**广播……并等待**积木便可以命令角色广播消息，如图 4-1 所示。广播的消息会发送给所有角色（包括当前广播消息的角色），只要积木**当接收到**的消息名称和广播的消息名称相同，这块积木就会触发执行。**当接收到**积木会一直等待并接收相应的消息。

图 4-1：使用消息广播机制协调众多角色的互动

为了更形象，我们来看图 4-2，其中包含四个角色：海星、猫咪、青蛙和蝙蝠。海星广播出了一条名为 jump（跳跃）的消息，这条消息会发送给所有的角色，包括海星自己。只有猫咪和青蛙接收到了消息 jump 并执行相应的脚本，注意，它们的 jump 脚本并不相同。蝙蝠角色虽然也接收到了消息 jump，但它不会有任何反应，因为其并没有与之对应的**当接收到 jump** 积木。图中的猫咪知道如何执行 walk（走）和 jump，青蛙只能执行 jump，而蝙蝠只能接收到消息 fly（飞行）。

广播……并等待和**广播**积木非常相似，但是前者会一直等待所有接收消息的脚本都执行完毕后才继续向下执行。

图 4-2：消息广播后会发送给所有的角色，包括发送者自己

发送消息和接收消息

SquareApp.sb3

下面我们通过一个简单的彩色正方形绘制程序学习如何发送和接收消息。在这个程序中，当舞台检测到用户在其上单击（使用**当舞台被点击**）时，广播一条名为 Square 的消息（消息的名称是任意的，只要与接收消息的积木对应即可）。当程序中唯一的角色 Pen 接收到这条消息后，它便移动到鼠标的当前位置并绘制正方形。按照如下步骤创建该程序。

1. 打开 Scratch 或者单击**文件**菜单中的**新作品**创建新项目。把猫咪造型换成任何你喜欢的造型。
2. 给角色添加一个**当接收到**积木（来自事件模块），单击下拉菜单选择**新消息**，在消息名称栏内输入 Square 并单击确定按钮。现在该积木变为**当接收到 Square**。
3. 添加如图 4-3 所示的脚本。脚本首先设置画笔为抬起状态，再移动到鼠标的当前位置（使用侦测模块中**鼠标的 x 坐标**和**鼠标的 y 坐标**），然后随机选择画笔的颜色，并设置其状态为落下，最后绘制正方形。

这段脚本已经准备好接收并处理 Square 消息。注意，图 4-3 中的脚本被称为消息处理程序，因为它的任务就是接收并处理消息。

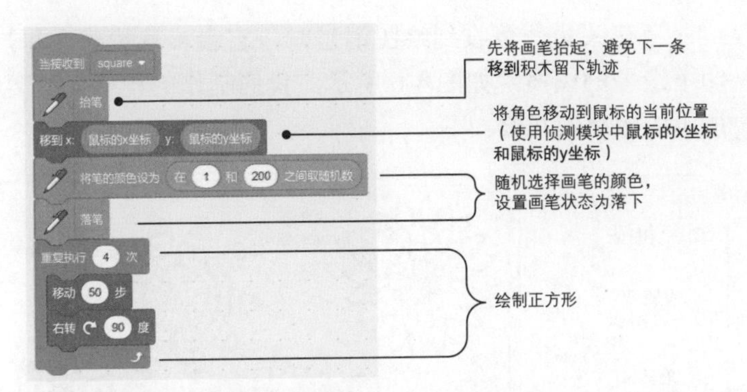

图 4-3：Square 的消息处理程序

下面我们实现在舞台上单击广播 Square 消息的功能。单击角色列表中舞台的缩略图，在其脚本区添加如图 4-4 所示的脚本。第一段脚本为当绿旗被点击时擦除画笔的所有轨迹。第二段脚本由用户单击舞台触发，使用**广播**积木通知角色开始绘图。

当绿旗被点击时擦除舞台。
当舞台被点击时广播名为
Square的消息

图 4-4：舞台的两段脚本

应用程序已经完成。测试一下在舞台上单击的效果。每次单击应当会在鼠标的当前位置绘制一个彩色正方形。

使用广播机制协调多个角色

Flowers.sb3

我们来看一个更复杂的情况：众多角色响应一条消息。下面的程序功能为当单击后在舞台上绘制五朵花。因此，我们在直觉上会建立五个角色（命名为 Flower1~Flower5），每个角色负责绘制一朵花且仅有一个造型，如图 4-5 所示。注意图 4-5 中各个造型中的透明色以及旋转的中心位置（即十字准线的位置）。

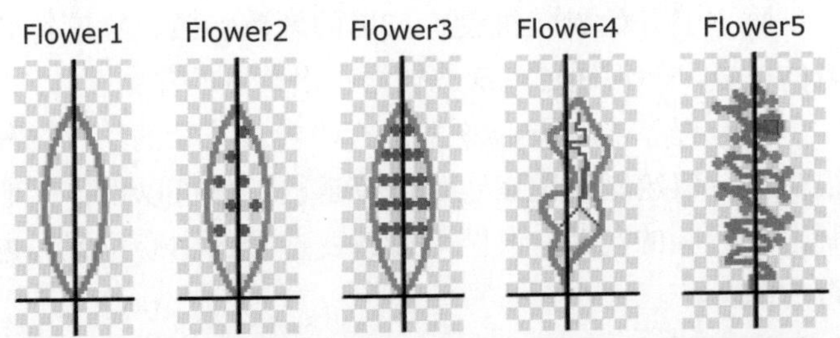

图 4-5：每个花朵角色的造型都是一片花瓣（图示为绘图编辑器中的角色）

当花朵角色接收到绘图消息时，它会多次旋转，每次使用图章印下造型的图案，如图 4-6 所示。我们制作的程序就是要绘制图 4-6 所示的漂亮的花瓣。

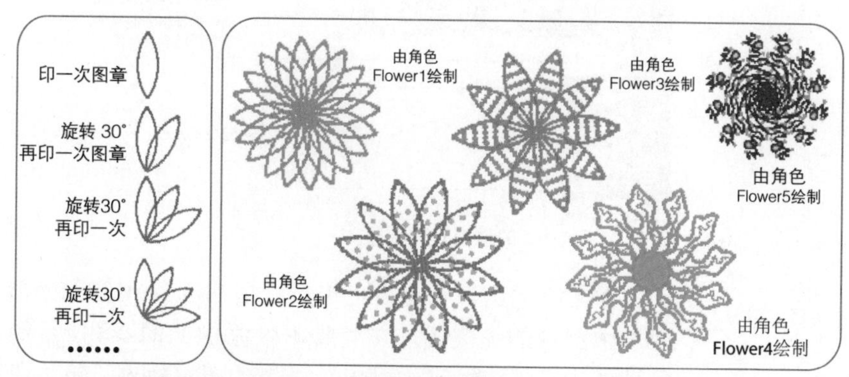

图 4-6：左侧是程序的绘制过程，右侧是绘制结果

程序在舞台的脚本区中使用**当舞台被点击**积木检测鼠标点击舞台事件，然后擦除舞台的笔迹，并广播一条 Draw（绘制）消息。五个花朵角色都会接收到这条消息，并执行相应的脚本。每个角色内的脚本基本相同，如图 4-7 所示。

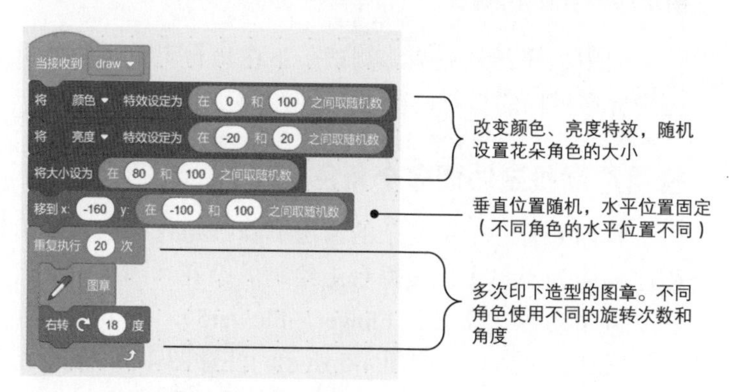

图 4-7：每个角色使用的脚本大同小异

脚本一开始就随机设置花瓣的颜色特效、亮度特效、大小和垂直的位置，然后通过多次旋转绘制出美丽的花朵。

打开程序 *Flowers.sb3* 并运行，看看花朵的绘制过程。程序虽然很简单，但绘制的图案还是挺有趣的。你可以设计其他造型从而绘制出更漂亮的花朵，甚至可以改变造型的中心位置，也许会有更神奇的图案。

如果你已经理解了消息是如何广播并接收处理的，下面我们就开始学习能够管理复杂大型程序的结构化程序设计。

将大型程序分而治之

我们之前看到的脚本都比较短小，而且功能简单。随着学习的深入，总有一天你会写出更长、更复杂的甚至包含上百块积木的脚本，这时想要理解和维护程序就非常困难。

20 世纪 60 年代中期出现了一种叫作结构化程序设计的方法，它能简化计算机程序的编写、理解和维护。采用这种方式编写的程序不是用一段很长的代码实现所有的功能，而是将所有的功能划分为许多实现部分功能的单元。

我们用这种方式来思考一下怎么制作蛋糕。制作蛋糕通常是按照食谱上的配方执行多个必需的步骤，而不是用一个步骤直接完成。食谱可能包含如下步骤：第一步，混合 4 个鸡蛋、60 克面粉和 1 杯水；第二步，将混合物放入锅内；第三步，把锅放入烤箱内；第四步，用 177℃烘烤 1 小时。从结构化程序设计的角度讲，面包的制作流程被食谱分解为不同的逻辑步骤。

与之类似，当你解决某个计算机问题时，这种思维方式能把问题分解为许多易于管理的部分，同时还能帮助你梳理整个程序的脉络和逻辑，利于维护各个部分之间的关系。

图 4-8 展示了一段很长的脚本，其整体功能是在舞台上绘制一个图形。但是你能一眼就直接看出最终绘制的图形吗？因此，我们需要把脚本分解到多个更小的逻辑块中。例如，图 4-8 中左侧的前六块积木初始化角色的相关信息，第一个**重复执行**绘制正方形，第二个绘制三角形，以此类推。使用这种结构化编程的方式可以聚集功能类似的积木，从而形成过程。

当创建了许多过程后，我们便能以特定的顺序使用它们解决编程问题。图 4-8 右侧的脚本展示了多个过程卡合在一起完成了与原脚本相同的绘图结果。你是否也觉得使用过程的脚本（右侧）比最初的脚本（左侧）更加模块化且易于理解呢？

过程还可以避免多次出现相同的脚本。如果脚本中多次使用了一系列相同的积木，建议你将其替换为过程。这种方式可以避免脚本的复制和粘贴，专业地讲叫作代码复用，就像图 4-8 中的过程

Draw square（绘制正方形）被复用了两次一样。

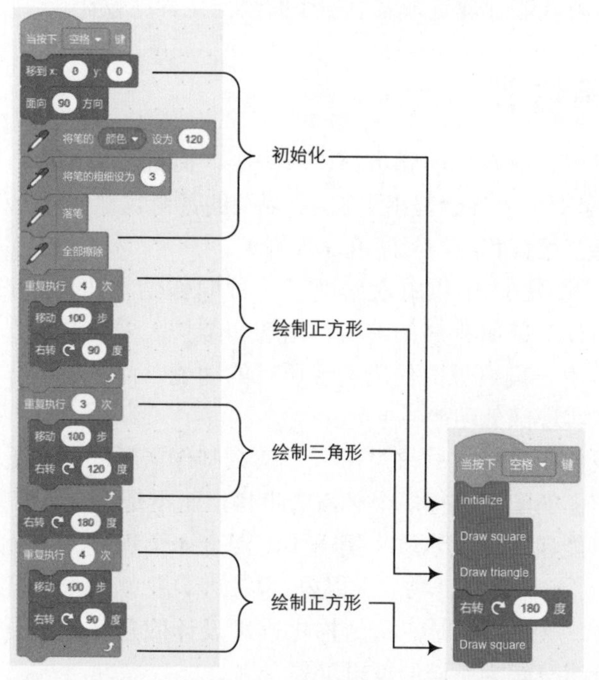

图 4-8：分解较长的脚本到多个过程中，每个过程仅完成一个功能

用过程的思维解决复杂问题的本质就是“分而治之”：将一个很大、很复杂的问题分解成许多小的子问题，然后分别解决并独立地测试每一个子问题，最后将这些子问题整合在一起，从而解决最初的问题。你发现这和制作蛋糕的相似之处了吗？食谱把制作蛋糕这个复杂的大问题分解为四个子问题（即四个步骤，或者说四个过程），依次解决这四个子问题就能解决最初的问题（即制作蛋糕）。

你可能会问：“Scratch 如何建立过程呢？”在 Scratch 2.0 之前，模拟过程的唯一方式便是使用消息广播机制。这种方式并非真正意义上的过程，因此我们说“模拟”。Scratch 2.0 版本之后引入了真正意义上的过程，即自制积木。

下面首先介绍消息模拟过程的旧方式，因为仍有不少低版本的 Scratch 程序采用了这种方式，然后介绍自制积木的新方式。本书随后均使用新方式编写过程。

利用角色在广播消息时，其自身也能接收到该消息的特点，我们可以把希望执行的过程放在**当接收到**积木之后。广播时建议使用

广播……并等待，这样便能确保多个过程以正确的顺序被执行，而不会出现第一个过程没有完全执行完毕便开始执行第二个过程的情况。

使用广播模拟过程

Flowers2.sb3

下面我们通过改进之前的花朵绘制程序说明如何让程序结构化和模块化。

打开新版本的花朵绘制程序 *Flowers2.sb3*。舞台的脚本没有变化（舞台侦测到单击事件后广播 Draw 消息），但这次角色从五个减少到了一个。该角色有五个造型，名为 leaf1 到 leaf5，其脚本对每个造型调用一次（广播模拟的）过程。因为只有一个角色，我们不需要像之前的程序那样复制五次脚本，这使得程序更短小，脚本的可读性更好且易于理解和维护。当该角色接收到 Draw 消息，则执行如图 4-9 所示的脚本。

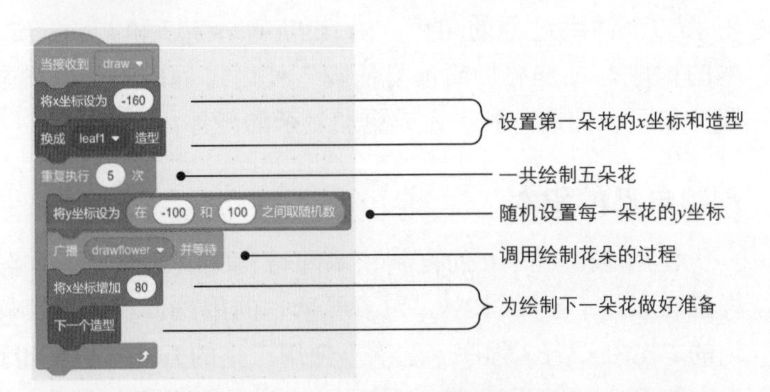

图 4-9：当角色接收到 Draw 消息时，脚本重复调用五次过程 DrawFlower

脚本首先设置 *x* 坐标，并切换到第一朵花的造型，然后重复绘制五朵花。在每次重复中，首先设置 *y* 坐标，再调用 DrawFlower 过程（角色给自己广播 DrawFlower 消息），接着立刻调用**当接收到 DrawFlower** 的触发积木。当触发积木的脚本执行完毕后设置 *x* 坐标并切换下一个造型，准备绘制下一朵花。

注意 过程名是可以随意命名的，但建议你选择能够说明过程作用的名称。如果你的脚本是数月前写的，那么这个名称能帮你快速回忆起过程的功能。例如，要展示当前游戏中玩家的分数，那么过程名 ShowScore 就是一个很好的选择。若命名为 Mary 或者 Alfred，显然，无论你还是其他阅读此段脚本的人，都无法立刻明白该过程的作用。

过程 DrawFlower 的脚本如图 4-10 所示。脚本随机设置画笔的颜色特效、亮度特效以及角色大小，然后针对当前的花瓣造型多次旋转，从而绘制花朵。

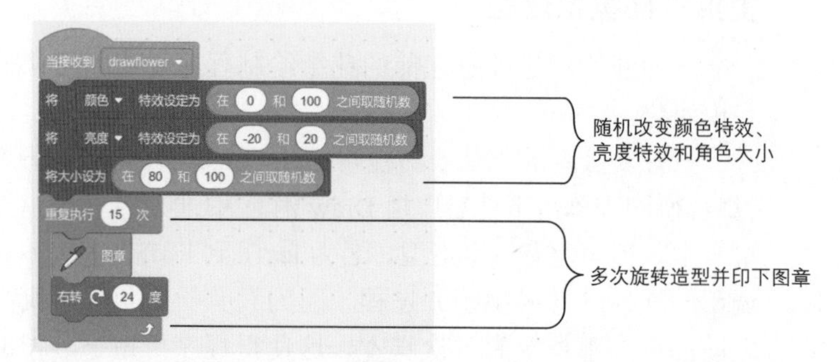

图 4-10：过程 DrawFlower 的脚本

与之前的包含了五段重复脚本的程序相比，改进后的程序仅使用了一个调用过程的角色。对比 *Flowers.sb3* 和 *Flowers2.sb3*，新版本的程序是不是更加简单易懂呢？使用过程确实可以增强程序的可读性和可维护性，利于完成更加复杂的任务。

创建自己的积木

使用 Scratch 3.0 的自制积木即可自定义积木，它和各种积木一样都可以卡合到脚本中。为了展示它的用法，我们继续修改上面讨论的 *Flowers2.sb3* 程序。这次不使用广播的方式，操作步骤如下。

1. 打开之前的程序 *Flowers2.sb3*，从文件菜单中选择**文件→保存到电脑**，另存名称为 *Flowers3.sb3* 或者其他你喜欢的名称。
2. 选中当前角色 Flower，单击自制积木中的**制作新的积木**，这时应当出现如图 4-11 左侧所示的对话框，输入积木的名称为 DrawFlower 并单击**完成**。此时积木区的自制积木中出现积木 DrawFlower，同时脚本区还会出现**定义** DrawFlower 积木，如图 4-11 右侧所示。

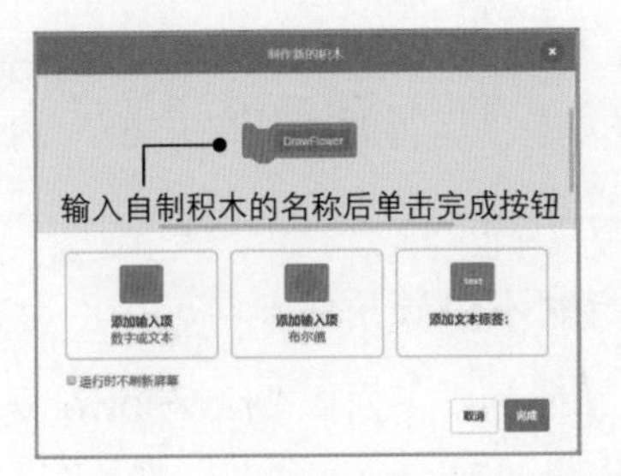

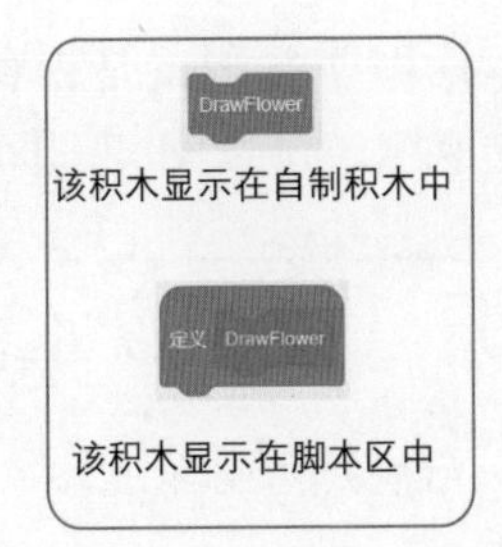

图 4-11：制作新的积木对话框以及创建 DrawFlower 过程后新增的积木

3. 把之前**当接收到 DrawFlower** 下方的积木移至**定义 DrawFlower** 积木的下方，如图 4-12 所示。现在我们已经编写了名为 DrawFlower 的过程。**当接收到 DrawFlower** 积木已经没有作用了，故将其删除。

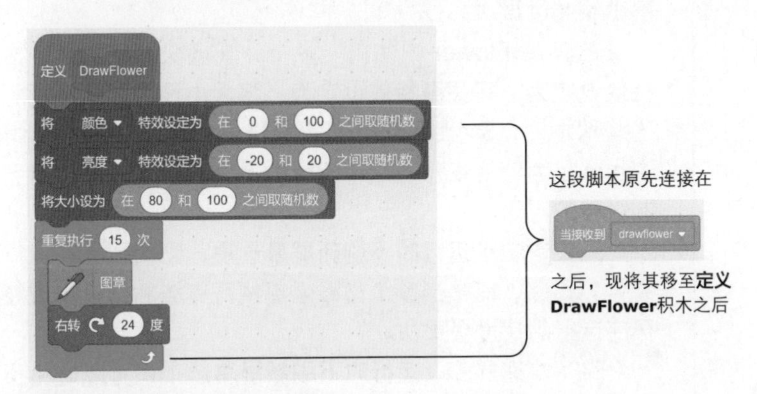

图 4-12：编写过程 DrawFlower

4. 过程 DrawFlower 创建完毕后可以直接调用。修改 Draw 的消息处理程序，如图 4-13 所示。注意，只需要把**广播 DrawFlower 并等待**替换为过程 DrawFlower 即可。

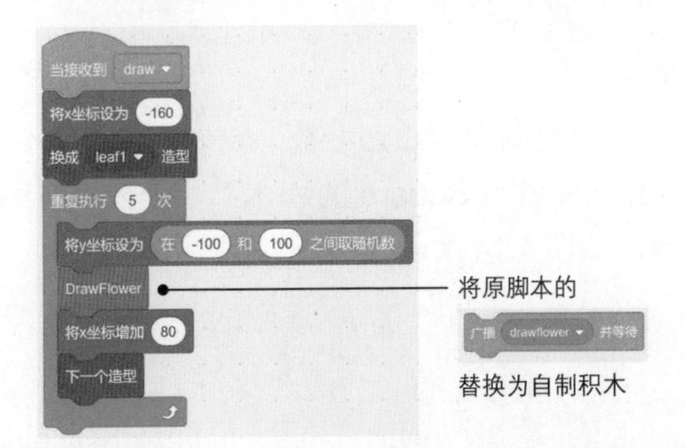

图 4-13：在 Draw 的消息处理程序中调用过程 DrawFlower

运行程序并测试是否和之前的效果相同。如果你希望加快脚本的执行速度，可以阅读下面关于“运行时不刷新屏幕”的说明。

运行时不刷新屏幕

自制积木可以缩短绘图时间，下面以 DrawFlower 为例进行说明：

1. 单击自制积木后，右击积木 DrawFlower，从弹出式菜单中选择**编辑**，这时会出现如图 4-11 所示的对话框。
2. 选中**运行时不刷新屏幕**复选框，再选择**完成**，如图 4-15 所示。
3. 单击舞台测试效果。此时花朵的绘制速度非常快，几乎看不出绘制过程。

在 DrawFlower 中使用了多个外观模块的积木，包括**将颜色特效设定为**、**将亮度特效设定为**、**将大小设为**以及**图章**。当执行这些积木时，Scratch 通常会暂停程序并刷新舞台（也叫重绘）。这也就是为什么在没有选中**运行时不刷新屏幕**时可以看到图形绘制过程的原因。

只要选中了**运行时不刷新屏幕**选项，绘图积木在运行时就不会暂停程序，而是当整个过程全部执行完毕后再进行重绘。这样程序运行的速度会更快。

除了加速程序，**运行时不刷新屏幕**选项还可以避免反复重绘可能造成的闪烁。

相信你已经理解了自制积木的创建方法，下面我们学习如何向其添加输入参数。

给积木添加参数

为了说明如何给自制积木添加参数，我们创建一个名为 Square 的过程（会生成一块名为 Square 的积木），用于绘制一个边长为 100 步的正方形，如图 4-14 所示。

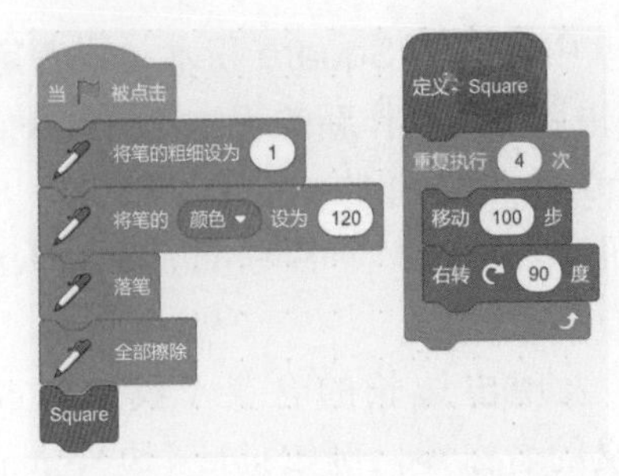

图 4-14：用于绘制固定边长正方形的过程 Square

你看出过程 Square 有什么局限了吗？是的，它限制了正方形的边长。如果想绘制边长不同的正方形，例如，边长是 50、75 或 200 步，这样如何实现呢？你可能会定义多个过程，例如，Square 50、Square 75 或 Square 200，但是你又会发现这么做本质上还是在复制脚本。在编程时，复制代码是一个非常不好的习惯，因为修改代码就意味着修改所有复制出来的代码，这时就非常容易出错。更好的解决方法是只编写一个 Square 过程，并在调用时指定期望的边长。

其实早在第 1 章就已经应用过这个概念。例如，Scratch 只提供了一个**移动……步**积木，它根据不同的参数指定角色移动多少步。显然，Scratch 并没有提供所有移动步数的积木，而是通过参数指定步数的变化。

因此，给过程 Square 添加参数即可解决这个问题，用户只需要在参数上指定具体的边长即可。图 4-15 说明了如何修改过程 Square。

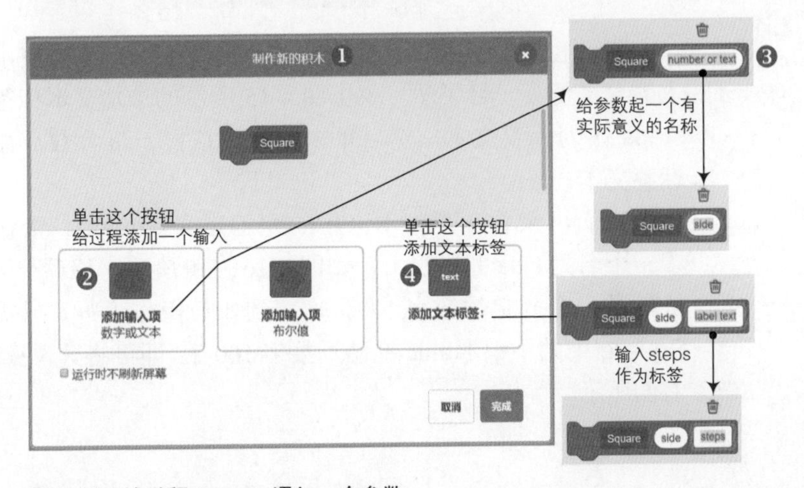

图 4-15：给过程 Square 添加一个参数

首先切换到自制积木中，右击 Square 积木（或者**定义** Square 积木），选择菜单中的**编辑**后出现**制作新的积木**对话框 ❶。

从以上分析得知 Square 积木接收边长作为参数。单击**添加输入项（数字或文本）**按钮 ❷，这时一个名为 number or text 的参数就被添加到了 Square 积木中。

为了让这个参数名表现出边长的含义，我们修改其默认的 number or text 为更有意义的名称 ❸，例如 side（边）、length（长度）或者 sideLength（边长）。（再次强调，参数名是任意命名的，但是建议使用一个有实际意义的名称。）本例使用 side 作为参数名称。

我们已经添加了一个名为 side 的参数，单击**完成**，Square 积木就出现了一个输入参数。尝试拖动一块积木到脚本区，填入一个参数，例如 Square 50。那么问题来了，这个数字 50 到底是指什么？是面积 50、对角线 50 还是边长 50？

我们来看之前学习过的一块积木，**在……秒内滑行到** x:y:。假设它被设计成如下这样。

如何知道第一个参数代表的是时间（秒数），第二个和第三个参数代表希望移动到的 x、y 坐标呢？ Scratch 的设计者们为了让滑行积木更容易使用，在参数之间添加了许多标签，如下所示。

在 1 秒内滑行到 x: 0 y: 0

我们也来给过程 Square 添加一些标签吧！这样使用者对该积木的含义便会一目了然。单击图 4-15 所示的**添加文本标签** ❹，输入 steps 作为标签文本，然后单击**完成**。这样 side 参数后面就出现了标签文本。

我们再来看一下脚本区中的积木**定义** Square。该积木内出现了一个名为 side 的小积木，如图 4-16 左侧所示。**移动……步**的参数依然是一个固定的数字 100。你想到如何操作了吗？只需要把**定义** Square 中的小积木 side 拖动到数字 100 上，即可将其替换，如图 4-16 右侧所示。

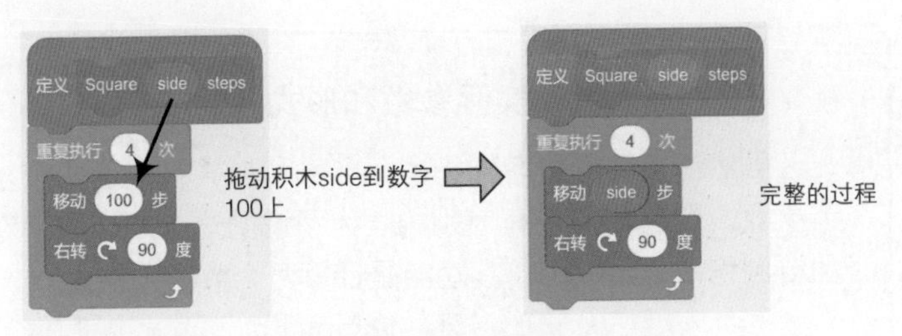

图 4-16：使用 side 参数修改过程 Square

我们多次提到过程 Square 中的 side 叫作参数，你可以把它想象成有名称的占位符。我们希望过程 Square 能绘制任意边长的正方形，因此使用了一个 side 参数，而不是把数字 100 硬编码[①]到过程中。当调用该过程时用户指定一个 side 值即可。让我们使用新的 Square 过程修改图 4-14 所示的脚本，如图 4-17 所示。

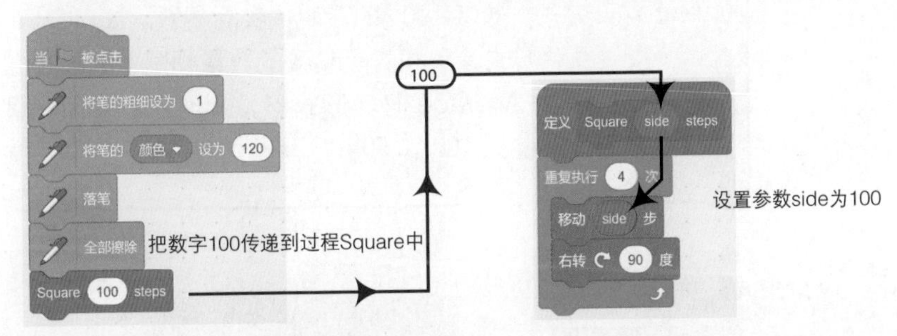

图 4-17：调用 Square 并设置参数 side 为 100

图 4-17 中的数字 100（专业地讲叫作实际参数）首先被传递到过程 Square 中。当该过程运行时，参数 side（专业地讲叫作形式参数）被设置为 100，同时过程中所有使用了参数 side 的地方都会被替换为 100。可以看到，过程中使用形式参数让程序更加灵活。

你可以根据自己的需要修改过程 Square，例如，把正方形的颜色作为第二个参数，如图 4-18 所示，我们添加了第二个代表正方形颜色的数字参数 clrNum（颜色编号）。过程 Square 在执行时首先将画笔颜色设置为 clrNum 的值。试着编辑过程 Square，实现下图的改动吧。

① 译者注：用固定值代替变量的编程方法。

实际参数和形式参数

虽然许多程序员习惯把实际参数和形式参数这两个术语都称为参数，但它们还是有差别的。为了说明这一点，我们看看下图的自制积木 **Average**，其功能是计算两个数的平均数。

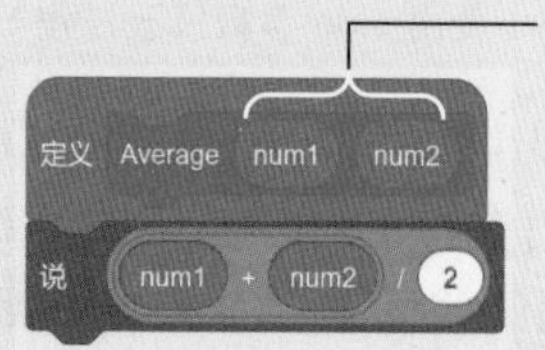

上图右侧的过程有两个形式参数，分别是 num1 和 num2。形式参数定义了过程的输入。你可以调用这个过程，并在凹槽中填写值或表达式。数字 100 和 50 叫作实际参数。

要注意，形式参数和实际参数的数量相同、位置对应。例如，调用上图中的 **Average** 时，形式参数 num1 和 num2 分别对应并被设置为实际参数 100 和 50。

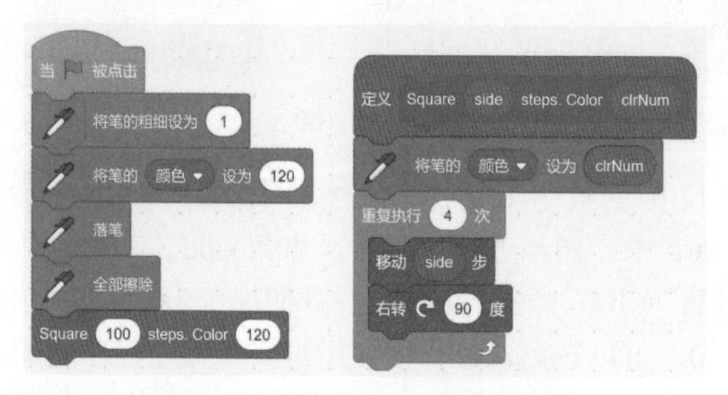

图 4-18：设置第二个参数为绘制正方形的颜色

试一试 4-1

如何在过程中指定正方形边的厚度呢？修改过程 **Square**，添加第三个代表画笔大小的参数 penSize。

我们总结一下本节的内容，希望今后使用自制积木时给你一些有用的提示。

- 过程不能在角色之间共享。例如，在角色 Sprite1 中创建的过程只能在该角色内使用。同样，在舞台中创建的过程也只能在舞台内使用。
- 给参数命名时，建议使用有实际意义的名称，使其功能和作用一目了然。
- 删除自制积木不仅可以在**定义……**积木右键菜单中选择删除，还可以将其直接拖动到积木区（所有的积木都可以这样删除）。注意，只有在自制积木没有被使用的前提下，**定义……**积木才能被删除。
- 若要删除自制积木的实际参数，打开“制作新的积木”对话框，选中参数名称，再点击上方出现的垃圾桶图标。
- 除数字或文本参数外，你还能添加布尔值参数。我们将在下面讲解变量时继续讨论。

在过程中可以继续调用过程吗？答案是肯定的。这种情形叫作过程的嵌套，它具有非常强大的功能。下面我们就来学习它吧！

过程的嵌套

正如我们前面提到的，过程应当执行单一的、明确定义的任务。但是为了执行多个任务，通常都希望在过程中调用其他过程，这在 Scratch 中是完全可行的。过程的嵌套提高了程序在结构化和组织上的灵活性。

RotatedSquares.sb3

回顾图 4-16 的过程 Square，我们再创建一个过程 Squares。它绘制四个拉伸的正方形，如图 4-19 所示。过程 Squares 调用了四次 Square 过程，每次调用都使用了不同的边长，最后绘制了四个共享直角的正方形。

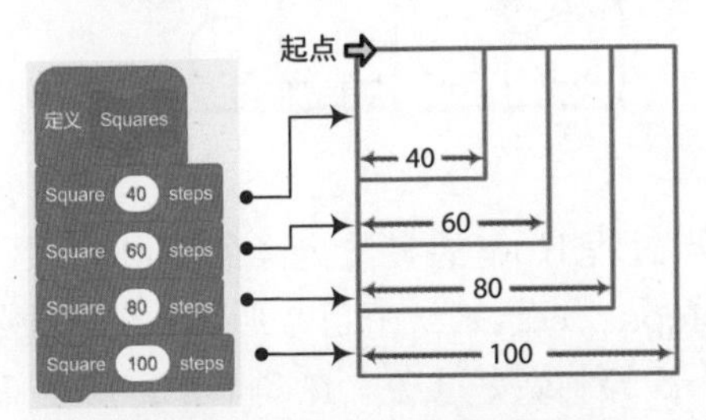

图 4-19：过程 Squares 及其绘制结果

下面用过程 Squares 创建一些有趣的图形吧！如图 4-20 所示，我们继续创建一个名为 RotatedSquares 的过程。它多次调用过程 Squares，每次调用后都旋转特定的角度。

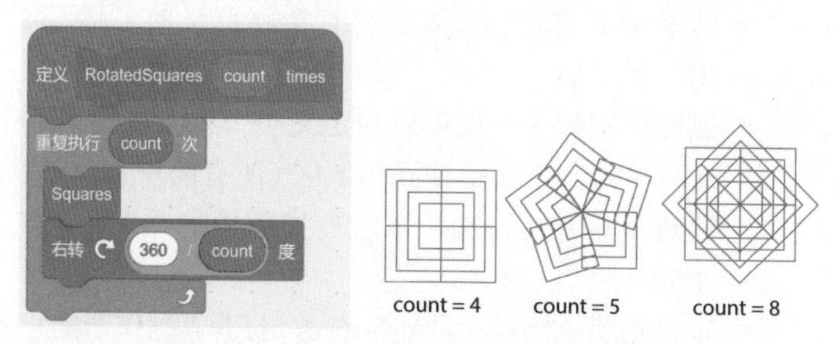

图 4-20：过程 RotatedSquares 及其可能的绘制结果

该过程两次使用参数 count：第一次用来确定重复执行的次数，第二次则在调用过程 Squares 之后计算转动的角度。例如，count 等于 5，那么一共重复 5 次，每次重复时向右旋转 72°（即 360°/5）。尝试不同的 count 值，看看还能创建出什么图形。

Checkers.sb3

过程的嵌套是不是非常强大呢？我们再看一个案例。这次仍从图 4-16 的 Square 过程开始，最终绘制一个棋盘。

创建绘制一排正方形的过程 Row，如图 4-21 所示。注意，正方形的个数使用参数指定。为了让程序简单，我们规定正方形的边长为 20。当然也可以将其作为过程 Row 的第二个参数。

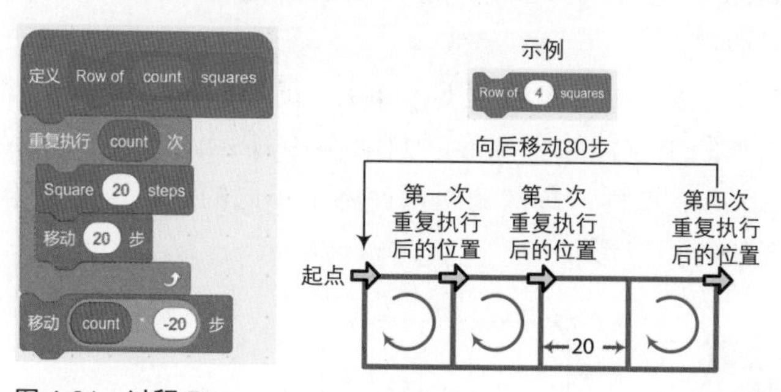

图 4-21：过程 Row

图 4-21 展示了当过程 Row 的参数为 4 的绘制结果，其中调用了四次 Square 20 steps。每绘制一个正方形，角色的位置会向前移动 20 步，从而为下一次绘制做好准备。在四个正方形全部绘制完后，最后一块积木命令角色回到最初的位置。

若要绘制如图 4-21 所示的下一排正方形，只需要将角色向下移动 20 步后调用过程 Row 即可。因此，重复调用过程 Row 就能绘制任意行数，如图 4-22 所示为过程 Checkers。

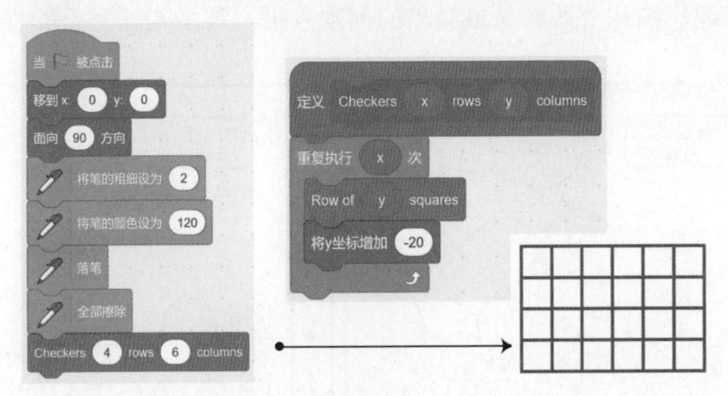

图 4-22：过程 Checkers 及其绘制结果

过程 Checkers 有两个参数：行数和列数。当某行绘制完毕后，角色向下移动 20 步，为绘制下一行做好准备。

本节的例子说明了将程序划分为更小、更易管理的片段的重要性。对于复杂的程序来说，我们可以复用已经编写好并通过测试的过程，甚至在其基础上继续构建过程，而不需要过分担心底层是如何实现的。这样便能将自己的精力放在最需要解决的问题上。

试一试 4-2

如果把初始化脚本中的**面向 90° 方向**改为**面向 45° 方向**，运行后的结果和你预期的结果一致吗？如何修改才能绘制斜着的棋盘呢？尝试完成此处修改并运行脚本，测试你的答案。

分析问题的思维方式

相信你已经察觉到将程序划分为小部分并逐一解决是一种非常重要的思维方式。现在我们就来讨论一下如何分析问题。不同问题之间虽然都存在差异，也没有千篇一律的解决方法，但这正是解决难题的魅力所在！

下面我们学习两种分析复杂问题的方式：自顶向下分析和自底向上分析，如图 4-23 所示。前者将大程序模块化，使其拥有清晰的逻辑结构；后者从最简单的问题入手，逐步构建完整的程序。

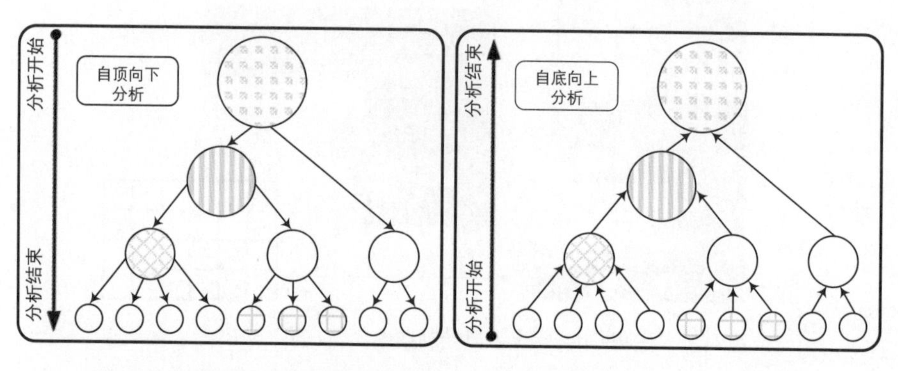

图 4-23：两种分析复杂问题的方式

无论哪种方式，待解决的大问题都是上面的大圆圈，而下面的小圆圈则是构成大问题的众多小问题。具体使用哪种方式取决于问题的场景。

自顶向下分析

充分理解问题是解决任何编程问题的第一步。理解之后，我们可以做出一个大致的解决方案，然后将其划分为多个主要任务。程序分解的结果是因人而异的，一般没有正确和错误之分，但通常需要明确“主要任务”的含义，而且至少要保证程序的整体逻辑是正确的。

House.sb3

我们看一个绘制房屋的案例，绘制结果如图 4-24 所示。该案例分析问题的方式便是自顶向下的。

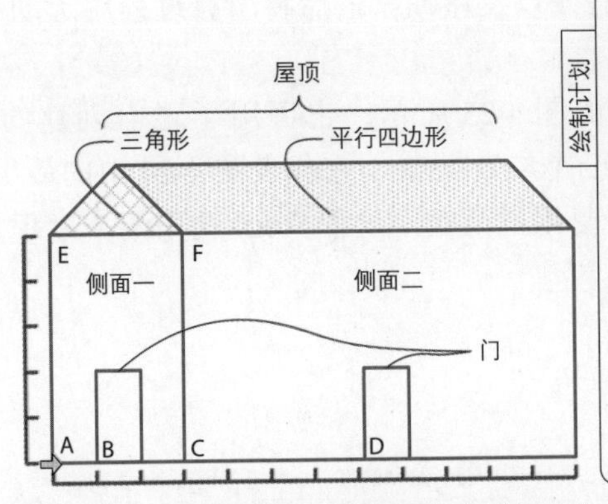

绘制计划

❶ 绘制侧面一。角色停留在点A面向右。

❷ 水平移动1个单元，绘制第一个门。角色停留在点B面向右。

❸ 水平移动2个单元，绘制侧面二。角色停留在点C面向右。

❹ 水平移动4个单元，绘制第二个门。角色停留在点D面向右。

❺ 反方向移动7个单元，然后向上移动 5 个单元。角色停留在点E面向右。

❻ 绘制屋顶。首先绘制三角形，然后移至点F，最终绘制平行四边形。

图 4-24：在绘制房屋时先把主要任务分解为众多小步骤，然后分别处理每个小步骤

这个绘图计划看似简单，但是它说明了什么叫作自顶向下的分析，避免了我们一开始就陷入绘制房屋的细节中，而且它还启发我们转换主要任务，举例如下。

- 房屋是由直线构成的。在这种情况下，主要任务就是绘制每一条直线。
- 将房屋视为六个独立的形状：侧面一、侧面二、两扇门、一个三角形和一个平行四边形。此时主要任务是绘制每一个形状。
- 由于两扇门的形状是一样的，因此可以定义主要任务为绘制门，然后重复调用两次。
- 将屋顶的三角形和平行四边形视为一个整体。这时主要任务是绘制屋顶。
- 将侧面一和侧面一的门视为一个整体，即前门。在这种情况下，主要任务是绘制前门。

当然还有更多的可能，这足以说明主要任务的定义是因人而异的。总的来说，自顶向下分析就是把某个任务划分为更小、更易管理的片段。你只需要依次关注各个片段并逐一解决。如果你发现某些片段有相似之处，尝试归纳并使用通用的解决方法。

图 4-24 的房屋绘制计划假设角色位于点 A 面向右。我们只需要创建与绘制计划相匹配的过程即可完成绘制。根据步骤 ❶，我们首先创建过程 Side1（侧面一）；根据步骤 ❷、❸、❹ 和 ❻，我们继续创建过程 Door（门）、Side2（侧面二）和 Roof（屋顶），从而绘制

两扇门、房屋的右侧以及屋顶。最后将所有过程用运动和画笔模块连接起来。

过程 House 如图 4-25 所示，它调用了之前创建的各个过程。过程 House 只有一个参数 scale，它代表图 4-24 中的最小长度单位。注意，过程 Door 复用过两次，过程 Roof 调用两个过程完成了整个屋顶的绘制。

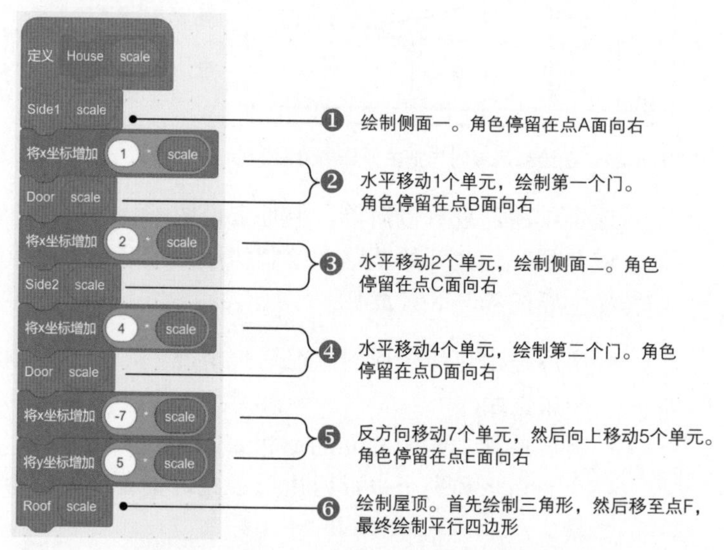

图 4-25：过程 House 的脚本，注意其主要任务是如何与绘制计划对应

图 4-26 是绘制房屋用到的过程，它们仅使用第 2 章介绍的积木绘制简单的几何图形。过程 Side1、Door 和 Side2 分别绘制大小为 3×5、1×2 和 9×5 的矩形。过程 Roof 调用了两个子过程 Triangle（三角形）和 Parallelogram（平行四边形）。注意，所有的过程都使用了参数 scale，这样在调用 House 过程时就能以不同的 scale 值绘制大小各异的房屋。

> **试一试 4-3**
>
> 你是否发现过程 Side1、Door 和 Side2 的脚本有相似之处？创建一个绘制矩形的过程 Rectangle，其参数有 length（长）、width（宽）和 scale。修改过程 Side1、Door 和 Side2，使其都调用过程 Rectangle。

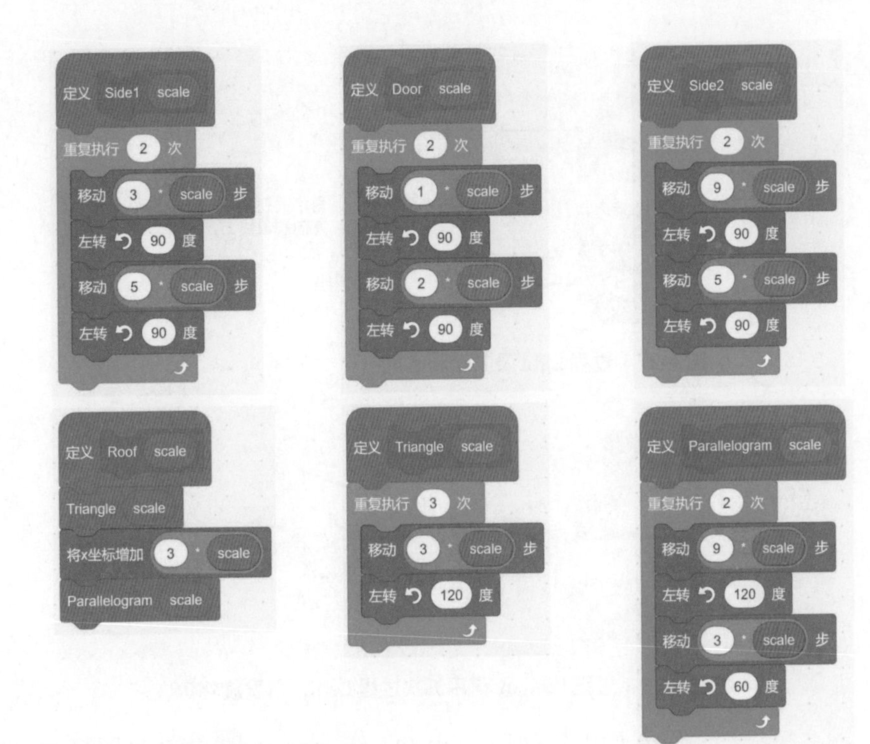

图 4-26：绘制房屋用到的过程

自底向上分析

FlowerFlake.sb3

集中精力解决复杂问题的某个细节是另一种分析问题的方式。如果可以解决复杂问题的各个细节，我们就能把它们组装起来，从而自底向上地解决问题。

我们从一个简单的程序看看这种思维方式。如图 4-27 所示，过程 Leaf 绘制了一片叶子。它包含一个**重复执行**的嵌套：外层重复 2 次，每次绘制叶子的一边；内层重复 15 次，每次绘制 15 条很短且相差 6° 的线段。这和第 2 章绘制多边形的方法类似。

在这个过程的基础上，我们编写一个新的过程 Leaves 用于绘制五片叶子，脚本及其绘制结果如图 4-28 所示。可以看到，图案看似复杂，其实脚本很简单，只需要在**重复执行**中旋转适当的角度调用过程 Leaf 即可。

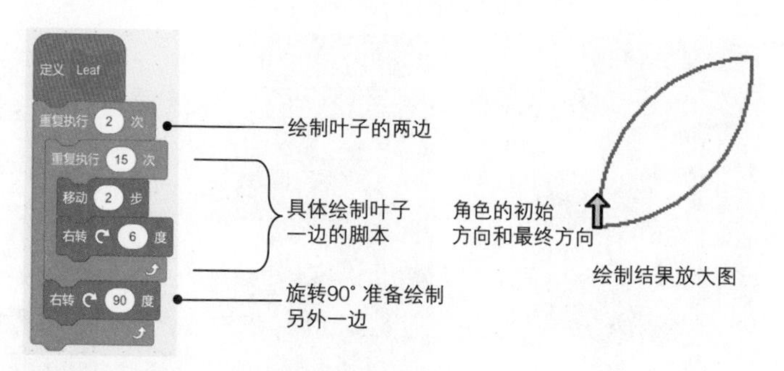

图 4-27：过程 Leaf 及其绘制结果

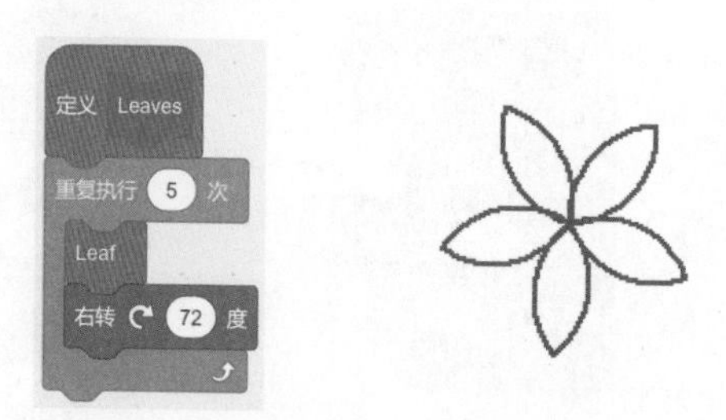

图 4-28：过程 Leaves 调用五次过程 Leaf，每次旋转 72°

我们继续使用 Leaf 和 Leaves 绘制更复杂的图形：一条长着叶子的树枝。新建过程 Branch，脚本及其绘制结果如图 4-29 所示。角色首先向前移动 40 步，调用过程 Leaf 绘制一片叶子，然后向前移动 50 步，调用过程 Leaves 绘制五片叶子，最终返回起始位置。

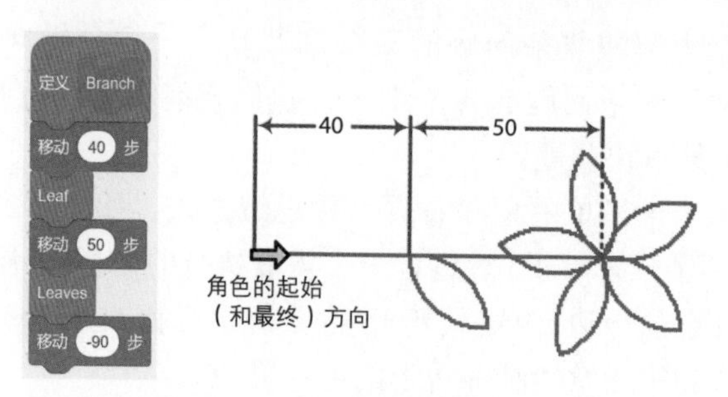

图 4-29：过程 Branch 及其绘制结果

让我们再进一步，如何使用过程 Branch 绘制一朵花呢？我们新建一个过程 Flower，其脚本和绘制结果如图 4-30 所示。过程 Flower 简单地调用了过程 Branch 六次，每次调用旋转 60°。

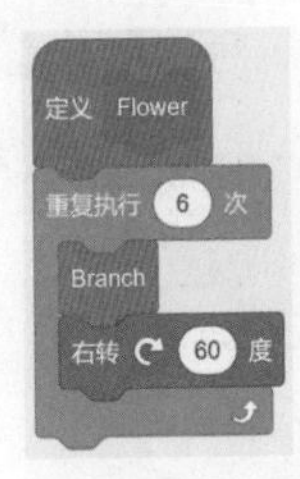

图 4-30：过程 Flower 及其绘制结果

我们可以继续使用过程 Flower 构建更复杂的图形。但是无论多么复杂，其思路依然是清晰的：从最初的过程 Leaf 到调用它的过程 Leaves，再到调用它们绘制树枝的过程 Branch，最后到调用过程 Branch 绘制一朵看似复杂的花的过程 Flower。你甚至可以继续创建一棵花团锦簇的树，然后让这些树组成一个大花园。

通过这个案例，你明白什么叫作自底向上的分析了吗？我们一开始并不关注整个问题的复杂性，而是先从更小、更容易管理的片段着手，然后将这些片段整合在一起，从而解决了整个问题。使用这种思维方式，我们可以先创建过程解决简单的问题，再创建更复杂的过程调用之前的过程。

本章小结

本章介绍了许多本书广泛使用的基本概念。首先是消息广播机制，它能让角色之间进行交流，并同步各个角色之间的行为。接着讲解了结构化程序设计，同时使用广播机制模拟了过程，随后使用自制积木创建过程，并讨论了如何传递参数以及过程调用过程（即过程的嵌套）。最后介绍了两种分析问题的思维方式，一种是自顶向下地把问题分解为更小、更易管理的片段，另一种是自底向上地把已经解决的小片段整合在一起。

下一章将学习在任何编程语言中都最重要的概念：变量。理解它是你进阶成为熟练的程序员至关重要的一步。

练习题

1. 编写过程，绘制你名字中的各个字母，过程名是绘制的字母。例如，用过程 A 绘制字母 A。然后编写一段脚本调用这些过程，把你的名字绘制在舞台上。

2. 创建如下所示的脚本并运行，解释它是如何绘制出该图形的。

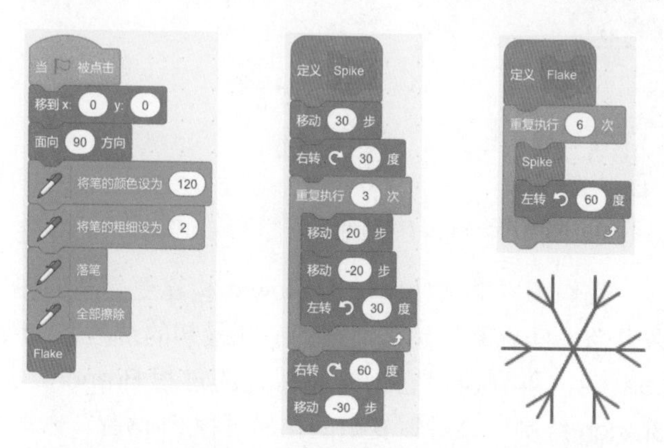

3. 编写过程，实现把摄氏度转换为华氏度的功能，最后得到的结果四舍五入到整数位，如下图所示。测试不同的摄氏度值。（提示：华氏度 F=(9/5)× 摄氏度 C+32。）

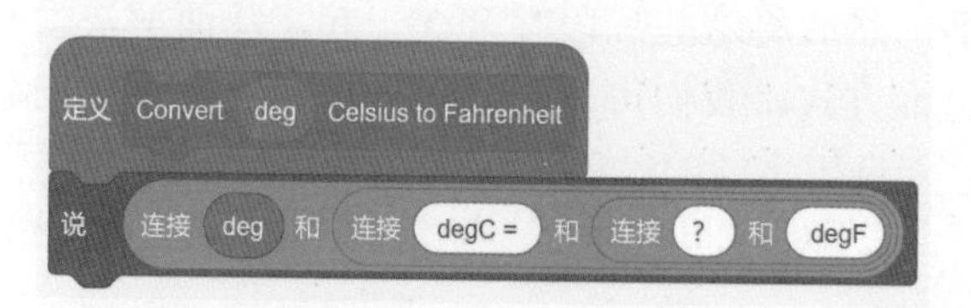

4. 编写过程，绘制如下图所示的房屋。首先绘制房屋的各个部分（如门、屋顶、窗户等），然后整合这些过程，从而绘制完整的房屋。

5. 编写过程，计算圆的面积。（提示：圆的面积 Area= π × 半径的平方，其中 π =3.14。）

6. 在这个练习中，我们将模拟水压实验。假设鱼所感受到的压力 *P* 与水深 *d*（单位米，由 *y* 坐标的值转换而来）的关系为 P=0.1d+1。项目文件 *PressureUnderWater_NoSolution.sb3* 中已经包含了该模拟实验的部分脚本。完成该脚本，使鱼边游边说它所感受到的压力，如下图所示。

PressureUnderWater_NoSolution.sb3

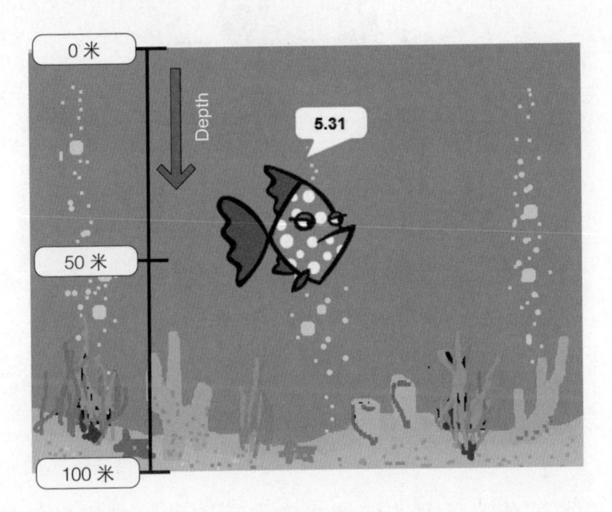

第5章

变 量

本章介绍脚本如何使用变量读取并记忆信息、与用户交互和响应用户的输入。本章涉及的内容如下。

- Scratch 支持的数据类型
- 创建并使用变量
- 获取用户输入并与其交互

在前 4 章中，我们已经学习了不少 Scratch 编程方法，但还是缺少某些关键元素的知识。一个复杂的程序应当能记忆数值，并根据特定条件选择不同的行为。数值的记忆问题将在本章中解决，第二个问题大家将在下一章中学习。

脚本在运行过程中要处理各种类型的数据：命令积木中的输入参数（如**移动 10 步**的数字 10、**说 Hello!** 的字符串 Hello!）、功能积木的输出（如**鼠标的 x 坐标**、**鼠标的 y 坐标**、**在……和……之间取**

随机数），以及由用户输入的数据（如**询问……并等待**）。而对一个复杂的程序而言，我们还需要存储、访问、修改数据才能完成一个特定的任务。Scratch 中使用变量和列表管理数据。本章介绍变量，列表将在第 9 章介绍。

本章首先介绍 Scratch 支持的数据类型，然后介绍如何创建并使用变量。在某些情形下，变量值显示器能让程序更有趣。在掌握以上内容之后，我们学习使用**询问……并等待**积木获得并处理用户的输入。

Scratch 的数据类型

从某个角度讲，应用程序的任务是处理各种数据类型（如数字、文本、图像等）的数据并生成有价值的信息。因此，要完成编程任务，必须要理解 Scratch 中数据类型的概念和 Scratch 所支持的操作。Scratch 支持三种数据类型：布尔类型、数字类型和字符串类型[①]。

布尔类型仅有两个值：真或假，即 True 或 False。你可以使用它测试一个或多个条件，从而让程序选择不同的执行路径。布尔类型将在下一章中详细讨论。

数字类型可以是整数或小数。虽然许多编程语言区分这两者，但 Scratch 并不区分，毕竟它们都属于数字。你可以使用运算模块的**四舍五入**积木、**向上 \ 向下取整**函数（在**绝对值**积木中选择）把小数转变为整数。例如，**向下取整** 3.9 得到 3，**向上取整** 3.1 得到 4。

字符串类型是一系列字符的集合。字符可以是字母（大小写均可）、数字（0~9），以及能在键盘上输出的符号（+、–、&、@ 等）。字符串可以存储姓名、地址、图书标题等。

参数凹槽与积木形状

你发现不同积木参数的凹槽形状存在差异了吗？例如，**移动 10 步**的参数凹槽是圆角矩形。参数凹槽的形状与其接受的数据类型有关。你可以试一下在**移动 10 步**的参数位置输入你的名字（或任何字母、符号），便会发现 Scratch 不允许输入非数字的字符。

与之相似，功能积木的外观已经说明了其返回的数据类型，不

① 译者注：Scratch 3.0弱化了数字类型和字符串类型的差异，但实际上学习者仍然需要注意这个差异。

同形状的含义如图 5-1 所示。

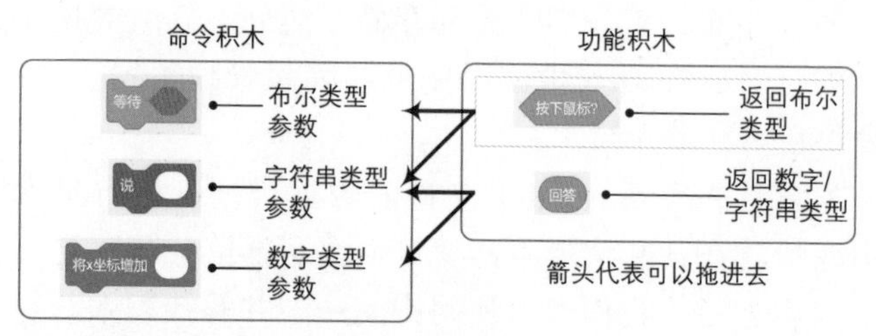

图 5-1：命令积木和功能积木的形状含义

参数凹槽共有两种形状：六边形和圆角矩形[①]。功能积木的外观同样有两种形状：六边形和圆角矩形。每一种形状都和数据类型有关，而圆角矩形既可以代表数字类型，也可以代表字符串类型。

注意，Scratch 会阻止你将圆角矩形的功能积木拖动到六边形凹槽内。

数据类型的自动转换

我们之前接触的圆角矩形的功能积木（如 **x 坐标**、**y 坐标**、**方向**、**造型编号**、**大小**、**音量**、**演奏速度**等）得到的都是数字类型。因此，把它们拖动到数字凹槽（如**移动 10 步**）是没有问题的。但是个别圆角矩形的功能积木（例如，侦测模块中的**回答**积木，或是运算模块中的**连接**积木）既可以返回数字类型，也能返回字符串类型的数据。那么问题来了，若**回答**积木返回的是字符串，那么将它拖动到数字凹槽会怎么样呢？ Scratch 会自动转换数据类型，如图 5-2 所示。

在这个例子中，程序首先提示要求输入数字，然后用户输入125。该输入会被保存在**回答**积木中。当**回答**积木被放入**说……秒**积木时（**说……秒**的参数凹槽期望一个字符串参数），回答自动转换为字符串类型。当**回答**积木被拖动到加法运算符时（加法运算符的参数凹槽只能填写数字），它又会自动转换为数字 125。当加法积木执行时，计算结果（25+125=150）又自动转化为字符串类型“150”放入**说……秒**积木中。Scratch 会自动尝试执行各类转换。

---

① 译者注：Scratch 3.0取消了矩形的参数凹槽（在Scratch 2.0中，它明确地代表字符串参数），这就需要学习者明确某积木的参数凹槽能否接受字符串类型的参数。虽然Scratch 3.0会根据上下文自动做出推断，但有时这并非预期的行为。

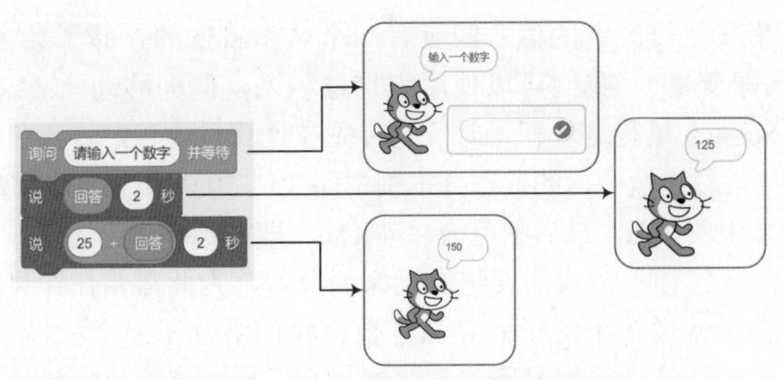

图 5-2：Scratch 根据上下文自动执行数据类型的转换

在理解了 Scratch 数据类型的概念及其自动转换之后，下面开始学习变量，并使用它们存储和使用数据。

变量详解

你一定玩过打地鼠游戏吧！最初所有的洞都是空的，一旦地鼠从洞里伸出头，就用木槌敲打它们。我们会在本章最后制作一个打地鼠游戏：地鼠角色随机出现，在舞台中短暂停留后消失，然后再次随机出现，玩家需要尽可能快地点击地鼠角色，每打中一次加一分。那么如何记录玩家的分数呢？欢迎来到变量的世界！

下面将详细介绍变量，它对所有的编程语言来说都是非常重要的。你将学习如何在 Scratch 中创建并使用变量、记忆（存储）不同类型的数据，以及使用带有变量的积木。

什么是变量

专业地讲，变量是被命名的计算机内存区域。你可以把变量想象成一个盒子，程序随时都能存放盒子中的数据（数字和文本）。如图 5-3 是一个名为 side 的变量，它存放了一个数字 50。

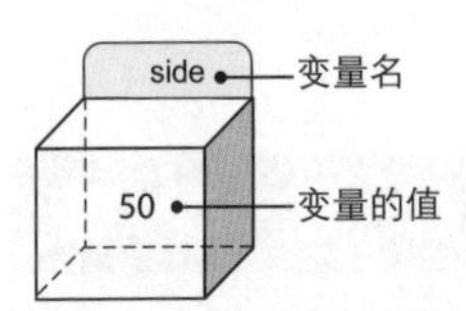

图 5-3：变量好比有名称的盒子，盒子中放着一个值

当你创建一个变量时，程序会开辟一块内存区域存储它，同时给这块内存区域设定一个变量名。创建后只需要使用变量名，即可

获取并修改它的值。假设有一个名为 side 的存储了数字 50 的盒子（即变量），我们可以使用它构建积木，例如**移动（3*side）步**。当 Scratch 执行这块积木时，它首先在计算机内存中查找名为 side 的盒子，取出盒子内的数据（本例中即数值 50），用它替换**移动（3*side）步**中的 side。最后角色会移动 150（即 3×50）步。

打地鼠游戏需要记录玩家的分数，为此需要在计算机中分配内存（就像一个盒子）存储分数。我们给盒子一个标签（即变量名）score，注意标签是不能重复的。有了标签就能随时找到它并修改其中的值。

游戏开始时，我们需要告诉 Scratch“把 score 设定为 0”。随后 Scratch 开始查找标签为 score 的盒子，然后将数字 0 放入其中。当玩家打到地鼠角色后，我们告诉 Scratch“把 score 的值增加 1”，Scratch 便会再次查找 score 盒子，取出盒子内的数字 0 并加 1，再把结果 1 重新放回盒子中。若玩家又打到了地鼠，Scratch 会再次执行上述操作，最后把数字 2 放入盒子中。

上述操作其实都是与 Scratch 的积木相对应的。注意 score 的值在不停地变化，这也就是变量中变的含义。

变量的一个重要用法是存储算术表达式的结果，从而方便脚本随后使用。这个过程类似于做心算。例如，要计算 2+4+5+7 的结果，你可能先计算 2+4 得到 6，并记住这个结果。然后可能用 5 加上之前的结果（你脑海中记忆的数字 6），并记住新的结果 11。最后用 7 加上之前记忆的结果 11，得到最后的结果 18。

下面演示使用变量存储表达式的结果。假设你想编写程序计算如下的表达式。

$$\frac{(1/5)+(5/7)}{(7/8)-(2/3)}$$

你可能会将多块积木放在同一条积木中，但是这种做法的可读性非常差，不易理解，如下所示。

另外一种计算方式是分别求出分子和分母的值，然后用**说**积木显示两者相除的结果。我们可以创建两个变量，分别命名为 num（分子）和 den（分母），并设置它们的值，如图 5-4 所示。

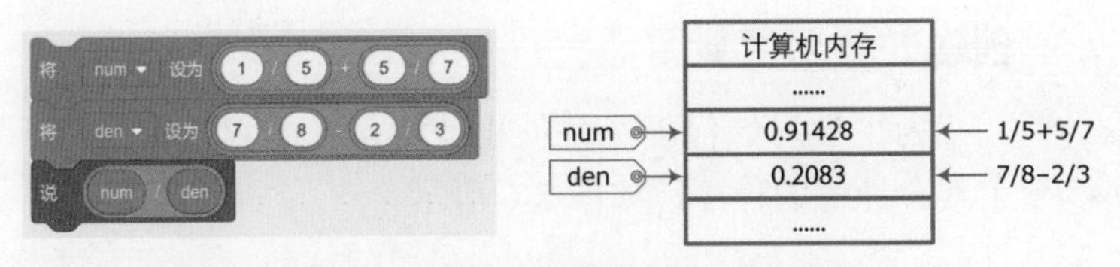

图 5-4：变量 num 和 den 分别保存了表达式的分子和分母

我们看看变量在计算机内存中的分布情况。图 5-4 右侧的 num 像贴在内存上的标签，内存中是 (1/5+5/7) 的计算结果。变量 den 与其类似，存储的是 (7/8–2/3) 的结果。当**说**积木执行时，Scratch 获取内存标签名为 num 和 den 的结果，然后将两个结果相除后传给**说**积木的参数。

我们甚至可以继续分解这个表达式，如图 5-5 所示。

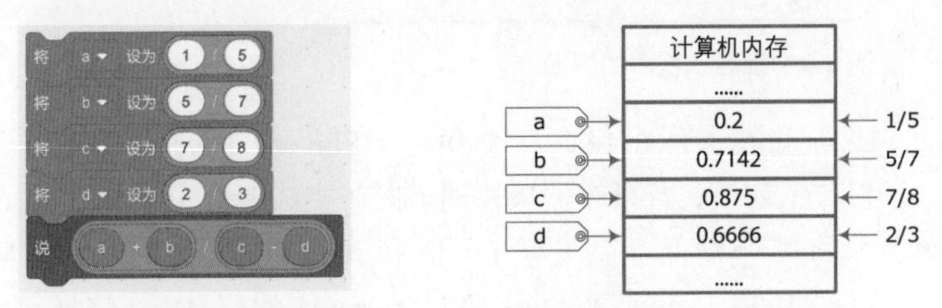

图 5-5：使用四个变量（a、b、c 和 d）存储表达式四个部分的结果

本例使用四个变量（a、b、c 和 d）存储表达式四个部分的结果。图 5-5 右侧展示了各变量的内存分布情况，其中存储了四个变量及其结果。

虽然我们使用了三种不同的方式完成了同一个表达式的计算，但是它们的可读性是不一样的。第一段脚本把所有的计算全部放入一块积木中，你很难一眼看出其含义。第三段脚本把表达式分解得过于细致，可读性也非常差。而第二段脚本的表达式分解得恰到好处，程序一目了然利于理解，清晰地展现出表达式中分子和分母两个主要部分。

条条大路通罗马。有时程序的运行速度更重要，有时可读性更重要。由于本书是介绍编程的入门图书，因此会更加强调脚本的可读性。

相信你已经明白了什么是变量及其使用的原因，那么我们就来创建变量，让 Scratch 程序更加有趣吧！

创建并使用变量

DiceSimulator_NoCode.sb3

为了学习如何创建并使用变量，下面我们制作掷一对骰子并显示其合计值的程序，如图 5-6 所示。

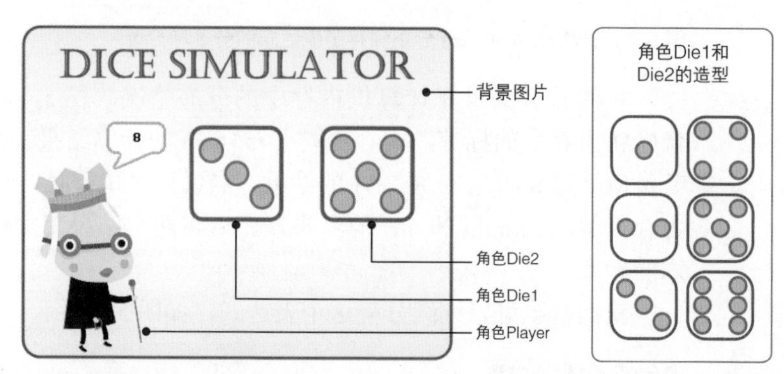

图 5-6：掷骰子程序的界面

掷骰子程序包含三个角色：Player、Die1 和 Die2。程序由角色 Player 启动，当绿旗被单击时，程序生成两个范围从 1 到 6 的随机数，并将其分别保存到变量 rand1 和 rand2 中。然后脚本给角色 Die1 和 Die2 广播一条消息，Die1 将显示 rand1 的值，Die2 将显示 rand2 的值。最后角色 Player 使用**说**积木显示 rand1 和 rand2 之和。

让我们从头开始构建这个程序吧！打开文件 *DiceSimulator_NoCode.sb3*，它已包含背景图片和三个角色。

首先单击角色 Player 的缩略图，并选中该角色，单击变量模块中的**建立一个变量**按钮，如图 5-7 左侧所示。单击后会出现右侧所示的对话框，输入变量名后再选择其作用范围。变量的作用范围决定是否只有当前角色能使用该变量，我们随后介绍这个概念。在本例中，变量名输入 rand1，作用范围选择**适用于所有角色**，单击**确定**按钮创建变量。

创建变量之后，新建的变量就会出现在变量模块中，如图 5-8 所示。

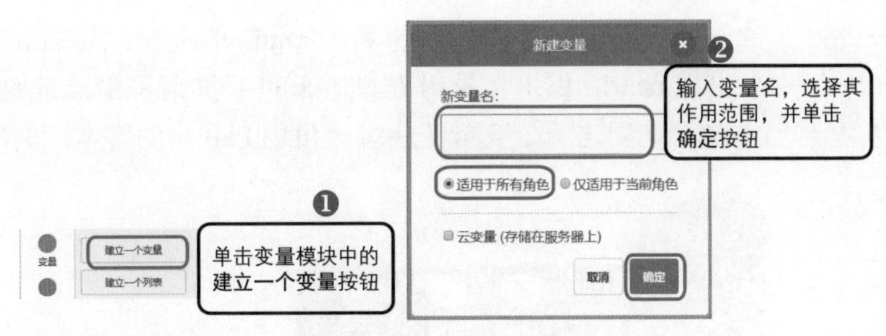

图 5-7：创建变量，输入变量名，选定其作用范围

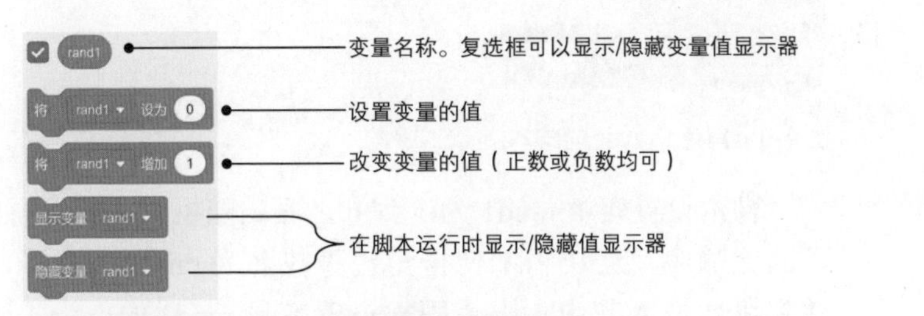

图 5-8：创建变量 rand1 后变量模块出现新的积木

你可以使用这些积木设置、改变变量的值，还能显示或隐藏变量值显示器。变量值显示器可以在舞台上显示当前变量的值，我们将在后面讲解。

变量的命名

变量的命名是一个历史悠久的问题。人们提出了许多方法，其中“驼峰命名法”是比较常用的一种，其规则是首字母小写，之后的每个单词首字母大写。如 sideLength、firstName、interestRate。

虽然 Scratch 允许变量名以数字开头，甚至可以包含空格（如 123Side、side length），但是绝大多数编程语言是禁止的，因此建议避免这种情况。Scratch 中变量名是没有约束的，但强烈建议使用描述性的、有意义的名称。当然这不是绝对的，如果含义足够明确，你也可以用单个字母 z 表示最小值。另一方面，命名过长反而会降低脚本的可读性。

Scratch 中的变量名是对大小写敏感的，例如，side、SIDE、siDE 是三个不同的变量。为了避免混淆，建议不要在同一段脚本中使用仅在大小写上有区别的变量。

重复上述的过程，创建名为 rand2 的变量。然后在变量模块中会出现 **rand2** 积木，同时在图 5-8 的下拉菜单中还能选择 rand1 和 rand2。使用这两个变量便能编写角色 Player 的脚本，如图 5-9 所示。

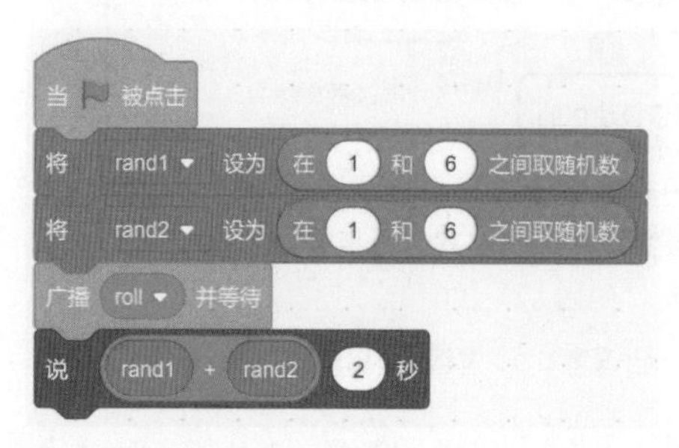

图 5-9：角色 Player 的脚本

脚本设置变量 rand1 为 1 到 6 之间的随机数。还记得图 5-3 中盒子的比喻吗？这块积木使得角色查找名为 rand1 的盒子，再把生成的随机数放入其中。脚本同样设置变量 rand2 的值为 1 到 6 之间的随机数。接着脚本广播了一条名为 Roll 的消息，另外两个角色 Die1 和 Die2 会接收到该消息，并通知它们根据 rand1 和 rand2 的值分别切换造型。当角色 Die1 和 Die2 的脚本全部执行完毕，角色 Player 的脚本继续向下执行，即使用**说**积木显示两个骰子的数字之和。下面看看角色 Die1 是如何处理消息 Roll 的，其消息处理程序如图 5-10 所示。

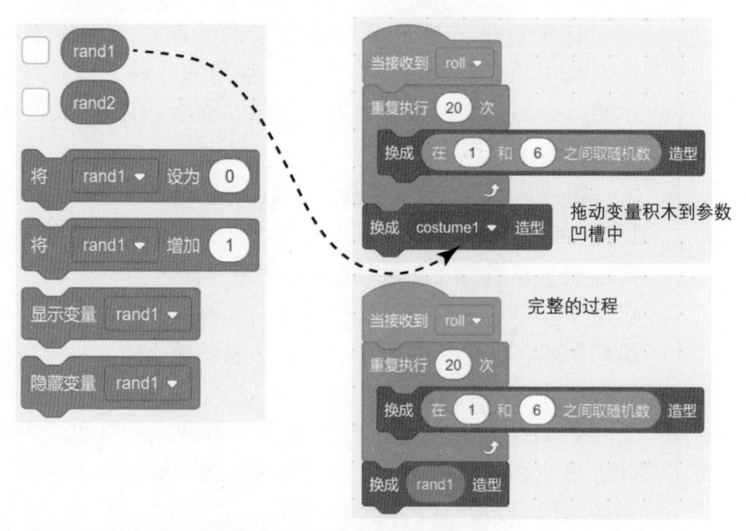

图 5-10：将变量拖动到命令积木中的参数凹槽内

创建图 5-10 右上方的脚本后，从变量模块中拖动积木 rand1 到**换成……造型**的参数凹槽内，图 5-10 右下方即为角色 Die1 的最终脚本。在这段脚本中**重复执行**积木 20 次随机切换角色 Die1 的造型，模拟了掷骰子的过程（次数可以自行指定）。最后角色 Die1 设置其造型为 rand1 代表的数字。之所以可以这么做，是因为骰子有六个造型，其编号分别对应了数字 1 到 6。假设 rand1 是 5，那么积木**换成……造型**会把角色 Die1 切换为点数为 5 的造型。

角色 Die2 的脚本和角色 Die1 的基本一致。因为角色 Die2 根据 rand2 改变其造型，只需要将 Die1 的脚本复制到 Die2，把 rand1 替换为 rand2 即可。

掷骰子程序已经完成，单击绿旗运行并测试。如果运行出现问题，可以查看项目文件 *DiceSimulator.sb3*。

试一试 5-1

选中角色 Player，并创建新的变量 sum，设置作用范围为**仅适用于当前角色**。修改脚本中最后一块积木如下图所示。

查看角色 Die1 或 Die2 的变量模块的积木。为什么我们看不到变量 sum 了呢？

变量的作用范围

变量的作用范围（专业的说法是作用域）是一个非常重要的概念，它决定了角色可以访问哪些变量。

ScopeDemo.sb3

在创建变量时可以选择其作用范围，如图 5-7 所示。如果选择**仅适用于当前角色**，那么变量只能在当前角色内访问，其他的角色只能读取，不能修改。图 5-11 的实验证明了这一点。

图 5-11：只有猫咪能修改变量 count 的值

在图 5-11 中，猫咪角色 Cat 有一个名为 count 的变量，注意其作用范围是**仅适用于当前角色**。企鹅角色 Penguin 使用侦测模块中的**的**积木，注意，选择第一个参数为 Cat，再选择第二个参数中的属性为 count 变量。

Scratch 并没有提供在企鹅角色中修改猫咪角色变量的积木。如果允许修改，那么猫咪的脚本在运行后就有可能出现非预期的结果。在实践中，一个仅被当前角色修改的变量通常设置其作用范围是**仅适用于当前角色**。

仅适用于当前角色叫作局部范围，相应的变量叫作局部变量。不同的角色可以使用相同名称的局部变量。例如，在包含了两个赛车角色的游戏中，每个角色可能都包含一个局部变量 speed，即每辆赛车在舞台上的移动速度。两辆赛车可以分别单独修改自己的 speed 值，相互没有干扰。也就是说，如果你设置第一辆赛车的速度变量为 10，设置第二辆为 20，那么第二辆就比第一辆跑得快。

适用于所有角色的变量叫作全局变量。它由所有的角色共享，任何角色都能修改，有利于角色间的信息交流和同步。例如，游戏一开始要选择难度级别，那么可以创建一个名为 gameLevel 的全局变量。当选择不同的难度时，程序会设置不同的数值以区分不同的难度。脚本随后通过查看全局变量 gameLevel 便能知晓玩家之前选择的难度。

变量的数据类型

不知你是否疑惑过："Scratch 如何判断变量的数据类型？"答案很简单，Scratch 也不知道！当你创建一个变量后，Scratch 并不知道这个变量的用途：是数字、字符串还是布尔类型。换言之，变量能存放任何类型的数据。因此，下图中所有的积木都是有效的。

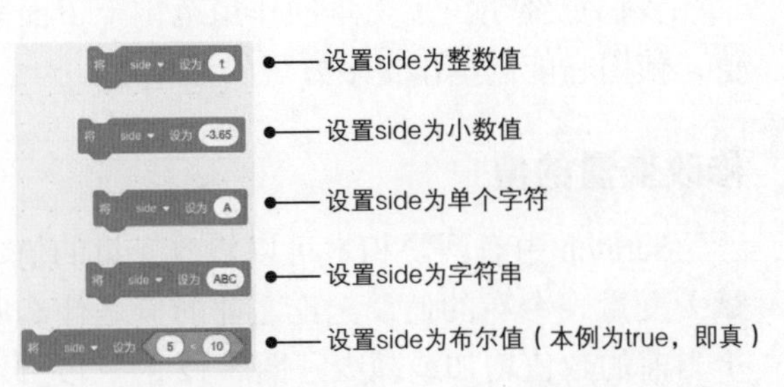

变量可以存储任意类型的值。但正如本章最初所讲，Scratch 会根据上下文自动转换数据类型。看看下面这个案例，它说明了当存储了错误的数据类型时会发生什么：

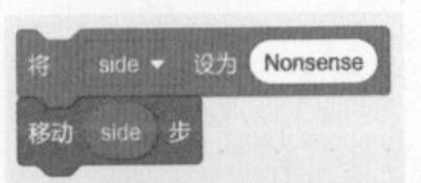

移动side步中的字符串"Nonsense"被转化为数字0

移动side步中的字符串" 100 "被转化为数字100

因为积木**移动……步**的参数期望是一个数字类型，因此，Scratch 尝试将变量 side 自动转化为数字后传递给积木。在左侧脚本中，Scratch 无法把字符串"Nonsense"转化为数字，它也没有提供任何错误信息，只是转化为数字 0 后传递给积木，最终效果是角色没有移动。但在右侧脚本中，Scratch 首先忽略了字符串"　100　"的左右空格，然后将之转化为数字 100 后传递给移动积木，角色则向前移动了 100 步。注意，若目标积木期望的参数类型是字符串类型，而不是数字类型，那么 Scratch 会传递所有的字符（包括空格）。

当选中**适用于所有角色**时，还可以选择云变量（仅在线版有效）选项（见图 5-7）。它允许你把变量存储在 Scratch 的服务器中（即云中）。这类积木前有一个云状标志，以区别普通变量，如下所示。

score

当其他用户浏览了你的共享项目时，他们可以从中读取云变量的值。假设你共享了一个使用云变量记录最高分的游戏，当玩家与游戏交互后，云变量 score 会立刻更新。由于这类变量存储在 Scratch 的服务器中，即使你退出在线编辑器，它所存储的值依然存在。因此，云变量适合于长时间存储数据的场景。

我们已经明白了变量的作用范围，下面来学习如何修改变量的值，使用它能创建出更多好玩的程序哦！

修改变量的值

Scratch 中有两块积木可以修改变量的值：**将……设为**积木直接赋予变量一个新的值，无论之前的值是什么；**将……增加**则是相对于当前的数值增加或减少。图 5-12 的三段脚本使用三种不同的方式达到相同的修改结果。

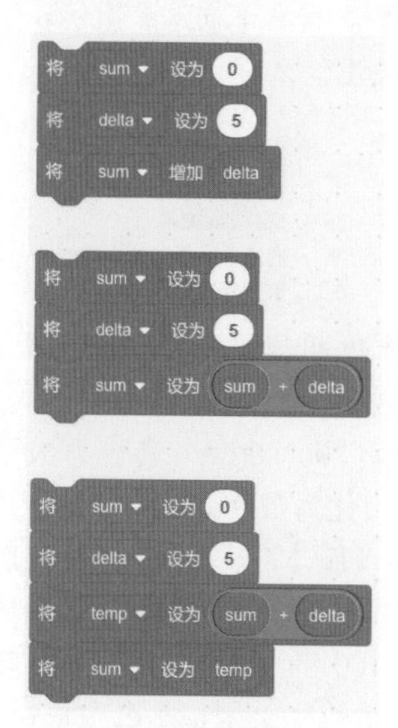

图 5-12：修改变量值的三种方式

图 5-12 的三段脚本都从设置变量 sum 为 0、delta 为 5 开始。第一段脚本使用积木**将……增加**，通过 delta 的值修改 sum，即从 0 增加到 5。第二段脚本使用积木**将……设为**将 sum 和 delta 求和，然后把结果 5 保存到变量 sum 中。第三段脚本使用了一个临时变量 temp，最后把 temp 的值复制到 sum 中。

这三段脚本是等价的：执行任意一段脚本，变量 sum 的值都是 5。实践中通常采用第二种方式，个人也建议采用这种方式。下面通过两个绘图程序巩固一下变量的使用。

绘制蜘蛛网

Spiderweb.sb3

如图 5-13 所示，六个三角形可以构成六边形，而多个逐渐增大的六边形可以构成一张蜘蛛网。过程 Triangle 绘制等边三角形，边长由参数指定。过程 Hexagon 绘制六边形，它调用过程 Triangle 六次，每次调用完向右旋转 60°（即 360°/6）。

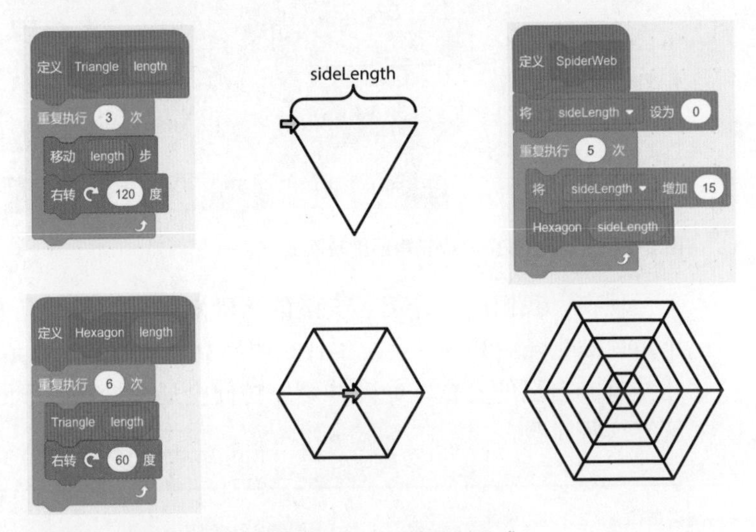

图 5-13：蜘蛛网由多个逐渐增大的六边形绘制而成

过程 SpiderWeb 多次调用过程 Hexagon，每次使用不同的参数 sideLength，最后绘制结果就是同心的六边形。注意，积木**将……增加**在**重复执行**内使用。运行这段脚本，看看最终效果。

绘制风车

Pinwheel.sb3

这个例子和绘制蜘蛛网类似，但是这次将使用一个变量控制三角形的数量。过程 Pins 如图 5-14 所示。过程 Pinwheel 与之前的 SpiderWeb 类似，但每次**重复执行**时都改变了画笔的颜色，就像彩虹一样。图 5-14 还展示了不同数量三角形的绘制结果。测试一下程序，尝试创建出更有趣的图形。

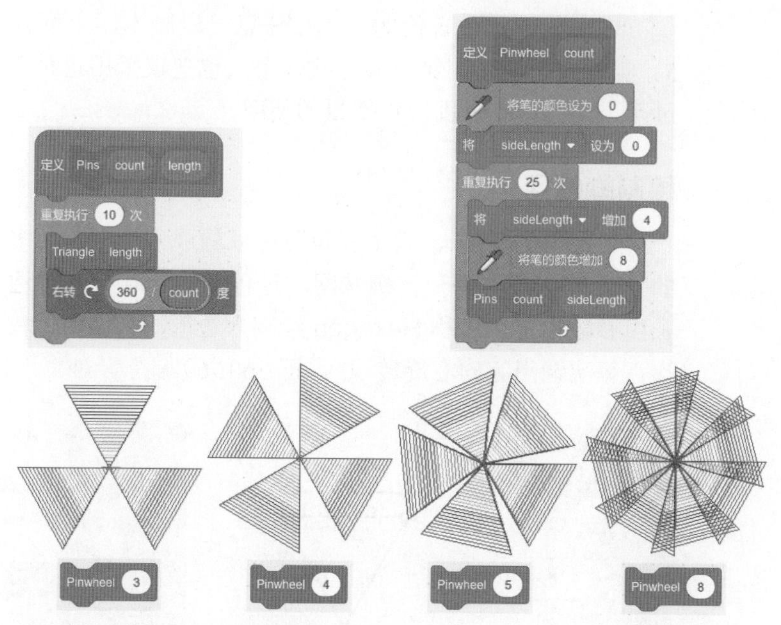

图 5-14：风车由多个等边三角形旋转而成

现在，我们已经介绍了变量的基础知识，但是你有考虑过当一个角色被克隆后其变量会发生什么吗？克隆体会共享原角色的变量，还是有其自己的变量？克隆体可以访问全局变量吗？下面我们就来解答这些问题。

> **试一试 5-2**
>
> 修改风车程序让角色隐藏，这样绘制过程会看得更加清晰。

克隆体中的变量

每个角色都有许多与之相关的属性，例如，当前 x 坐标、y 坐标和方向等，它们都存放在一个列表中。你可以把这个列表想象成背包，其中存放着该角色中所有属性的值，同时局部变量也在角色的背包内，如图 5-15 所示。

当角色被克隆时，克隆体会继承原角色中所有的属性和局部变量，并且它们的值与原角色相等。但是在克隆之后，克隆体属性和局部变量的变化就不再影响到原角色的值，当然，原角色的改变也不会影响到克隆体，两者的改变都是独立的。

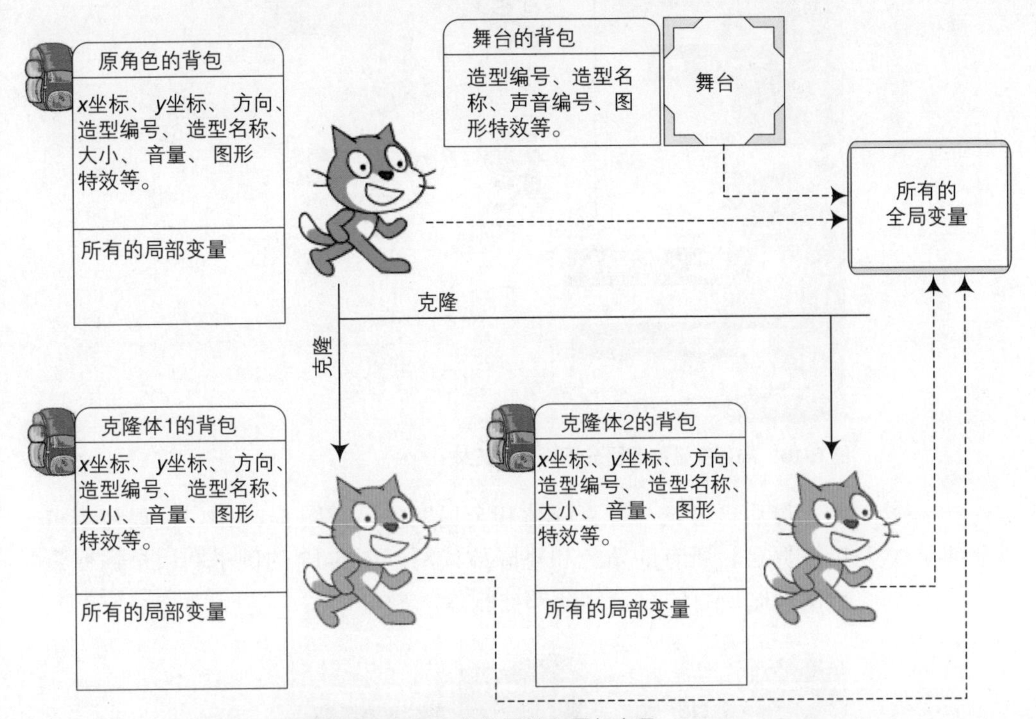

图 5-15：克隆体继承了原角色的属性和局部变量

为了解释图 5-15，我们假设原角色有一个值为 10 的局部变量 speed。当原角色被克隆时，克隆体将继承局部变量 speed，其值仍为 10。之后若修改原角色局部变量 speed 的值为 20，那么克隆体的 speed 依然为 10。

使用这个特性便可以区分不同的克隆体。我们看图 5-16 的程序。

CloneIDs.sb3

该例中原角色拥有一个名为 cloneID 的局部变量。当单击绿旗时，脚本**重复执行**三次，每次设置 cloneID 为不同的值（本例为 1、2、3）后克隆自己。每个克隆体都会有自己的局部变量 cloneID 且数值不同。你甚至可以使用下一章讲解到的**如果……那么**积木让不同的 cloneID 做不同的事情。

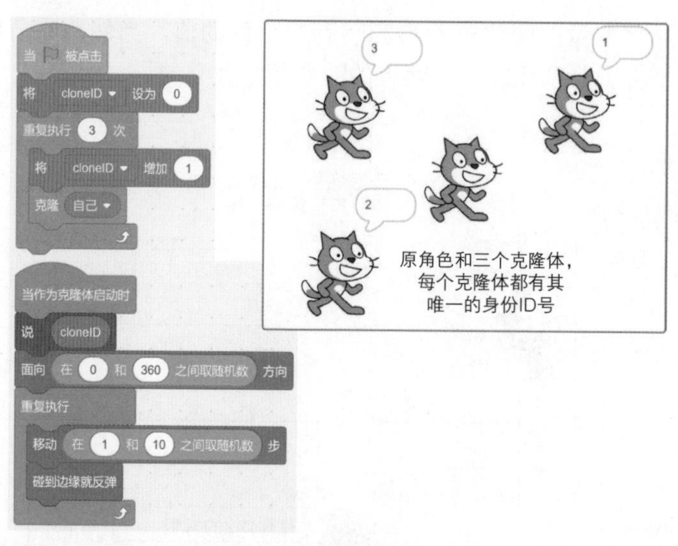

图 5-16：局部变量能够区分不同的克隆体

ClonesAndGlobalvars.sb3

最后再讨论一下克隆体和全局变量。在图 5-15 中，全局变量可以被舞台、所有的角色和克隆体读写。图 5-17 的例子利用全局变量检测何时所有的克隆体全部被删除。

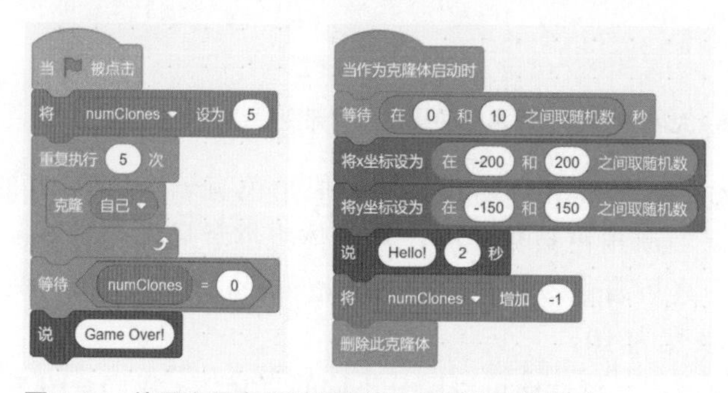

图 5-17：使用全局变量判断克隆体何时全部被删除

在这段脚本中，原角色设置全局变量 numClones 为 5，然后创建五个克隆体并等待变量 numClones 变为 0。克隆体启动时先随机等待一段时间，再随机定位于舞台某处，说两秒“Hello!”后删除自己。注意，克隆体在删除自己之前令变量 numClones 减少了 1。当五个克隆体都被删除后，全局变量 numClones 就等于 0，此时主脚本不再等待继续向下执行，原角色说“Game Over!”。

下面我们讲解变量值显示器。它的作用是在舞台上观察甚至直接修改变量的值，这为创建各类程序提供了强大的工具。

变量值显示器

或许你已经注意到了，我们需要经常观察变量值的变化。例如，某段脚本的运行结果与你所想不一致时，你可能想跟踪某些变量值是否正确。变量值显示器便能完成这项任务。

选中变量名积木前的复选框即可显示或隐藏变量值显示器，如图 5-18 所示。你还可以在脚本中使用积木进行控制。

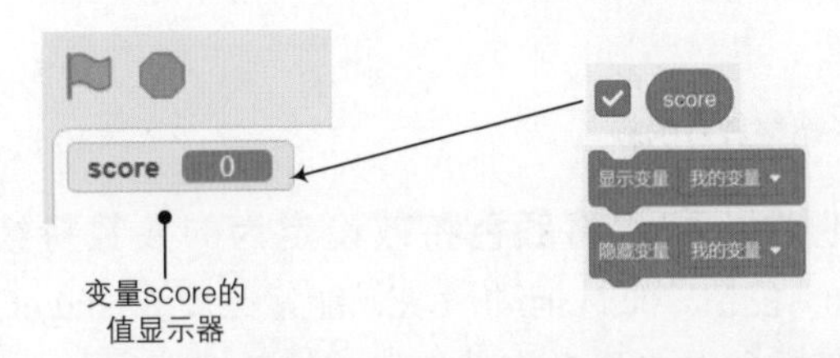

图 5-18：选中变量名积木前的复选框即可打开变量值显示器

变量值显示器可作为读数或者控件之用。换言之，它可以显示或者控制变量的值。双击舞台中的变量值显示器就能在正常显示（默认）、大字显示和滑杆之间切换。若当前是滑杆状态，你还可以单击鼠标右键，从弹出的菜单中选择**改变滑块范围**，这样便能在固定的数值范围内滑动，如图 5-19 所示。

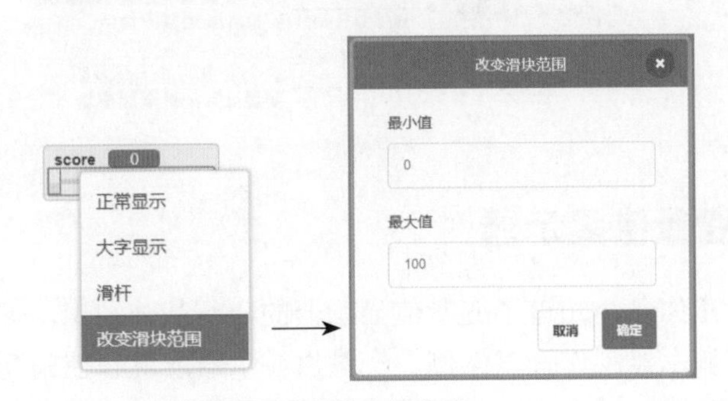

图 5-19：给滑块设置最大值和最小值

StageColor.sb3

滑杆状态下的变量值显示器可以在脚本运行时动态地修改变量的数值。这十分有利于用户和程序间的交互，如图 5-20 所示。

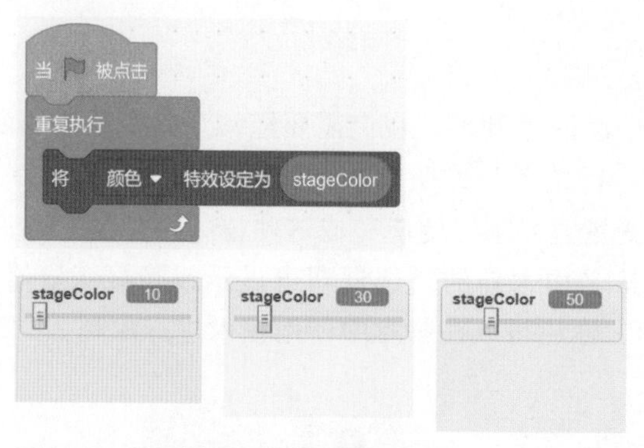

图 5-20：使用滑杆调整舞台的颜色

在这个案例中，积木**将颜色特效设定为**的参数持续使用变量 stageColor 作为颜色值，而且拖动滑块就能修改变量 stageColor 的值。假设这段脚本在舞台中，那么拖动滑块就能改变舞台的背景颜色。

注意　变量值显示器还能指示其作用范围。若是局部变量，那么在变量名之前还会显示角色名。例如，变量名 Cat: speed 0 表示角色 Cat 有一个名为 speed 的局部变量。若是全局变量，其值显示器仅显示 speed 0。两者的区别参见下图。

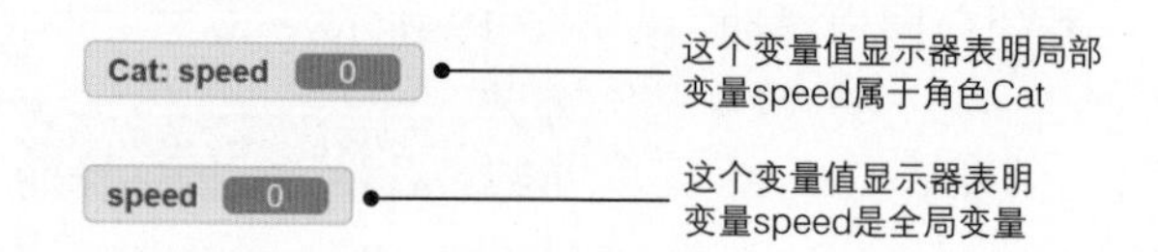

在程序中使用变量值显示器

现在你已经知道了变量值显示器的一些基础知识，下面将使用变量值显示器制作许多案例。变量值显示器展现和控制变量的方式丰富了游戏、模拟实验以及交互式程序的表现形式。一起来探索这些案例吧！

欧姆定律模拟实验

OhmsLaw.sb3

我们的第一个案例是欧姆定律的模拟实验。当电阻（R）两端存在电压（V）时，电流（I）就会流过电阻。根据欧姆定律，电流的大小可以通过如下的等式得到。

$$电流（I）= 电压（V）/ 电阻（R）$$

用户通过滑块动态地改变 *V* 和 *R* 的数值，然后计算并显示对应的电流值 *I*。用户界面如图 5-21 所示。

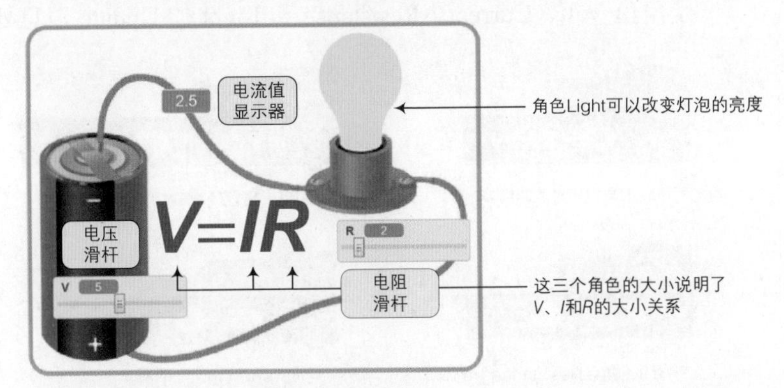

图 5-21：欧姆定律模拟实验的用户界面

电池电压（*V*）的滑杆范围为 0 到 10，电阻（*R*）的滑杆范围为 1 到 10。当用户使用滑块改变 *V* 和 *R* 时，程序计算相应的电流值(*I*)。灯泡的亮度随着电流值的变化而改变：电流越大，灯泡越亮。用户界面中 *V*、*I*、*R* 字母的大小也会根据它们的值而改变。

总的来看，程序包含五个角色（电压角色 Volt、电流角色 Current、电阻角色 Resistance、等号角色 Equal 和灯泡角色 Light）和三个变量（V、I、R）。图 5-21 的其他部分（电池、导线、灯座等）都是舞台的背景。舞台中的脚本驱动其他脚本的运行，如图 5-22 所示。

图 5-22：欧姆定律模拟实验的主脚本

脚本初始化变量 V 和 R 的值后进入**重复执行**。每次执行时先使用变量 V 和 R 计算 I 的值（变量 V 和 R 的值是用滑块控制的），然后向其他角色广播一条消息通知它们更新角色的外观。图 5-23 展示了角色 Volt、Current、Resistance 和 Light 的 Update 消息处理程序。

字母*V*（角色Volt）的脚本

字母*I*（角色Current）的脚本

字母*R*（角色Resistance）的脚本

灯泡（角色Light）的脚本

图 5-23：Update 的消息处理程序

当接收到 Update 消息后，角色 Volt、Current 和 Resistance 根据当前数值改变自身大小（从原始大小的 100 到最大的 200）。角色 Light 根据不同的电流变量 I 的值执行**将虚像特效设定为**积木，这样便可以设定其透明度，使灯泡的效果看上去非常逼真。

试一试 5-3

打开欧姆定律模拟实验并运行，研究该程序是如何运行的。如果我们在角色 Light 的脚本结尾加上**将颜色特效增加 25** 会发生什么事情？实现这个改变并检测你的答案。你还有什么可以增强该程序功能的想法吗？

串联电路模拟实验

SeriesCircuit.sb3

第二个案例模拟串联电路，其中包括一节电池和三个电阻，用户可以通过滑块改变电压值和电阻值。流经电阻的电流以及电阻两端的电压使用大字显示。程序的界面如图 5-24 所示。（注意：界面中电阻上的色环与电阻的实际电阻值无关，这里只起装饰作用。）

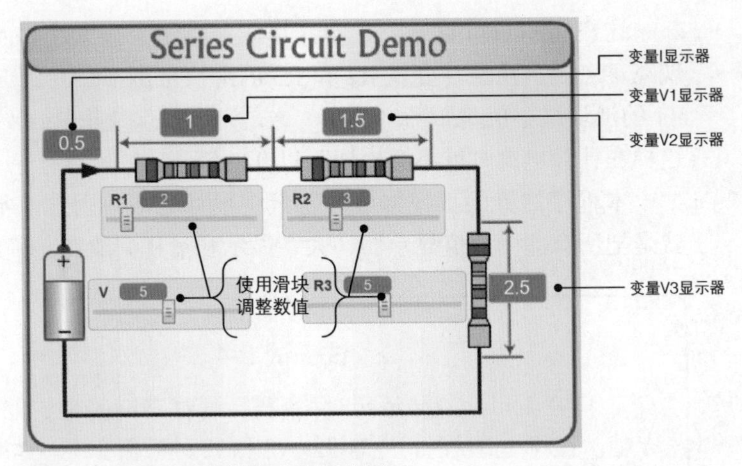

图 5-24：串联电路模拟实验的用户界面

该电路中的所有公式总结如下。总电阻等于三个电阻之和，电流等于电池的电压除以总电阻，每个电阻两端的电压等于电流乘以其电阻值。

$$总电阻：R_{tot}=R_1+R_2+R_3$$

$$电流：I=V\div R_{tot}$$

$$R_1\ 的电压：V_1=I\times R_1$$

$$R_2\ 的电压：V_2=I\times R_2$$

$$R_3\ 的电压：V_3=I\times R_3$$

该程序没有角色，仅在舞台中有一段脚本。当绿旗被单击时，舞台的脚本就开始执行，如图 5-25 所示。

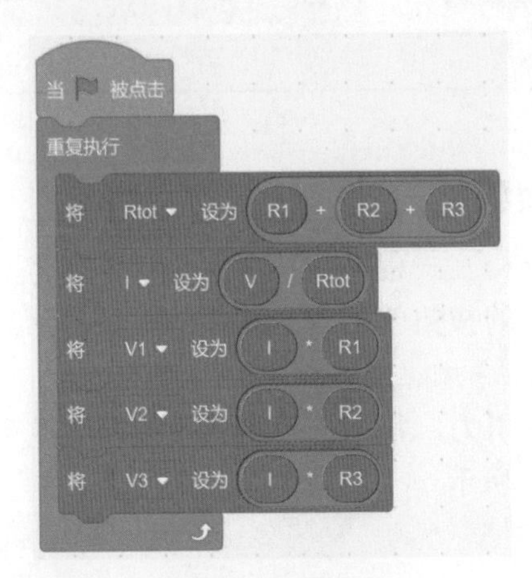

图 5-25：单击绿旗后脚本运行

这段脚本负责数学公式的计算，并将结果按大字显示的方式展现在舞台上。注意，变量 R2 和 R3 的滑块范围都在 0 到 10，但变量 R1 的滑块最小值是 1，而不是 0。这是为了确保变量 Rtot 始终大于 0，这样在计算电流时就不会出现除以 0 的错误。

本程序的界面都在舞台的背景中设计完成。因此，唯一要做的就是把所有的变量值显示器（大字显示和滑杆）放在正确的位置上。

试一试 5-4

SeriesCircuitWithSwitch.sb3

打开 *SeriesCircuit.sb3* 并运行，尝试不同的 R1、R2、R3 和 V 值。在移动滑块时，注意 V1、V2 和 V3 的数值变化。你发现 V1、V2、V3 之和与电池电压的关系了吗？在串联电路中电压的关系是怎么样的呢？另外，你还能添加一个如下图所示的新功能：开关。当开关未打开时，电路中没有电流。尝试根据下面的提示加入该功能。

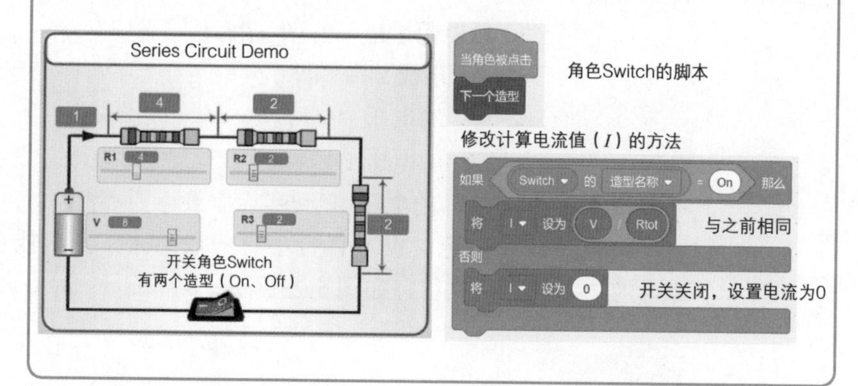

计算球体体积和表面积

Sphere.sb3

第三个案例是一个交互式程序，其功能是计算球体的体积和表面积。用户单击界面上的按钮就能改变球体的直径，然后程序就会自动计算并显示相应的体积和表面积。

为了让程序更有吸引力，我们在改变直径的同时改变球体的大小。用户界面如图 5-26 所示。

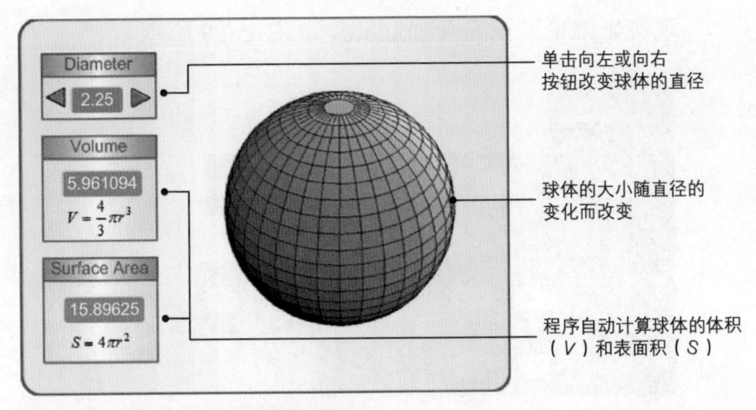

图 5-26：球体应用程序的用户界面

本程序包含三个角色：两个方向按钮（Up 和 Down）和一个球体（Sphere）。按钮被单击时会广播一条消息通知自身被单击，脚本如图 5-27 所示。

图 5-27：两个按钮的脚本

角色 Sphere 包含九个造型，分别代表直径为 1、1.25、1.5、1.75、…、3 的球体大小。当角色 Sphere 接收到 Up 或 Down 消息后，执行如图 5-28 所示的脚本。

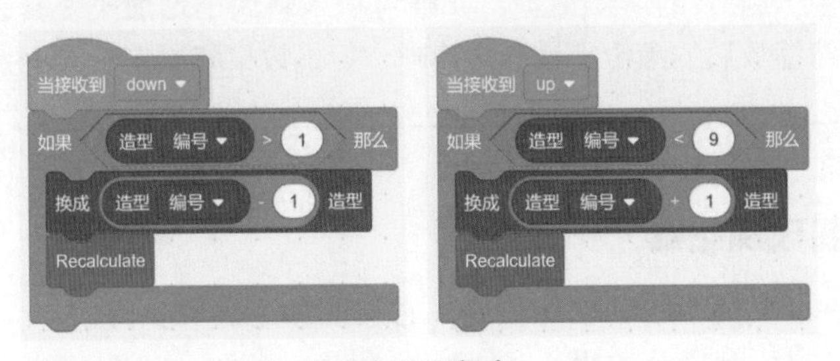

图 5-28：Down 和 Up 的消息处理程序

角色首先切换造型，然后调用过程 Recalculate 更新体积和表面积的数值。注意，脚本用当前造型的编号来确定是否已经到达了最大或最小的球体大小，这样程序才能正确地处理多次单击 Up 和 Down 按钮的行为。脚本中的**如果……那么**积木将在下一章中讲解，现在先讨论过程 Recalculate，如图 5-29 所示。

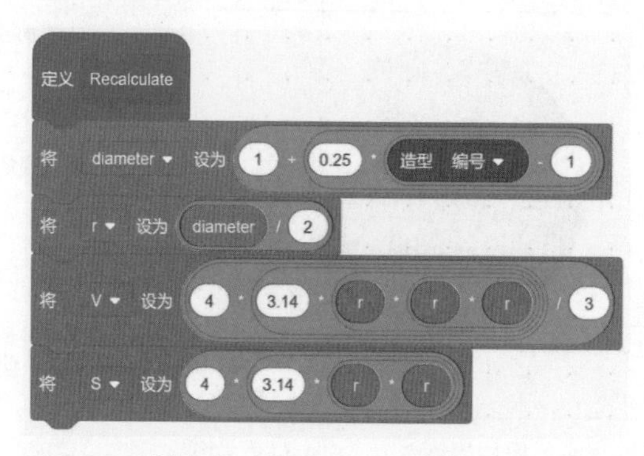

图 5-29：过程 Recalculate

首先，变量 diameter 的值由如下的公式确定。

diameter = 1 + 0.25 × (造型编号 – 1)

因为造型编号的范围是从 1 到 9，对应的变量 diameter 的值则为 1，1.25，1.50，…，2.75，3，这些数据正是我们需要的直径。

把直径除以 2 得到半径 *r*，然后使用图 5-26 中的公式计算体积和表面积。计算后的数值会自动显示在舞台的变量值显示器中。

试一试 5-5

打开程序并运行。尝试在角色 Sphere 中添加一段脚本，使程序在运行时球体不断地旋转并改变颜色。另外，尝试仅使用角色 Sphere 的一个造型，并结合积木**将大小增加**改变其大小。虽然缩放后的图像不是非常清晰，但是效果和原先差异不大。

N-LeavedRose.sb3

绘制玫瑰花瓣

本案例将绘制玫瑰花瓣。它按照如下步骤执行。

1. 定位到舞台的中心点。
2. 让角色面向特定的角度。通常用希腊字母 θ（theta）表示角度，因此设定一个名为 theta 的变量。
3. 将角色移动 *r* 步并绘制一个点，随后抬笔返回原点。
4. 微调角度值 theta（本例中是 1°）。重复执行第 2 到 4 步。

移动步数 *r* 和角度变量 theta 的值的关系如下。

$$r = a\times\cos(n\times\theta)$$

其中，a 是一个实数，n 是一个整数，分别代表玫瑰花的大小和花瓣的数量。余弦三角函数（cos）可在运算模块的**绝对值**积木中选取。只要 a 和 n 确定，那么使用不同的 theta 值便可计算出对应的 r 值，通过它即可进行绘制。本例的用户界面如图 5-30 所示。

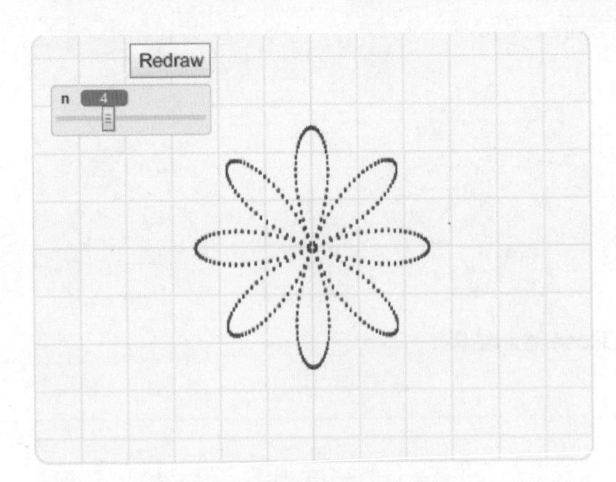

图 5-30：绘制玫瑰花瓣程序的用户界面

该程序包含两个角色：按钮角色 Redraw（重绘）和隐藏的绘图角色 Painter。用户滑动滑块控制花瓣的数量变量 n，单击 Redraw 按钮开始绘制。当角色 Painter 接收到按钮发出的消息后，执行图 5-31 所示的脚本。

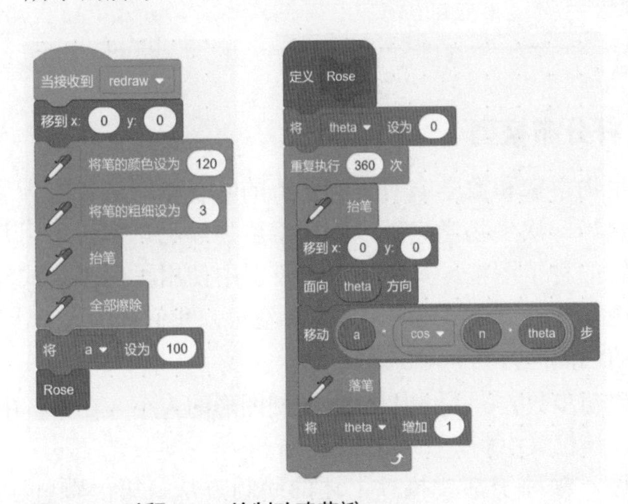

图 5-31：过程 Rose 绘制玫瑰花瓣

脚本首先设置画笔的颜色和大小，擦除舞台之前留下的笔迹。然后设置变量 a 为 100，并调用过程 Rose。过程重复 360 次，每次面向角度 theta 移动 r 步并绘制一个点，最后再将 theta 增加 1°，为下一次**重复执行**做好准备。

图 5-32 展示了不同的 n 值所绘制的玫瑰花瓣。你发现 n 与花瓣数量之间的关系了吗？

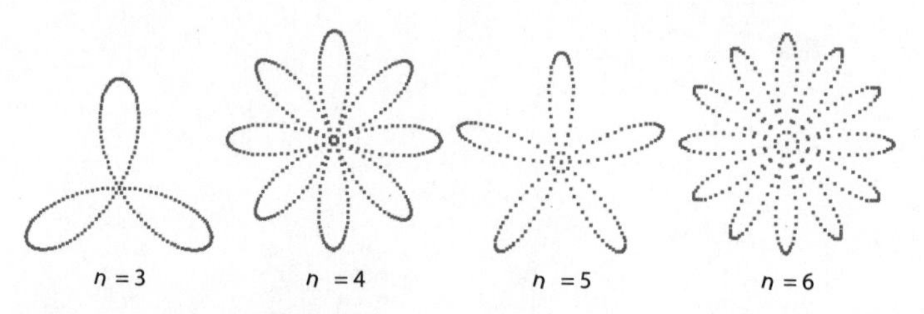

图 5-32：过程 Rose 绘制结果

> **试一试 5-6**
>
> 打开程序并运行，看看不同的 n 值对过程 Rose 的绘制结果有何影响。尝试添加一个滑杆，允许用户调整变量 a 值。你还可以根据自己的需要向过程 Rose 添加各种参数，如将 a 值或颜色作为参数。（添加参数的方法参阅第 4 章中的“给积木添加参数”内容。）

葵花籽分布模型

Sunflower.sb3

生物学家和数学家对植物茎上的叶子排列进行过大量研究。那我们也当一次生物学家，一起探索植物学吧！本例采用几何模型绘制旋转的种子图案。具体地讲，模型中使用了两个公式对葵花籽的分布进行建模。为了绘制第 n 颗葵花籽，我们执行如下步骤。

1. 角色面向方向 $n\times137.5°$。
2. 移动步数 $r=c\sqrt{n}$，其中，c 控制图形的大小（在本例中，c 为 5）。
3. 在该位置绘制一个点。

每一颗种子都要执行上述的绘制方法：第一颗种子设置 n=1，第二颗种子设置 n=2，以此类推。137.5° 决定了种子的分散程度。

如果你对这些公式和葵花籽的分布感兴趣，可以参考由 Przemyslaw Prusinkiewicz 和 Aristid Lindenmayer 著作的 *The Algorithmic Beauty of Plants* 的第 4 章内容。

程序的绘制结果如图 5-33 所示。

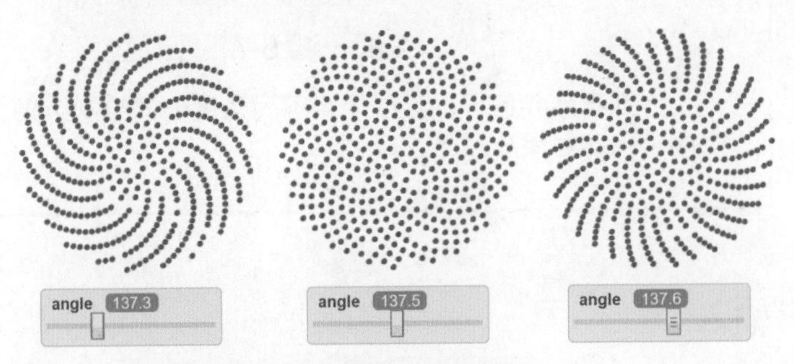

图 5-33：使用不同的角度值生成的葵花籽图案

本例的界面包含一个滑块和一个按钮。滑块用来改变角度值 angle，范围从 137° 到 138°，最小单位为 0.01°。按钮负责绘图。当用户单击按钮后，它便广播一条消息通知绘图角色 Painter，脚本如图 5-34 所示。

过程 Sunflower 重复执行 420 次，表示绘制 420 颗种子，你也可以自行指定。每次重复执行，角色 Painter 都会在第 *n* 颗种子的位置（通过计算种子的角度 ❶ 并移动 $c\sqrt{n}$ 步 ❷）上绘制一个点。最后增加种子编号 *n* 的值，为绘制下一颗种子做好准备。

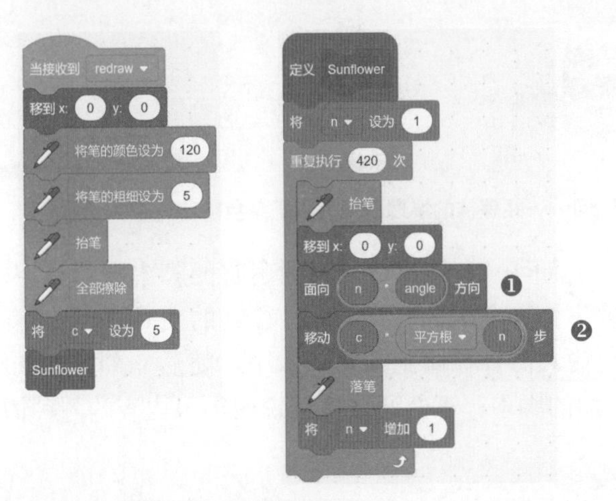

图 5-34：角色 Painter 的脚本

本节的五个案例均使用了变量值显示器。我们发现滑杆是一种非常直观有效的交互方式。下面学习另一种交互方式：使用脚本提示用户输入。

> **试一试 5-7**
>
> 打开程序并运行，尝试使用不同角度值的绘制结果。研究这段脚本增强程序的功能。

获得用户输入

GettingUserInput.sb3

假设有一个数学测试类的游戏，程序中角色提出一道加法算术题并要求玩家输入答案。如何才能获得用户的输入，从而判读回答正确与否呢？

我们使用侦测模块中的**询问……并等待**积木。它有一个给用户提示信息的字符串参数，提示通常是以疑问句的方式出现。注意，该积木的展现形式与角色隐藏或显示有关，如图 5-35 所示。若**询问……并等待**是由舞台发出的，那么询问会以图 5-35 最右侧的形式展现。

图 5-35：询问……并等待的展现形式取决于角色隐藏与否

当执行**询问……并等待**后，调用它的脚本会等待用户输入，直到用户按下回车键或单击输入框右侧的对钩图标。输入完毕后，Scratch 把输入内容存储到**回答**积木中，随后立刻执行**询问……并等待**积木之后的脚本。下面通过案例说明输入内容的各种情形。

读取数字

AskAndWait.sb3

如图 5-36 所示，脚本询问用户的年龄并等待用户输入，然后告诉用户 10 年后的年龄是多少。

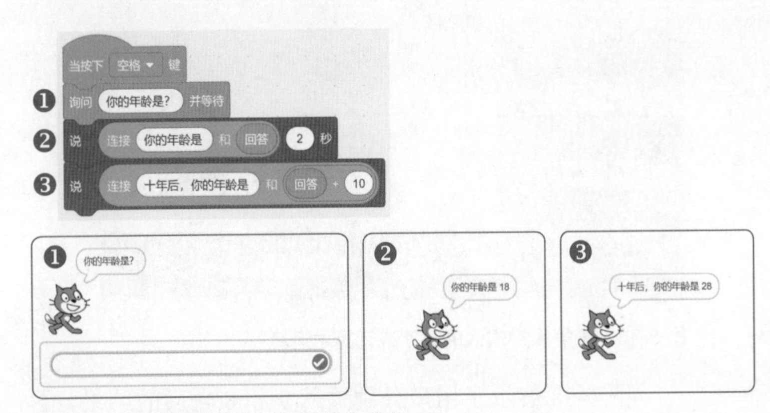

图 5-36：脚本接受用户的年龄作为输入

图 5-36 展示了当用户输入 18 并按回车键的结果。注意，程序使用**连接……和**积木（运算模块）将两个字符串连接在一起。

AskAndWait2.sb3

读取字符

图 5-37 所示的脚本根据用户姓名的首字母构造一句打招呼的话。

图 5-37：脚本使用两个变量保存用户的姓名首字母

程序使用两个变量（firstInitial 和 lastInitial）保存用户输入的内容。图 5-37 展示了用户分别输入字母 M 和 S 后的结果。注意，脚本使用**连接……和**积木构造了打招呼的内容。嵌套的**连接……和**积木可以创建各种各样的字符串。

AskAndWait3.sb3

执行算术运算

图 5-38 所示的脚本要求用户输入两个数字，并用**说**积木展示两个数乘积的结果。和上个例子一样，程序使用两个变量（num1 和

num2）保存用户的两次输入。

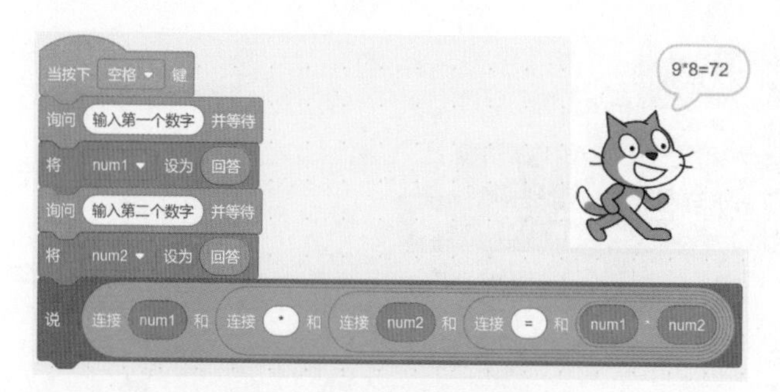

图 5-38：根据用户输入的数字进行算术运算

图 5-38 展示了用户分别输入 9 和 8 之后的结果。再次注意脚本使用了嵌套的**连接……和**积木构造输出字符串。

本节的三个案例说明获取用户输入的**询问……并等待**积木可以解决各种各样的问题。例如，解一元二次方程 $ax^2+bx+c=0$ 的根（其中 a、b、c 都由用户输入）或者检查方程的解是否正确。希望这块强大的积木能启发你解决其他的数学问题。

本章小结

变量是编程最重要的概念之一。它是一块可以存储信息的计算机内存区域，存储的内容包括数字或字符串等。

本章我们学习了 Scratch 支持的数据类型、数据类型之间的转换以及如何创建并使用变量保存数据。

我们还制作了许多使用变量值显示器的交互式程序。最后讲解了如何使用**询问……并等待**积木获得用户的输入。

下一章将学习非常重要的布尔数据类型。它可以实现分支结构并让程序更加智能，也就是我们多次见过的**如果……那么**和**如果……那么……否则**积木。卷起你的袖子，准备迈向更精彩的内容吧！

练习题

1. 创建一段脚本，实现如下步骤。

    - 设置速度变量 speed 为 60（公里每小时）。
    - 设置时间变量 time 为 2.5（小时）。

- 计算路程，将结果保存到路程变量 distance 中。
- 以适当的方式显示路程的计算结果。

2. 以下各脚本的输出结果是什么？创建脚本并运行，测试你的答案。

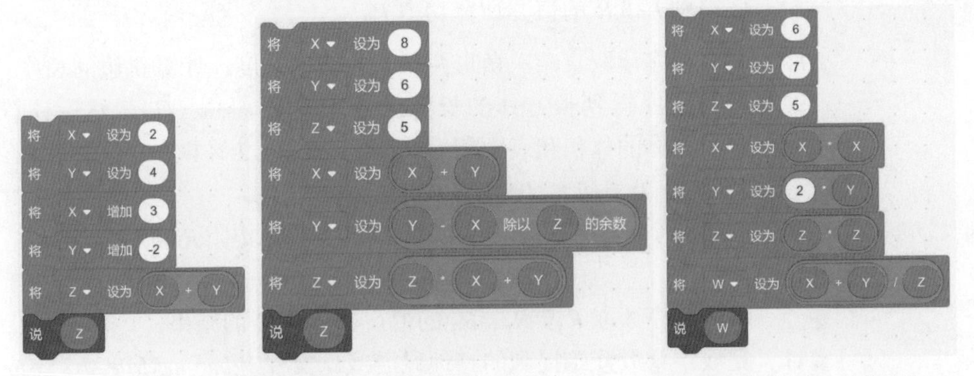

3. 每次重复执行结束时，变量 X 和 Y 的值分别是多少？创建脚本并运行，测试你的答案。

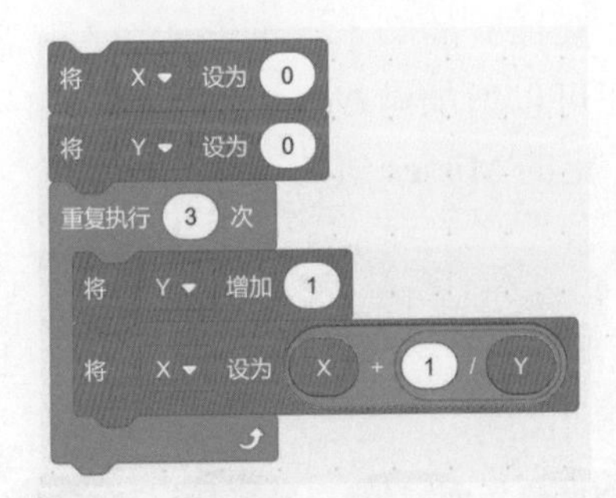

4. 假设已有变量 x 和 y，创建如下表达式。

- 5 加上 x 的结果存储到 y。
- 3 乘以 x 的结果存储到 y。
- x 除以 10 的结果存储到 y。
- x 减去 4 的结果存储到 y。
- x 的平方加上 y 的结果重新保存回 x。
- 设定 x 为 2 倍的 y 加上 3 个 y 的三次方的结果。
- 设定 x 为 y 的平方取相反数。
- 设定 x 为 x 加 y 的和除以 x 乘 y 的积。

5. 编写程序要求用户分别输入冠词、名词和动词。程序以“冠词……

名词……动词……”的形式输出。

6. 编写程序要求用户输入摄氏度，将其转换为华氏度之后展示给用户。（提示：华氏度℉ =(1.8× 摄氏度℃)+32。）
7. 当电流 I 经过电阻 R 时，电阻所消耗的功率 P 为 $I^2 \times R$。编写程序得到 I 和 R 的值并计算功率 P。
8. 编写程序读取直角三角形两条直角边的长度，计算斜边的长度。
9. 编写程序得到长方体的长（L）、宽（W）、高（H），然后计算出长方体的体积和表面积。（提示：体积 = $L \times W \times H$；表面积 = $2 \times [(L \times W)+(L \times H)+(H \times W)]$。）
10. 假设三个电阻（R_1、R_2 和 R_3）是并联的，则总电阻 R 满足如下公式。

$$1/R=1/R_1+1/R_2+1/R_3$$

Whac-a-Mole.sb3

编写程序读取 R_1、R_2、R_3 的值，并计算 R 的结果。

11. 完成本章最开始提到的打地鼠游戏。文件 *Whac-a-Mole.sb3* 完成了游戏的一部分。当绿旗被单击时，脚本随机把角色 Cat 移动到洞上。尝试给角色 Cat 和舞台分别加入一段修改变量 Hits（击中）和 Misses（漏掉）的脚本。再尝试加入声音特效让游戏更生动。你甚至还可以增加游戏结束的条件，如超过了总游戏时间或者达到了一定的 Misses 值。

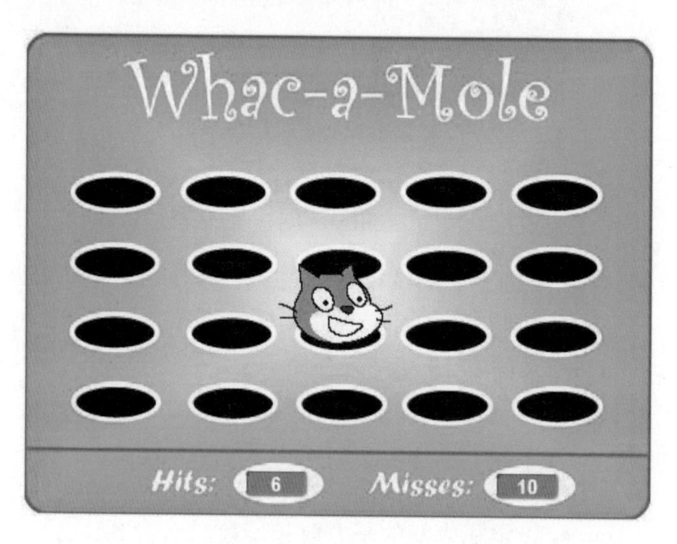

第6章

用逻辑做决定

本章我们学习比较数据、计算逻辑表达式以及使用这些结果在程序中做决定。随后使用它们做一些实用的案例。本章学习的内容如下。

- 解决问题的基本技巧
- 使用**如果……那么**和**如果……那么……否则**选择不同的行为
- 根据条件构造并求解逻辑表达式
- 使用分支语句控制程序流程

我们之前接触的程序执行模式很单一：首先执行第一块积木，然后执行下一块积木，直到脚本结束。积木是依次执行的，在顺序上没有任何变化。

但是在许多编程场景中，你可能需要改变程序执行的流程。例如，在测试算术题的程序中，当回答正确时，你需要一段特定的脚本给予奖励；当回答错误时，你需要另一段不同的脚本表示答案错误（可能是显示正确答案或者再给一次机会）。脚本的行为取决于用户的输入与正确答案的比较结果，这便是用逻辑做决定的含义。

在本章中，我们将学习 Scratch 中可以做决定的积木，然后使用它们测试用户的输入并执行不同的行为。

首先介绍 Scratch 的关系操作符，说明如何比较数字、字母和字符串。随后介绍**如果……那么**和**如果……那么……否则**积木，说明它们对做决定发挥的关键作用。接着介绍如何使用嵌套的**如果……那么**和**如果……那么……否则**积木测试多个条件，并使用这种结构制作以菜单驱动的程序。接下来讲解测试多个条件的另一种方法——逻辑操作符。最后将综合以上内容制作几个有趣的案例。

关系操作符

你每天都在做决定，不同的决定通常会引导你采取不同的行动。例如，当你的想法是“只要那辆车低于 2000 美元，我就买了”，你便会去询问那辆车的价格（price），决定买还是不买。

当然，Scratch 也允许做各种各样的决定。使用关系操作符就可以比较两个变量或者表达式的大小关系，即大于、小于或等于。关系操作符也叫作比较操作符，因为它用来比较两个值之间的关系。表 6-1 是 Scratch 支持的三种关系操作符。

表 6-1：Scratch 中的关系操作符

操作符	含义	举例
( ) > ( )	大于	price > 2000 价格大于 2000 吗？
( ) < ( )	小于	price < 2000 价格小于 2000 吗？
( ) = ( )	等于	price = 2000 价格等于 2000 吗？

布尔值的历史

19世纪的英国数学家乔治•布尔发明了仅使用1和0构成(或者真(true)和假(false)构成的逻辑系统，因此，使用布尔(Boolean)纪念他对逻辑运算的特殊贡献。布尔代数最终成为现代计算机科学的基础。

在现实生活中，我们无时无刻不在使用布尔表达式。例如，计算机使用它来决定到底执行程序的哪一个分支；机械手臂也需要布尔表达式，当它检查流水线上移动着的零件时，如果goodQuality(质量好)=true，则将零件移动到第一个盒子里，如果goodQuality=false，则移动到第二个盒子里；在家庭安全系统中，若输入了错误的代码，即correctCode(代码正确)=false，则警报声响起，若correctCode=true，关闭警报声；当你在超市购物刷卡时，若银行卡的状态是有效的(true)，则授权访问远程服务器，若状态是无效的(false)，则拒绝访问远程服务器；当汽车中的计算机检测到发生碰撞时(collision=true)，它便会下命令弹出气囊；当电池电量不足时(batteryLow=true)，你的手机就会显示一个警告图标，但若电量还不算太低时(batteryLow=false)，警告图标就会消失。

以上案例都说明了不同的布尔值让计算机采取了不同的行为。

注意，表6-1中的积木都是六边形的。正如第5章所讲，六边形意味着该积木的求值结果是非真即假的布尔值。因此，这种表达式也叫作布尔表达式。

例如，布尔表达式price<2000测试变量price的值是否小于2000。如果price小于2000，则整个积木的求值结果（或者说返回的结果）为true；否则返回false。因此，你可以用如下形式的语句构建决定条件：“如果price<2000，那么买车。”

在详细介绍**如果……那么**积木之前，让我们先通过一个简单的案例说明Scratch中的布尔表达式是如何求值的。

布尔表达式的求值

假设有两个变量 x 和 y，分别设置为 x=5、y=10。表 6-2 展示了 Scratch 关系操作符的使用案例。

这些案例揭示了关系操作符的使用要点。第一，比较的内容可以是独立的变量（如 x 和 y）或完整的表达式（如 2*x 和 x+6）；第二，比较的结果总是 true 或 false，即总是布尔值；第三，**x=y** 的含义并非“设置 x 为 y 的值”，而是“x 等于 y 吗？”。因此，当执行**将 z 设为（x=y）**后，变量 x 的值依然是 5。

表 6-2：关系操作符使用案例

积木	含义	z 的值（输出）	说明
将 z 设为 (x) < (y)	将 z 设定为 5<10 的结果	z= 真	因为 5 小于 10
将 z 设为 (x) > (y)	将 z 设定为 5>10 的结果	z= 假	因为 5 不大于 10
将 z 设为 (x) = (y)	将 z 设定为 5=10 的结果	z= 假	因为 5 不等于 10
将 z 设为 (y) > (2) * (x)	将 z 设定为 10>(2*5) 的结果	z= 假	因为 10 不大于 10
将 z 设为 (x) = (5)	将 z 设定为 5=5 的结果	z= 真	因为 5 等于 5
将 z 设为 (y) < (x) + (6)	将 z 设定为 10<(5+6) 的结果	z= 真	因为 10 小于 11

比较字符和字符串

假设我们正在设计一个猜字母的游戏，玩家需要不停地猜测，直到猜中 A 到 Z 中的某个字母。游戏首先会读取玩家猜测的字母，然后与正确的字母进行比较，最后根据字母表顺序告诉玩家继续猜测或者猜测正确。如果正确的字母是 G，而玩家输入了 B，游戏就告诉玩家“在 B 之后”，即正确的字母在字母 B 之后。如何将正确的字母与用户的输入进行比较，从而给出相应的提示信息呢？

Scratch 的关系操作符可以比较字母，如图 6-1 所示。Scratch 是根据字母表顺序进行字母大小的比较。由于字母 A 在字母 B 之前，因此表达式 A<B 返回 true。但是一定要注意，字母间的比较与其大小写无关，即大写字母 A 与小写字母 a 是相同的。因此，表达式 A=a 将返回 true。

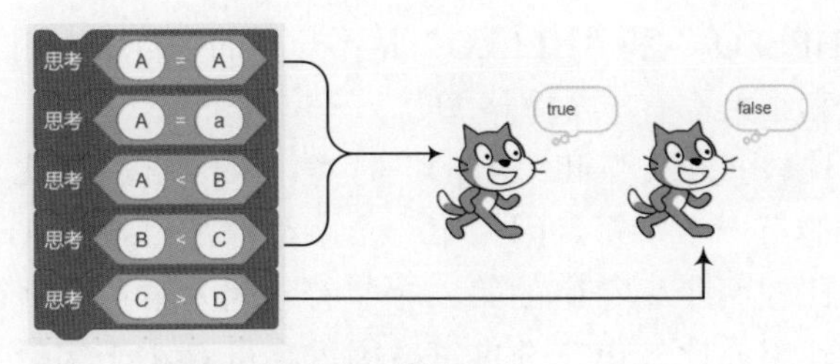

图 6-1：使用关系操作符比较字母

明白了如何比较字母后，我们就能使用如下的条件语句测试玩家的猜测内容。

如果（猜测的字母 = 正确的字母），那么 说 正确
如果（猜测的字母 > 正确的字母），那么 说 在猜测的字母之前
如果（猜测的字母 < 正确的字母），那么 说 在猜测的字母之后

所谓条件语句，是指这种格式的语句："如果条件为真，那么采取这种行为。"在下一节，我们再来学习如何使用 Scratch 实现条件语句，现在我们先关注这个猜字母的游戏。

如果正确的字母不是单个的，而是多个字母时会发生什么呢？例如，玩家猜测的是某种动物的名称，我们还能使用关系操作符比较字符串吗？当然是可以的。但是 Scratch 是如何比较类似 elephant > mouse 的表达式呢？图 6-2 说明了字符串的比较规则。

图 6-2：使用关系操作符比较 ❶ 完全相同的字符串，❷ 仅大小写不同的字符串，❸ 有额外空格的字符串，❹ 在字母序上不同的字符串

让我们来仔细分析图 6-2 中的各种情况。

- Scratch 比较字符时会忽略大小写。因此，它认为字符串"HELLO"与"hello"是相同的 ❷。
- Scratch 不会忽略空格，空格也参与了比较。因此，字符串

"HELLO"和"HELLO"是不一样的字符串，因为前者的开始和结束都有一个空格❸。

- 当比较"ABC"和"ABD"时❹，Scratch 首先比较两个字符串的第一个字符。因为第一个字符都是相同的 A，Scratch 继续比较两个字符串的第二个字符。因为第二个字符又是相同的，因此比较第三个字符。因为字母 C 小于字母 D（因为在字母表中 C 在 D 之前），Scratch 最终认为第一个字符串小于第二个字符串。

现在你知道布尔表达式 elephant >mouse 的结果了吗？虽然大象（elephant）比老鼠（mouse）的体积大很多，但是这个表达式求值的结果却是 false。这是因为根据 Scratch 的字符串比较规则，字母 e 位于字母 m 之前。

使用字母序比较或排列字符串在现实生活中是很常见的，如有序的目录列表、书架上的书籍、字典中的单词等。在字典中，单词 elephant 出现在单词 mouse 之前，Scratch 的字符串比较规则也给出了相同的答案。

我们已经理解了 Scratch 如何使用关系操作符比较数字和字符串，下面就来学习之前提到的条件语句吧！

分支结构

Scratch 的控制模块中的**如果……那么**和**如果……那么……否则**积木可以根据不同的条件做出不同的决定，从而控制程序的行为。它们是根据逻辑表达式采取行动的。本节会详细讨论这两块积木以及将变量作为标志的思想，然后介绍嵌套的分支结构，并使用它实现以菜单驱动的程序。

如果……那么积木

如果……那么积木是一个做决定的积木。它根据条件测试后的结果决定是否执行一段脚本。其结构和相应的流程如图 6-3 所示。

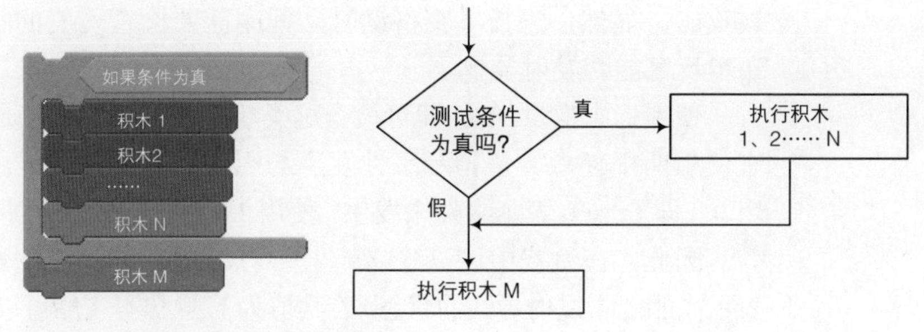

图 6-3：如果……那么积木的结构

图 6-3 中的菱形代表分支结构的测试条件，其结果为真或假（是或否）。若**如果……那么**积木的条件为真，那么在它执行其后的脚本之前（图中的**积木 M**）会先执行其内部主体的脚本（图中的积木 1、2……N）。如果条件为假，程序会跳过主体部分直接执行**积木 M**。

为了便于理解，我们建立并运行如图 6-4 所示的脚本。脚本使用**重复执行**移动角色、改变颜色特效，并且碰到边缘就反弹。

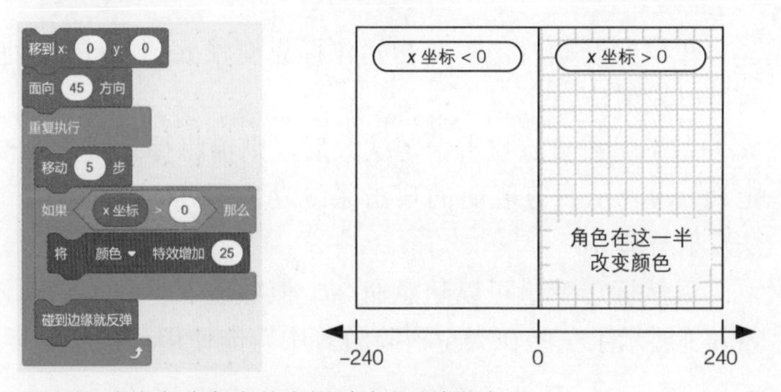

图 6-4：角色仅在舞台的右侧时才会改变颜色

脚本中的**重复执行**包含**如果……那么**积木，并在**移动 5 步**后检查角色的 *x* 坐标。如果 *x* 坐标大于 0，即处于舞台右侧，角色就会改变颜色。这是因为**将颜色特效增加 25** 仅在条件 **x 坐标大于 0** 为真时执行。

将变量作为标志变量

假设我们正在开发一款太空冒险游戏，其目标是摧毁敌方飞船。玩家扮演我方飞船的舰长，他使用方向键移动飞船，使用空格键发射导弹。如果玩家的飞船被敌方击中特定次数，飞船将失去攻击能力。这时按下空格键也不能再发射导弹，船长必须采取防御策略避免再被攻击。显然，当按下空格键时，程序需要检查飞船的状态，以此决定玩家能否发射导弹。

使用标志变量(flag)即可检查这类状态。标志变量本质上是变量，它使用两个任意数值指示事件发生与否的状态。在实践中，通常使用 0（即 false）表示事件未发生，使用 1（即 true）表示事件已发生。

因此，在游戏中可以建立一个名为 canFire 的标志变量，用它来表示飞船能否发射导弹的状态。若其值为 1，意味着飞船可以发射导弹；若为 0，则表示飞船不能发射。图 6-5 展示了处理空格按键的脚本。

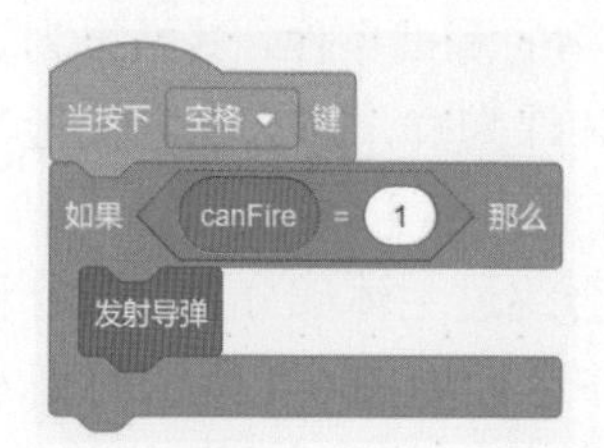

图 6-5：使用标志变量作为判断条件

在游戏开始时，需要初始化标志变量 canFire 的值为 1，表示飞船可以发射导弹。

当飞船被敌方攻击一定次数后，则需将标志变量 canFire 的值设定为 0，表示我方舰艇的攻击系统功能异常，这时按下空格键将无法发射导弹。

虽然标志变量可以随意命名，但建议名称体现出真 / 假的特点。表 6-3 展示了一些在太空冒险游戏中可能使用到的标志变量。

表 6-3：使用标志变量的案例

案例	含义及其可能的行为
将 gameStarted ▾ 设为 0	游戏还未开始，忽略所有按键的输入
将 gameStarted ▾ 设为 1	游戏已经开始，程序处理玩家的输入
将 gameOver ▾ 设为 0	游戏还未结束，显示游戏剩余时间
将 gameOver ▾ 设为 1	游戏已经结束，隐藏游戏剩余时间
将 fireDetected ▾ 设为 0	飞船还未被敌方攻击，警报声关闭
将 fireDetected ▾ 设为 1	飞船被导弹攻击，发出警报声

我们已经学习了**如果……那么**积木和标志变量，下面来学习另一个条件语句积木，它除了能执行条件为真的脚本，还能执行条件为假的脚本。

如果……那么……否则积木

假设某个数学类程序提出一个加法问题，如果学生回答正确，就加一分，若回答错误，则减一分。你可以使用两个**如果……那么**积木解决该问题。

```
如果 回答正确，那么 分数变量 score 加 1
如果 回答错误，那么 分数变量 score 减 1
```

此外，你还可以将两个**如果……那么**积木合并为一个**如果……那么……否则**积木，这样逻辑更简单，代码更高效。

```
如果 回答正确，那么
分数变量 score 加 1
否则
分数变量 score 减 1
```

如果条件为真，则执行**如果……那么**内的脚本。但若条件为假，则执行**否则**内的脚本。程序一定执行且仅执行两者之一。因此，两条路径的**如果……那么……否则**积木也称为双分支结构，而一条路径的**如果……那么**积木称为单分支结构。该积木的结构和流程图如图 6-6 所示。

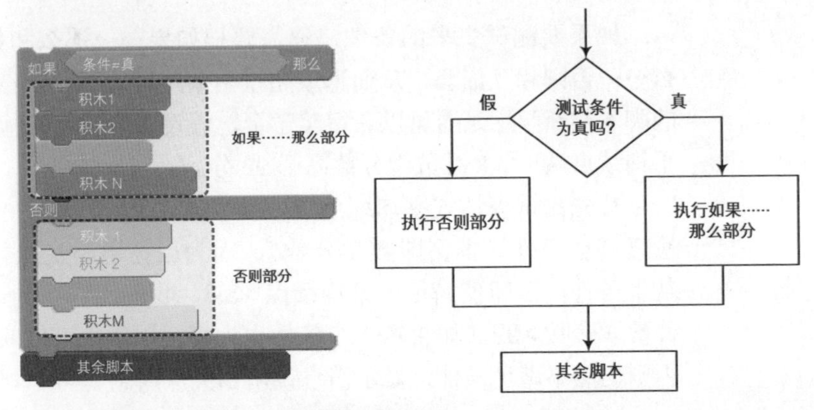

图 6-6：如果……那么……否则积木的结构

如何使用**如果……那么……否则**积木决定去哪里吃午饭呢？如

果经济条件允许，你可以去豪华餐厅，否则你只能吃些休闲食品。我们将你可以支配的金钱定义为availableCash。当翻看钱包时，你将检查布尔表达式**availableCash>$200**。如果结果为真（即超过200美元），则去高级餐厅，否则去最近的快餐店吃汉堡。

再展示一个案例，如图6-7所示。该案例使用了取余数操作，它返回两数相除的余数，这样便可得知用户输入的是偶数还是奇数。（偶数除以2的余数为0。）

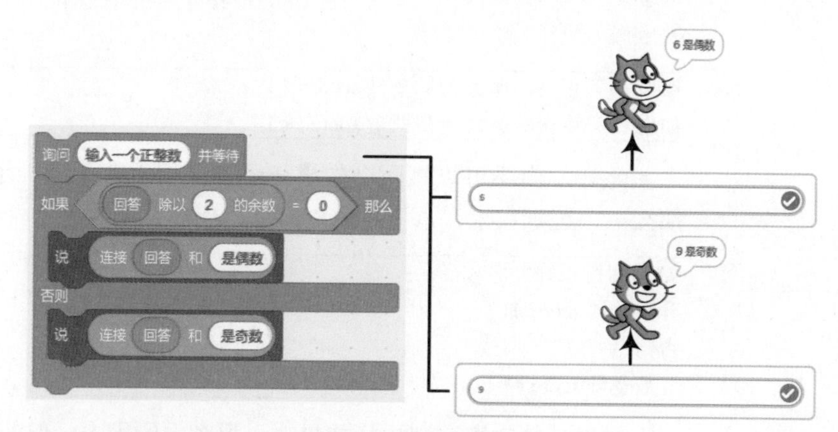

图6-7：该脚本判断用户输入的数字是偶数还是奇数

图6-7使用**说**积木展示了用户分别输入6和9的结果。你理解该脚本的原理了吗？

嵌套分支结构

如果要测试更多的条件，你需要把**如果……那么**和**如果……那么……否则**相互嵌套，从而形成超过两条路径的多分支结构。图6-8的脚本判断学生是否可以获得奖学金，假设必须满足的基本条件有：平均绩点高于3.8且数学分数高于92分。

首先测试表达式**平均绩点>3.8**。如果表达式为假，则不需要再检查其他条件（本例即数学分数），因为已经不满足获得奖学金的基本条件。但即使满足了**平均绩点>3.8**，我们还需要测试第二个条件**数学分数>92**。如果第二个条件也为真，则学生可以获得奖学金，否则仍然不满足条件，显示消息说明相关原因。

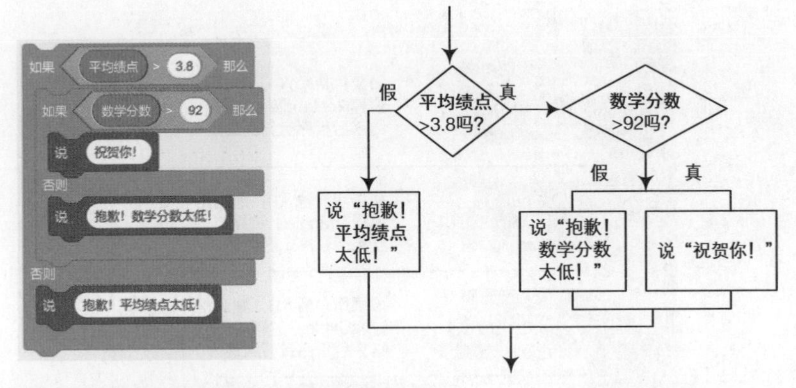

图 6-8：使用嵌套的分支结构测试更多的条件

菜单驱动程序

AreaCalulator.sb3

在实践中，程序常会列出菜单选项，并根据用户的选择来决定程序的行为，而这是非常典型的嵌套分支结构的场景。下面我们就来学习以菜单驱动的程序。

当程序开始运行时，它会显示一个列表（或者叫作菜单）等待用户输入选项对应的数字。这种程序通常会使用一系列的嵌套分支结构判断用户的输入和相应的行为。下面通过一个几何图形面积计算程序学习嵌套分支结构，界面如图 6-9 所示。

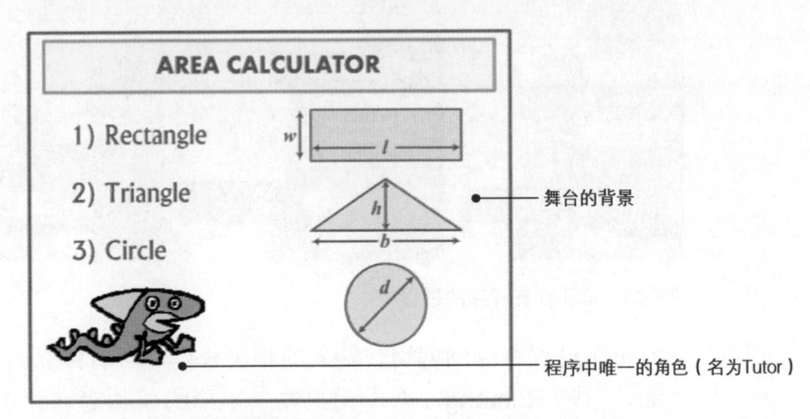

图 6-9：面积计算程序的用户界面

本程序的舞台背景展示了可选择的选项（即矩形、三角形或圆形）；角色 Tutor 询问用户的选择、执行计算并显示计算结果。其脚本如图 6-10 所示，单击绿旗即可开始运行。

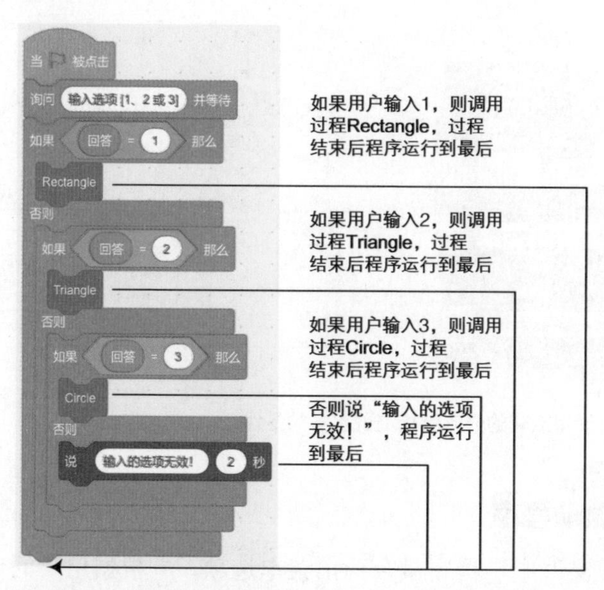

图 6-10：角色 Tutor 的脚本

角色 Tutor 询问并等待用户输入，然后使用三个**如果……那么……否则**进行处理。如果用户输入的是有效选项（即 1、2 或 3），脚本则调用相应的过程计算面积。否则脚本使用**说**积木告知用户输入的选项无效。计算图形面积的三个过程如图 6-11 所示。

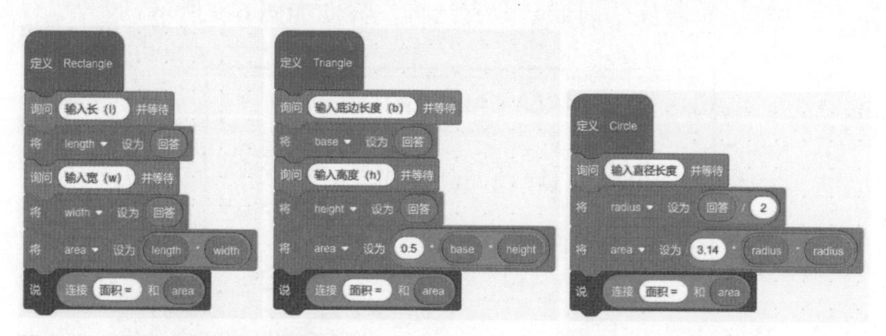

图 6-11：面积计算程序的过程

每个过程都会询问用户输入的相关长度，然后计算面积并显示。例如，过程 Rectangle 要求用户输入矩形的长和宽，分别保存到变量 length 和 width 中。然后将两者相乘得到面积值并显示。另外两段过程与之类似。

逻辑运算符

在之前，我们学习了使用嵌套的分支结构测试多个条件的方法。同时，你还可以使用本节介绍的逻辑运算符实现相同的效果。它可以连接两个或更多的布尔表达式，最终返回一个布尔结果。例如，逻辑表达式（x>5）与（x<10）是由布尔表达式 x>5 和布尔表达式 x<10 通过逻辑运算符（and）构成的。你可以把这两个布尔表达式视为操作符（and）的两个操作数，当这两个操作数均为 true 时，逻辑运算符（and）的结果才为 true。表 6-4 罗列了 Scratch 中的三个逻辑运算符及其含义。

表 6-4：逻辑运算符

运算符	含义
与	当两个布尔表达式都为 true 时，结果为 true
或	只要有一个布尔表达式为 true，结果就为 true
不成立	当布尔表达式为 false 时，结果为 true

下面我们就来逐一学习每个逻辑运算符。

与操作符（and）

与操作符有两个参数。如果两个参数均为 true，与的结果才为 true，否则返回 false。表 6-5 列出了它的所有可能的情况（这种表格也叫作真值表）。

表 6-5：与操作符的真值表

X	Y	X 与 Y
true	true	true
true	false	false
false	true	false
false	false	false

我们通过一个场景练习一下与操作符：若玩家在游戏的第一个级别中达到了 100 分，则再奖励 200 分。游戏的级别记录在变量 level 中，分数记录在变量 score 中。图 6-12 展示了两种实现条件测

试的方式：嵌套的分支结构 ❶ 和与操作符 ❷。

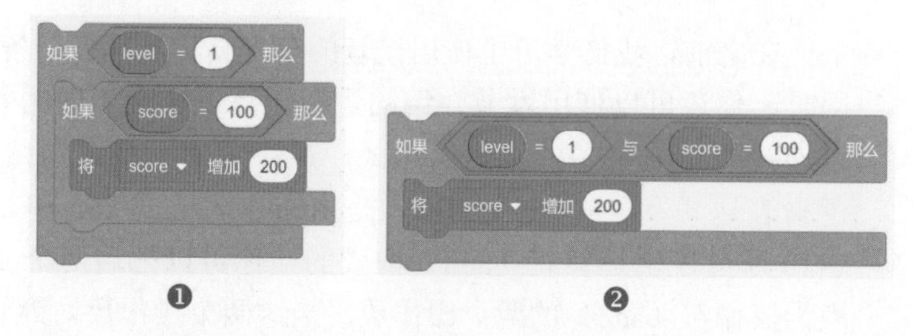

图 6-12：使用嵌套分支结构以及与操作符测试多个条件

上面两种方式是等价的，效果相同，即条件全部为真时，分数 score 才会增加。你是否也认为**与**操作符更加简洁呢？仅在 level 为 1 且 score 为 100 时，图 6-12❷ 中的积木才会执行。有任何一个条件为假，逻辑表达式则为假，故**将 score 增加 200** 就不会执行。

或操作符（or）

或操作符同样有两个参数。若任何一个参数为真，**或**操作符则返回真；仅当两个参数均为 false 时，它才返回假。表 6-6 是**或**操作符的真值表。

表 6-6：或操作符的真值表

X	Y	X 或 Y
true	true	true
true	false	true
false	true	true
false	false	false

下面我们来演示**或**操作符。假设玩家需要在规定的时间内达到下一级别，同时玩家的精力值不断消耗。若玩家在规定的时间内未达到下一级别，或者未达到下一级别就耗尽所有的精力，游戏结束。游戏的剩余时间记录在变量 timeLeft 中，玩家当前的精力值记录在变量 energyLevel 中。图 6-13 展示了测试游戏结束的条件，左侧 ❶ 是嵌套分支结构，右侧 ❷ 是**或**操作符。

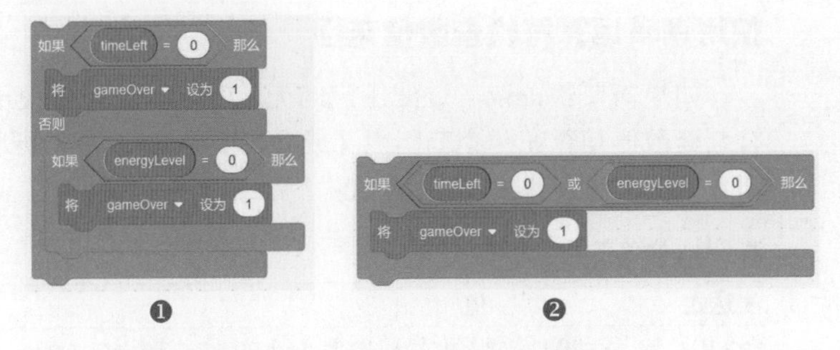

图 6-13：使用嵌套分支结构以及或操作符测试多个条件

或操作符是不是也很简洁呢？当变量 timeLeft 或者 energyLevel 的任意一个为 0 时，图 6-13❷ 中的积木就会执行。只有这两个条件均为假时，**或**操作符的结果才是假，游戏结束的标志变量（gameOver）才不会被设置成 1。

不成立操作符（not）

不成立操作符只有一个输入参数。当参数为假时，其结果为真，当参数为真时，其结果为假。其真值表如表 6-7 所示。

表 6-7：不成立操作符的真值表

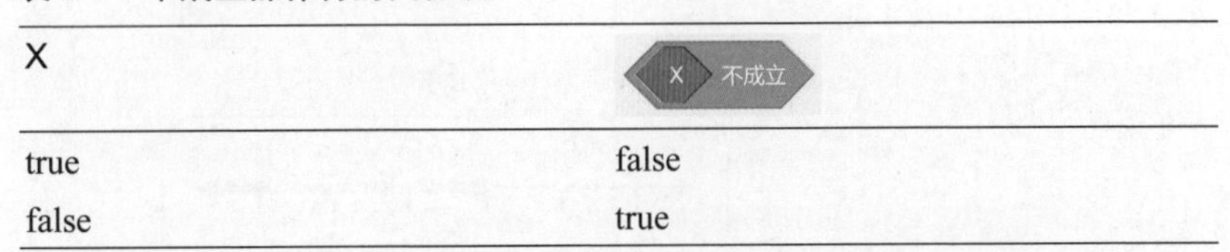

X	X 不成立
true	false
false	true

我们给之前假设的场景再加入一条限制：如果分数没有超过 100 分，则不允许进入下一级别。这时使用**不成立**操作符就很合适，如图 6-14 所示。你甚至可以直观地读出来："如果分数没有超过 100，则执行**如果……那么**内部的脚本。"

图 6-14：不成立操作符的使用案例

实际上，如果变量 score 的值等于 100 或小于 100，该表达式仍然是 true，**说**积木依然执行。因此，需要注意，表达式 score>100 **不成立**等价于 score ≤ 100。

使用逻辑运算符检查数值范围

如果需要验证或者过滤用户的无效输入，你可以使用逻辑操作符判断数值是否在一个范围内（或者范围外）。表 6-8 展示了一些判断数值范围的表达式。

表 6-8：数值范围表达式

表达式	值
（x>10）与（x<20）	当 x 大于 10 且小于 20 时，表达式为 true
（x<10）或（x>20）	当 x 小于 10 或者大于 20 时，表达式为 true
（x<10）与（x>20）	表达式永远为 false。因为 x 不可能既小于 10，同时还大于 20

尽管 Scratch 没有提供 ≥（大于或等于）和 ≤（小于或等于）操作符，但是你可以使用逻辑操作符将其实现。假如需要测试图 6-15❶ 的条件 x≥10。注意图中的实心圆表示范围包含了数字 10。

第一种测试方法如图 6-15❷ 所示。它首先展示了 x<10 的范围，注意空心圆表示该点所代表的值不在范围内。然后展示了对 x<10 取反（即 x 小于 10 不成立）后的结果等价于 x≥10。另外一种方法如图 6-15❸ 所示，显然，x≥10 意味着 x 大于 10 或者 x 等于 10。

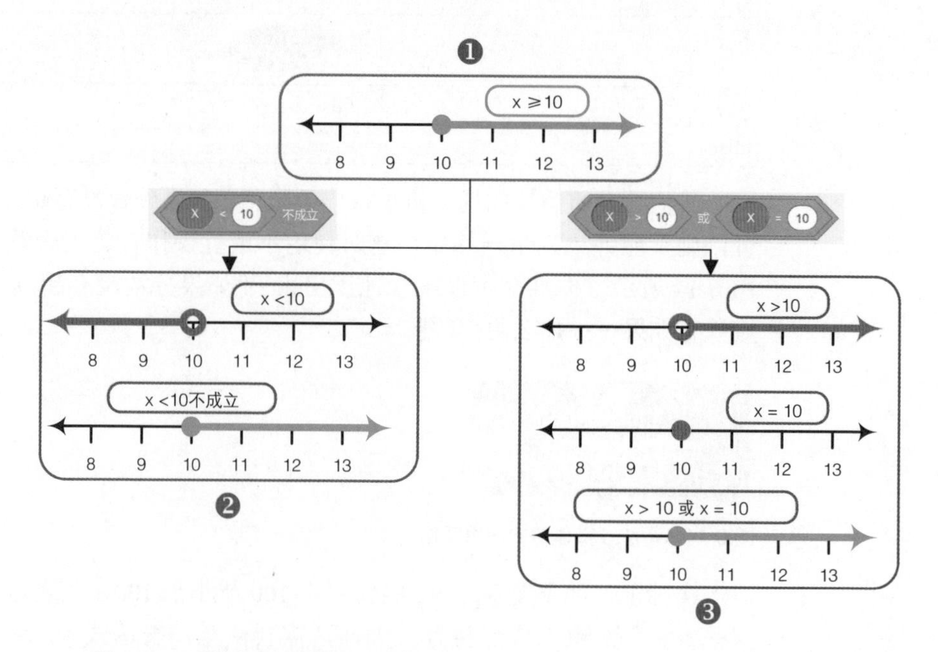

图 6-15：两种实现不等式 x≥10 的方法

比较小数

存储在计算机中的小数可能会丢失部分精度。因此，必须特别注意，当使用**等于**操作符比较小数时，其结果可能是不确定的。我们看如下案例。

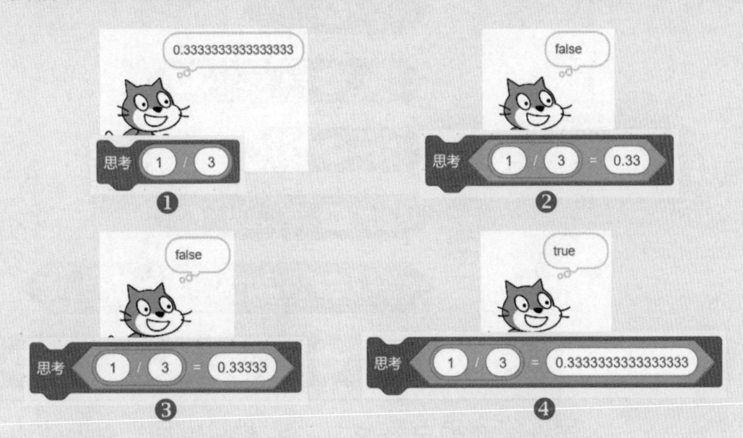

1 除以 3 的结果是“0.3333……”，是无限循环小数，而计算机使用有限的内存大小存储结果，因此它无法精确地存储分数 1/3 的结果，只能保存到小数点后特定的位数。Scratch 的计算结果显示为 0.3333333333333333❶，故前两个比较（❷和❸）的结果都是 false，而最后一个比较的结果是 true❹。

根据不同的编程场景，可以使用如下方式之一，来避免错误的比较。

- 尽可能使用**小于**（<）和**大于**（>）操作符替代**等于**（=）操作符。
- 先对比较的两个数使用**四舍五入**积木，再使用**等于**（=）操作符进行比较。
- 测试两个数字之差的绝对值。例如，测试 x 等于 y 可以转换为测试 x 与 y 之差的绝对值是否在可以接受的范围内，如下图所示。

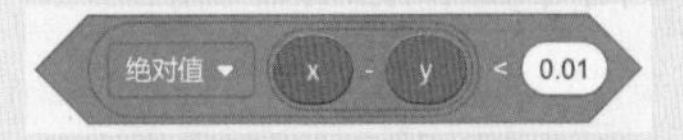

这种相对复杂的方式也可以满足你的需要。

表 6-9 展示了更多含有 ≥ 和 ≤ 的案例，它们都可以使用 Scratch 的关系和逻辑操作符来实现。

表 6-9：更多不等式的案例

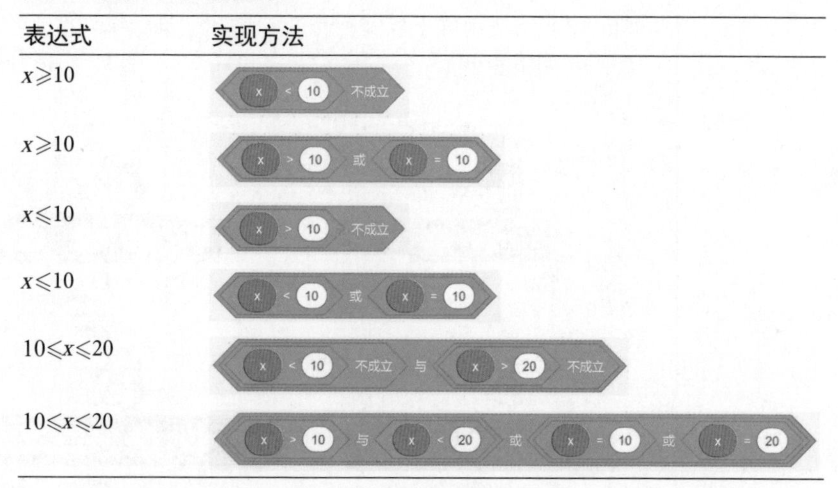

表达式	实现方法
$x \geqslant 10$	x < 10 不成立
$x \geqslant 10$	x > 10 或 x = 10
$x \leqslant 10$	x > 10 不成立
$x \leqslant 10$	x < 10 或 x = 10
$10 \leqslant x \leqslant 20$	x < 10 不成立 与 x > 20 不成立
$10 \leqslant x \leqslant 20$	x > 10 与 x < 20 或 x = 10 或 x = 20

至此，我们已经学习了关系操作符、分支结构和逻辑操作符。下面运用它们制作一些有趣好玩的项目！

Scratch 项目

本章的内容对于 Scratch 项目十分重要，希望它能带给你更多的创意和想法，也希望你能尝试实现这些项目，理解它们的运行原理，并不断完善其功能。

坐标猜测游戏

GuessMyCoordinates.sb3

本游戏让玩家猜测角色在坐标系中的位置。游戏中只有一个角色 Star，它表示舞台中的随机点，如图 6-16 所示。

在游戏运行后，角色随机移动到舞台的某一点并要求玩家猜测 x、y 坐标，然后检查玩家的输入，并给予相应的提示信息。角色 Star 的脚本如图 6-17 所示。

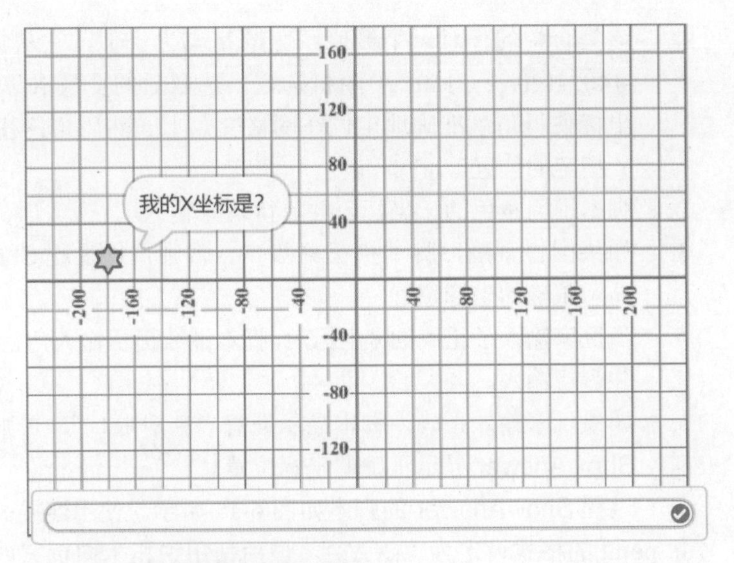

图 6-16：坐标猜测游戏的用户界面

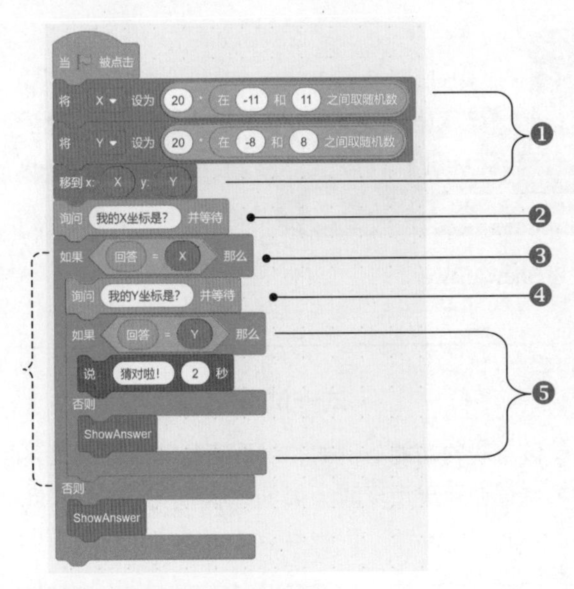

图 6-17：坐标猜测游戏的脚本

脚本使用了 X 和 Y 两个变量，它们负责存储角色的坐标位置。下面将逐一解释图 6-17 中各个数字编号所对应的脚本的含义。

1. 变量 X 的值从集合 {-220, -200, -180, ···, 220} 中随机选取。换言之，只需要在 -11 到 11 中随机选取一个数乘以 20，便可以得到该集合中的任意一个数值。变量 Y 与之类似，它从集合 {-160, -140, -120, …, 160} 中随机选取，选取后的变量 X 和 Y 定义的坐标使得角色准确地定位在网格交点上。然后角色移动到 X 和 Y 指定的位置。

2. 脚本询问角色的 x 坐标，并等待玩家输入。
3. 如果回答正确，脚本执行第四步。否则调用过程 ShowAnswer 显示正确的坐标位置。
4. 当玩家输入了正确的 x 坐标后，脚本继续提示输入角色的 y 坐标，并等待输入。
5. 如果玩家输入正确，脚本显示消息“猜对啦！”。否则调用过程 ShowAnswer 显示正确的坐标位置。

过程 ShowAnswer 的脚本如图 6-18 所示。使用**连接……和**将变量 point 的格式设定为“(X,Y)”，最后使用**说**积木向玩家展示正确的坐标位置。

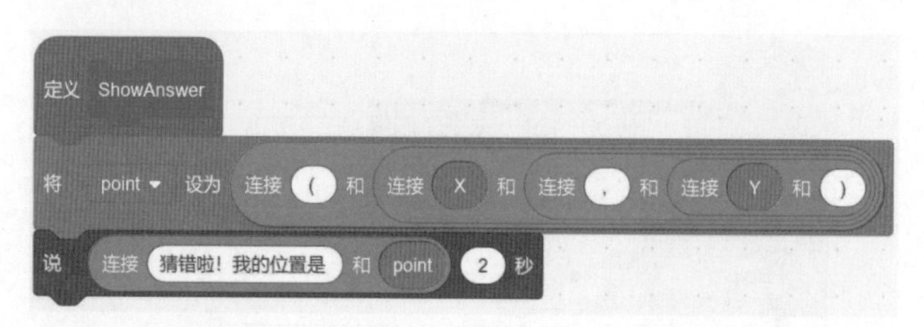

图 6-18：过程 ShowAnswer

> **试一试 6-1**
>
> 完善该游戏的功能。例如，当玩家猜测正确或错误时播放音效；自动运行而非单击绿旗；记录玩家的对错次数并显示相应的分数。

三角形分类游戏

Triangle Classification.sb3

如图 6-19 所示，三角形根据其边长可以分为不等边三角形（scalene）、等腰三角形（isosceles）以及正三角形（equilateral）。本例的游戏可以测验玩家对这个概念的理解。

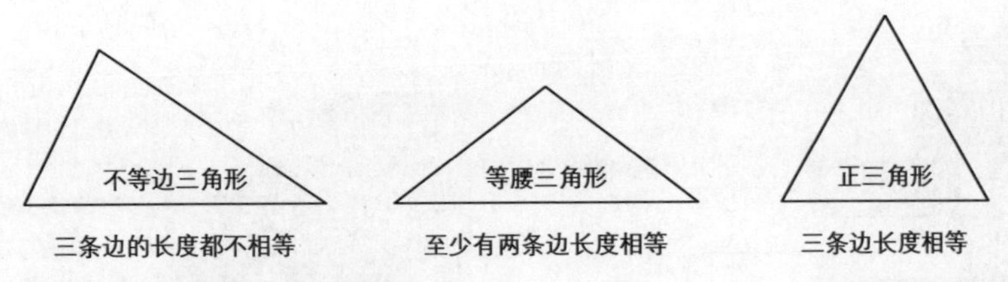

图 6-19：三角形根据边长分类

游戏在舞台上绘制一个三角形，并询问玩家该三角形属于哪种类型。游戏界面如图 6-20 所示。

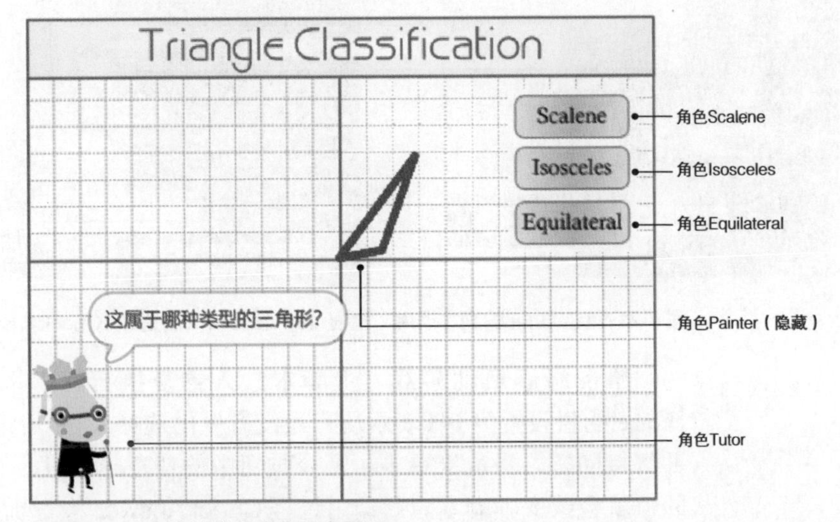

图 6-20：三角形分类游戏的用户界面

从图 6-20 可以看出，游戏包含五个角色，其中，角色 Scalene、Isosceles 和 Equilateral 表示玩家单击它们来选择答案的三个按钮。隐藏的绘图角色 Painter 用于在舞台上绘制三角形。

注意　本例在 Painter 的角色信息中设置了隐藏。当然，你可以在游戏开始时在脚本中加入**隐藏**积木。

角色 Tutor 驱动了整个游戏，它负责绘制某一种类型的三角形并询问玩家其类型。脚本如图 6-21 所示。

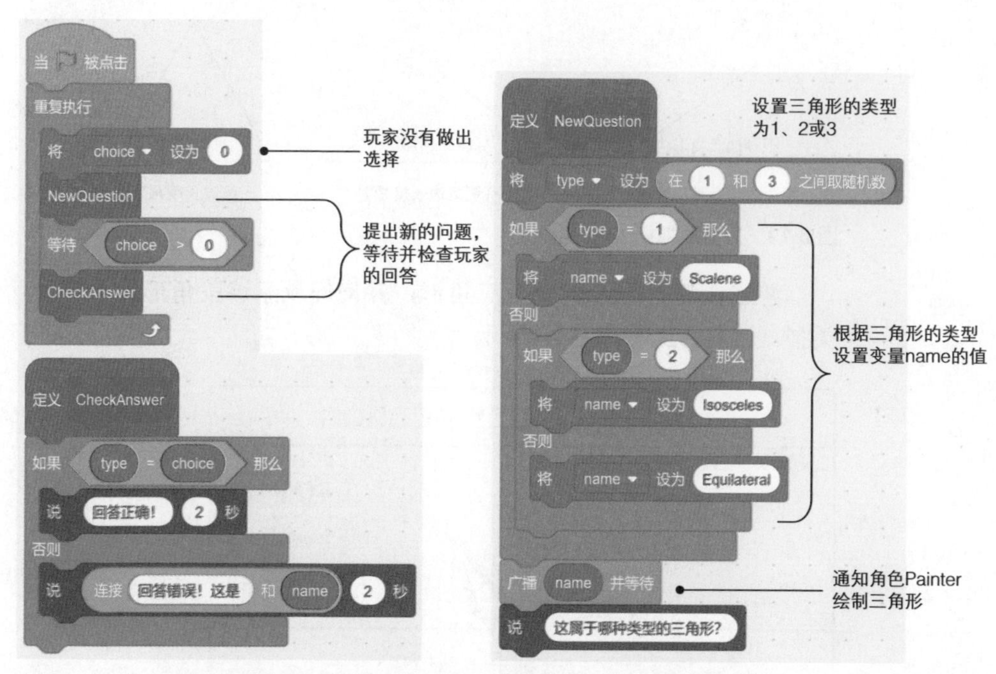

图6-21：角色Tutor的脚本调用了过程NewQuestion（右边）和CheckAnswer（左下部）

单击绿旗启动游戏，主脚本进入**重复执行**。脚本先将变量choice的值设置为0（表示玩家还没有做出选择），然后绘制三角形并等待回答。当玩家单击了三个按钮中的任意一个时，变量choice的值就会改变。脚本随后调用过程CheckAnswer检查玩家的选择，并给出相应的提示。下面我们看看脚本是如何运行的。

过程NewQuestion首先随机设置变量type的值为1、2或3，分别代表舞台上绘制的三种不同类型的三角形。然后根据type的值，使用两个**如果……那么……否则**积木设置变量name的值。变量name有两个作用：第一，指定广播的消息名称，告诉角色Painter绘制的类型（注意**广播……并等待**积木中使用变量name作为参数）；第二，在过程CheckAnswer中生成反馈信息。当角色Painter绘制完毕，过程NewQuestion使用**说**积木提示玩家选择三角形的类型。

角色Painter接收到消息后便开始绘制相应类型的三角形。为了让游戏富有变化，三角形的大小、方向和颜色都是随机的，如图6-22所示。

```
当接收到 isosceles
Setup
移动 side 步
左转 ↺ 10 * 在 3 和 11 之间取随机数 度
移动 side 步
移到x: 0 y: 0
```

```
当接收到 equilateral
Setup
重复执行 3 次
    移动 side 步
    左转 ↺ 120 度
```

```
当接收到 scalene
Setup
移动 side 步
左转 ↺ 10 * 在 3 和 9 之间取随机数 度
移动 side + 40 步
移到x: 0 y: 0
```

```
定义 Setup
移到x: 0 y: 0
面向 10 * 在 0 和 18 之间取随机数 方向
将 side 设为 在 30 和 70 之间取随机数
将笔的颜色设为 在 1 和 200 之间取随机数
将笔的粗细设为 5
落笔
全部擦除
```

图 6-22：角色 Painter 的脚本

询问玩家分类后，主脚本使用**等待**积木（来自控制模块）暂停脚本的运行，直到条件 choice>0 为真。单击按钮角色则会修改变量 choice 的值：按钮 Scalene 设置变量 choice 为 1，按钮 Isosceles 设置变量 choice 为 2，按钮 Equilateral 设置变量 choice 为 3。对应的脚本如图 6-23 所示。

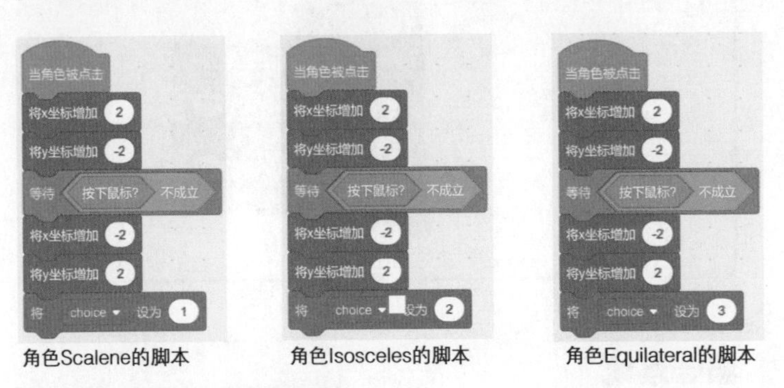

图 6-23：三个按钮角色的脚本

当单击按钮时，角色会先向右下移动，当鼠标弹起时，角色重新移动到原处，以此模拟按钮按下的效果。这个功能不是必需的，若不需要，可以删除。脚本随后设置变量 choice 的值，这样便可以区分玩家单击了哪个按钮。注意，三个按钮意味着需要三个不同的 choice 值才能区分。

在选择某种类型后，变量 choice 则大于 0，主脚本就会调用过程 CheckAnswer 比较变量 type（绘制三角形的类型）和 choice 的值（玩家的选择）。两者相同则说明玩家回答正确；否则认为玩家的回答错误，游戏提示正确的分类。

试一试 6-2

打开游戏并测试，理解脚本的运行过程，尝试加入如下功能。

- 计分功能。回答正确加一分，回答错误则减一分。
- 退出游戏的选项。
- 定义游戏结束的标准。例如，主脚本重复 20 次（而不是无限重复）或者答错 5 次后退出。
- 在游戏运行过程中给玩家一些奖励。例如，定义名为 specialNumber 的变量，在游戏开始时随机设置一个数字。当玩家回答正确的次数等于 specialNumber 时，奖励玩家分数、播放音乐或者讲一段笑话。
- 给按钮添加更多的特效。例如，给按钮添加如下脚本后，只要鼠标停留在按钮上，其颜色就会改变。

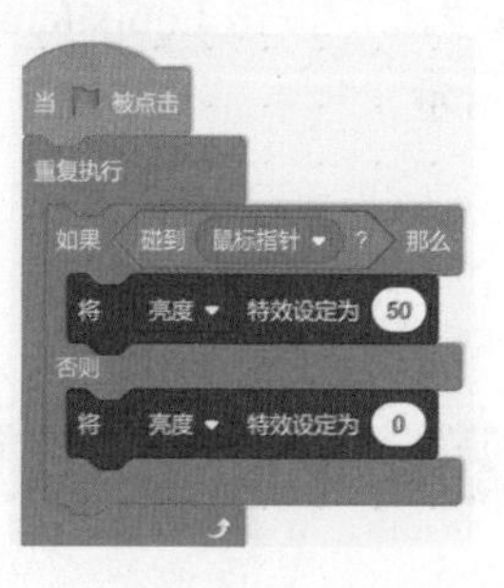

LineFollower.sb3

猫咪巡线

我们能让角色自动跟随一条路径移动吗？答案是肯定的！本例程序的用户界面如图 6-24 所示。如果仔细观察，你会发现图 6-24 中猫咪的鼻子和两只耳朵填充了不同的颜色。该图还展示了猫头部放大的图像。

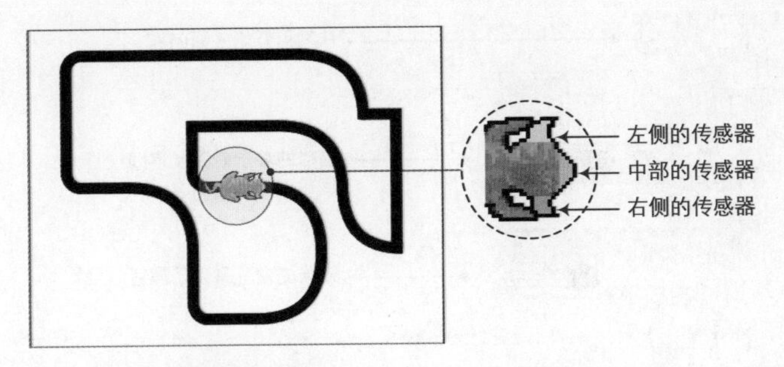

图 6-24：角色跟随线条移动

为了检测黑线的轨迹，我们将猫咪的鼻子和耳朵作为颜色传感器，同时使用启发式算法（它主要基于逻辑推理和试错实验）。

- 如果猫咪的鼻子（粉色）碰到了黑线，向前移动。
- 如果猫咪的左耳（黄色）碰到了黑线，则逆时针旋转，并缓慢向前移动。
- 如果猫咪的右耳（绿色）碰到了黑线，则顺时针旋转，并缓慢向前移动。

当然，移动速度（即移动步数）和旋转角度取决于具体的黑色线条，而且需要多次实验才能得到。图 6-25 所示的脚本实现了上述算法。

图 6-25 的脚本中使用了侦测模块中的**颜色……碰到……？**积木。该积木检测角色中的颜色（第一个颜色方块中指定）是否碰到了另外一种颜色（在第二个颜色方块中指定）。如果碰到则返回 true，否则返回 false。单击颜色方块，即可选取你想要的颜色。

> **试一试 6-3**
>
> 打开并测试游戏。尝试修改脚本中的参数，让其尽可能快地完成巡线。有人在 11 秒内完成一圈，你能超过这个记录吗？再尝试绘制黑线，看看这段巡线算法是否依然有效。

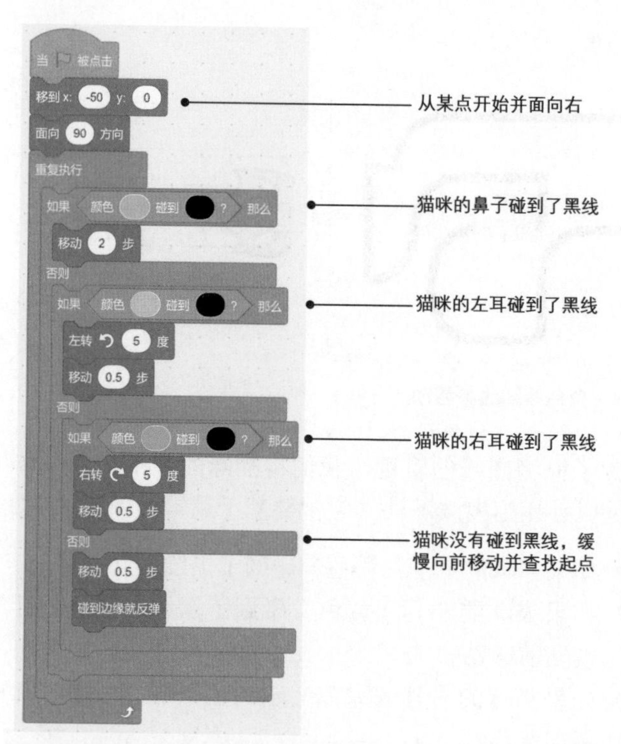

图 6-25：猫咪巡线的启发式算法

求解直线方程

EquationOfALine.sb3

直线方程 $y=mx+b$ 连接了点 P（x_1, y_1）和点 Q（x_2, y_2）。其中，直线的斜率为 $m=(y_2-y_1)/(x_2-x_1)$，b 是 y 轴上的截距。垂线的方程为 $x=k$，水平线的方程为 $y=k$，其中 k 是常数。本例的程序计算由两点构成的直线方程，用户界面如图 6-26 所示。

用户选取舞台上的两个点，程序便能自动计算并显示两点间的直线方程。程序包含四个角色：Point1 和 Point2 表示直线上的两个点；Drawer 是隐藏的角色，负责绘制两点之间的直线；Tutor 负责计算并显示直线方程。

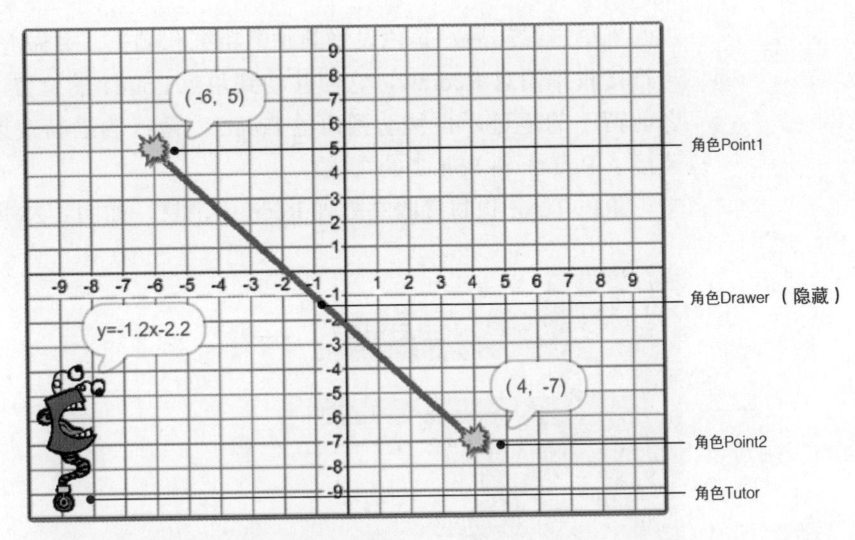

图 6-26：求解直线方程程序的用户界面

角色 Point1 与 Point2 类似，其脚本（此处未展示）都能将自身的坐标定位到网格的交点。当用户拖动角色 Point1 后，它会更新变量 X1 和 Y1（保存坐标值）的值，然后广播 Redraw 消息。角色 Point2 类似，它会更新变量 X2 和 Y2 的值并广播。四个变量（X1、Y1、X2 和 Y2）的取值范围均为 -9 到 9。更多的细节可以在文件 *EquationOfALine.sb3* 中找到。下面来看看角色 Drawer 的脚本，如图 6-27 所示。

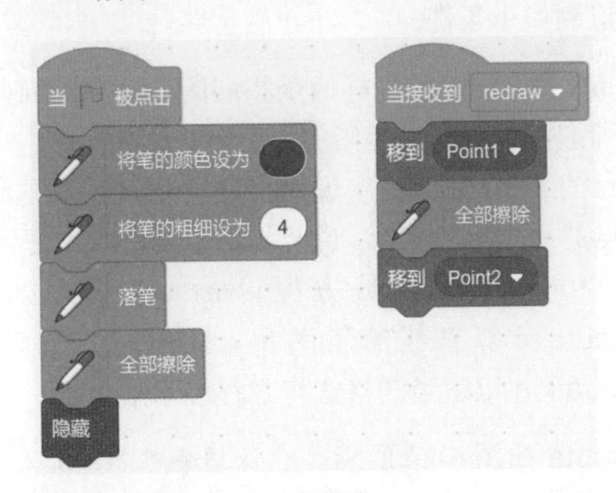

图 6-27：角色 Drawer 的脚本

当单击绿旗后，角色设置其画笔粗细和颜色，并做好绘制准备。一旦接收到消息 Redraw，它便移动到角色 Point1 的位置，擦除舞台之前留下的笔迹，再移动到角色 Point2。最终的绘制效果就是一条连接了 Point1 和 Point2 的直线。

角色 Tutor 也将接收并处理 Redraw 消息，如图 6-28 所示。

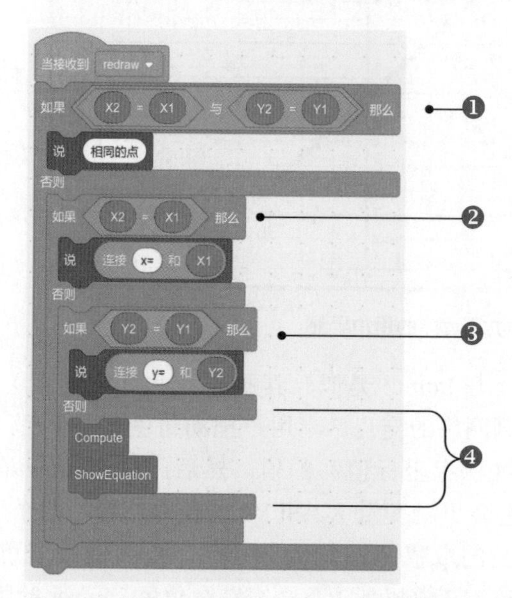

图 6-28：角色 Tutor 的 Redraw 消息处理程序

这段脚本检测如下条件。

- 如果Point1和Point2的坐标值是相同的，不可能绘制任何线条。因此，脚本提示信息“相同的点”。
- 如果两点的 x 坐标值相等，说明这是垂线。脚本提示 x= 常数。
- 如果两点的 y 坐标值相等，说明是水平线。脚本提示 y= 常数。
- 否则两点可以构成直线方程 $y=mx+b$。脚本首先调用过程 Compute 计算直线的斜率和 y 轴截距。然后调用过程 ShowEquation 以适当的格式将方程展示给用户。

过程 Compute 如图 6-29 所示。它计算斜率（m）和截距（b），随后将它们四舍五入到两位小数。

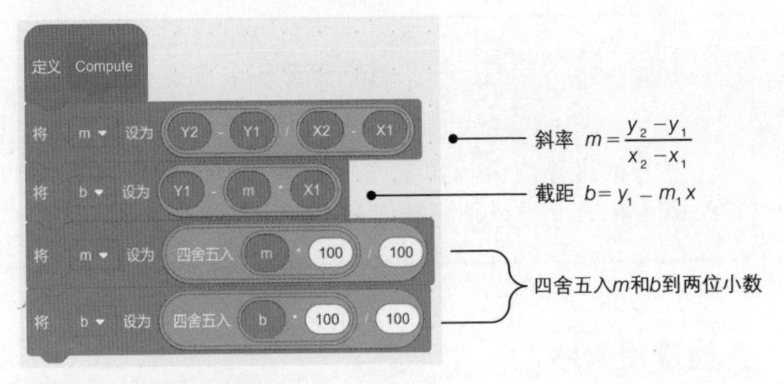

图 6-29：过程 Compute

过程 ShowEquation 如图 6-30 所示。它使用两个变量（term1 和 term2）和两个子过程将方程以适当的方式展现出来。

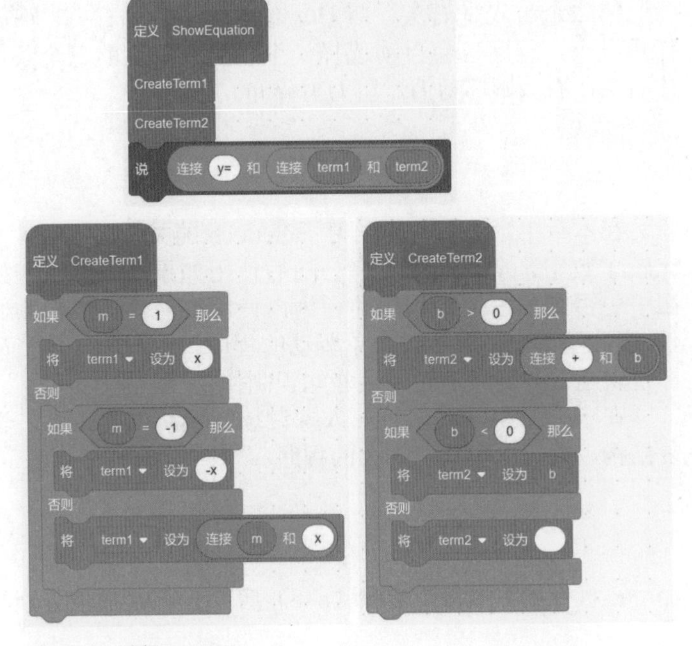

图 6-30：过程 ShowEquation

过程 ShowEquation 在构造直线方程式时，需要考虑如下特殊情况。

- 如果斜率为 1，term1 被设定为 *x*（而不是 1*x*）。
- 如果斜率为 −1，term1 被设定为 −*x*（而不是 −1*x*）。
- 给代表截距的 term2 添加正负号。
- 如果截距为 0，方程的最终格式应为 *y*=*mx*。

> **试一试 6-4**
>
> 打开并运行程序。拖动两个点角色到不同的位置，然后检查一下方程正确与否。尝试增加一个功能：若角色 Tutor 挡住了点 Point1 和 Point2，则将其移开。

其他应用程序

GuessMyNumber.sb3

本书的在线资源中还有两个补充游戏（可以到博文视点官网本书页面下载），供读者自行学习。第一个游戏叫作“guess my number”。程序随机选择一个 1 到 100 的数，玩家共有 6 次机会将其猜中，每次猜高或猜低游戏都会给予提示。

RockPaper.sb3

第二个游戏是石头、剪刀、布。玩家选择石头、剪刀、布中的任意一个，程序也会自动选择一个手势。取胜的三个条件是：布包住石头，石头砸坏剪刀，剪刀剪碎布。

本章小结

在本章中，我们首先学习了 Scratch 的关系操作符，并使用它们比较了数字、字符和字符串。随后使用**如果……那么**和**如果……那么……否则**积木控制程序的行为，使用嵌套分支结构测试更多的条件，在此基础上讲解了以菜单驱动的程序。然后学习了更简洁的方式，即逻辑运算符。最后运用这些知识制作了一些程序。

在下一章中，我们将深入探讨控制模块中的积木，学习各种重复结构，编写更多功能强大的程序。

练习题

1. 在执行如下的每个步骤（a~e）后，变量 W 的值分别等于多少？

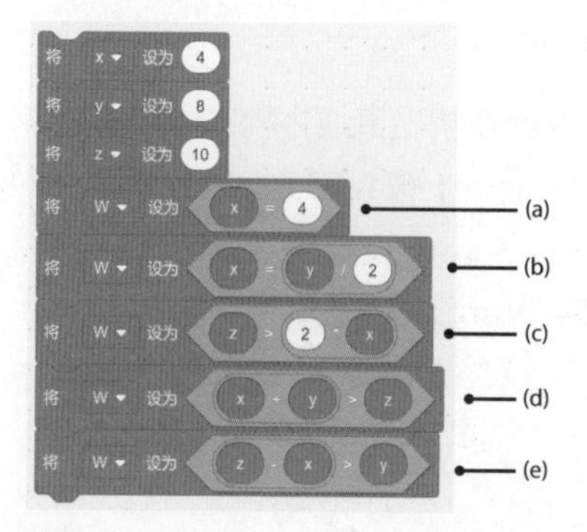

2. 使用**如果……那么**积木表达如下语句。

   a．如果 x 除以 y 的值是 5，那么设定 x 为 100。

   b．如果 x 乘以 y 等于 5，那么设定 x 为 1。

   c．如果 x 小于 y，那么设定 x 为 x 平方。

   d．如果 x 大于 y，那么将 x 增加 1。

3. 编写程序，提示用户输入 5 个分数，每个分数的范围在 1 到 10 分。程序统计出超过 7 分的数量。

4. 使用**如果……那么……否则**积木表达如下语句。

   a．如果 x 乘以 y 的值为 8，那么设置 x 为 1；否则设置 x 为 2。

   b．如果 x 小于 y，那么设置 x 为 x 平方；否则将 x 增加 1。

   c．如果 x 大于 y，那么将 x、y 都增加 1；否则将 x、y 减少 1。

5. 根据以下条件，指出该脚本的运行结果。

   a．x= −1, y= −1, z= −1

   b．x=1, y=1, z=0

   c．x=1, y= −1, z=1

   d．x=1, y= −1, z= −1

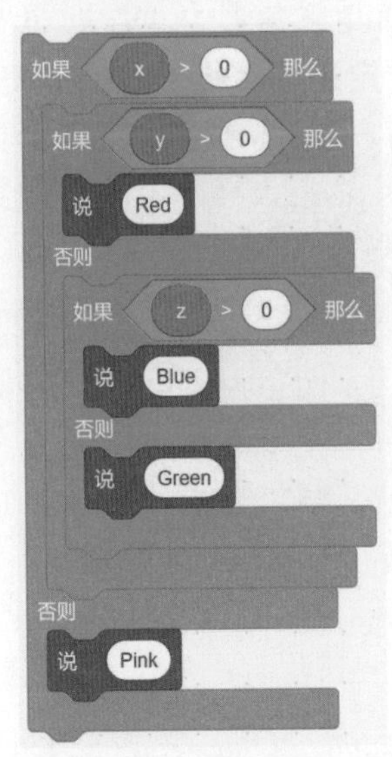

6. 编写程序，要求用户输入三个数字。然后程序输出最大值。

7. 某家公司销售五种产品，其零售价格如下表所示。编写程序，首先询问产品编号，再询问该产品的销售数量。程序计算并显示总价格。

产品编号	零售价格
1	$2.95
2	$4.99
3	$5.49
4	$7.80
5	$8.85

8. 使用逻辑操作符构造如下语句。

   a．分数 score 大于 90 分并且小于 95 分。

   b．回答积木的值要么是 y，要么是 yes。

   c．回答积木的值是 1 到 10 之间的偶数。

   d．回答积木的值是 1 到 10 之间的奇数。

   e．回答积木的值范围在 1 到 5，但不会是 4。

   f．回答积木的值是 1 到 100 之间的 3 的倍数。

9. 由三角不等式定理可知，三角形任意两边长度之和大于第三边。编写程序询问用户三条边的长度，然后告诉用户能否构成三角形。

10. 由勾股定理可知，在直角三角形中，若 a、b 是直角边长度，c 是斜边的长度，那么一定满足 $a^2+b^2=c^2$。编写程序询问用户三条边的长度，然后告诉用户能否构成直角三角形。

第7章

深入循环

所谓循环，即我们多次接触过的重复结构，本章将会详细学习它们。例如，创建循环积木、循环的嵌套结构和递归等。本章涉及的编程概念如下。

- 重复执行语句的循环结构
- 验证用户的输入
- 使用循环计数器控制循环
- 调用自身的递归过程

虽然许多人认为重复性的任务非常无聊，但计算机对此得心应手。重复结构（专业术语称为循环）告诉计算机重复地执行一条或多条语句。最简单的循环是确定型循环，它以特定的次数重复一系列语句。除了指定重复次数，确定型循环有时还表现为使用循环计数器进行控制。

本章还将学习一类循环是使用条件语句进行控制的不确定型循环，它们在某些条件成立之前会一直重复执行。最后一类循环叫作无限循环，它会永远重复执行。本章将详细学习 Scratch 的重复结构、停止积木（用来结束无限循环），以及用户输入的验证等。

本章还会讨论嵌套循环（循环中包含循环）、递归（过程自己调用自己，这是另一种重复执行的方式）以及相关案例。最后将探索多个使用循环和条件语句的有趣的程序，将循环与实际程序相结合。

循环结构

早在第 2 章我们就知道了循环积木能重复执行脚本。Scratch 支持三种类型的循环，如图 7-1 所示。

图 7-1：Scratch 的循环结构

我们之前多次使用过**重复执行……次**和**重复执行**，下面将介绍**重复执行直到**积木以及相关的术语。

循环积木每重复执行一次，我们则称其进行了一轮或一次迭代。迭代的次数使用术语循环计数表示。你熟悉的**重复执行……次**积木就是确定型循环，因为它的迭代次数是确定的。当我们可以确定迭代次数时，这种积木便是首选。例如，之前绘制多边形时，我们指定的边数即为迭代次数。

而**重复执行直到**积木为不确定型循环，因为它是根据条件测试的结果决定是否重复执行其内部的脚本。当事先不知道循环次数且直到某些条件成立之前希望一直循环时，我们通常使用该积木。使用它可以很自然地实现某些功能，例如，“重复执行**询问……并等待**，直到用户输入了正数”或者是“重复发射导弹，直到玩家的精力值低于某个值”。下面就随我一起探索不确定型循环吧！

重复执行直到积木

假设某游戏向玩家提出一道数学题，如果回答错误，游戏重新给玩家一次回答的机会。换言之，游戏会询问相同的问题，直到玩家回答正确。显然，此处使用**重复执行……次**积木不是非常合适，因为我们事先并不知道玩家要输入多少次，也许第一次就回答正确了，或者运气不好尝试了 100 次还是错的。这种情形使用**重复执行直到**积木就非常合适，其结构如图 7-2 所示。

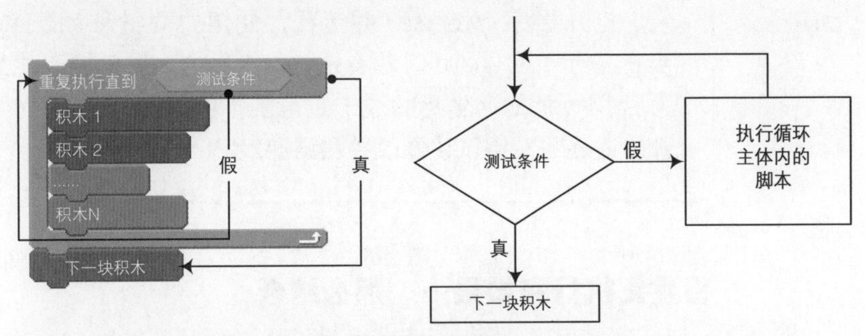

图 7-2：重复执行直到积木重复执行脚本直到测试条件为真

积木在迭代前先对布尔表达式求值。如果表达式结果为假，则执行循环主体内的脚本。当主体执行完后，积木再次对布尔表达式求值。如果表达式仍为假，主体再次被执行。只有当布尔表达式的结果为真时，迭代才会终止。此时，该积木不再执行主体部分，而是立刻执行其后的脚本。

需要注意，若循环之前测试条件的求值结果已经为真，那么其主体脚本将不会被执行。同样，除非测试条件改变为真（无论是在本循环内还是在其他脚本中改变了测试条件），否则**重复执行直到**积木无法结束，从而成为无限循环。

在图 7-3 所示的案例中，只要玩家角色 Player 与守卫 Guard 的距离超过 100 步，守卫 Guard 就在水平位置来回移动。如果两者距离小于 100 步，**重复执行直到**积木将会退出迭代，守卫则开始追逐玩家（图 7-3 未展示追逐的脚本）。积木**到……的距离**在侦测模块中。

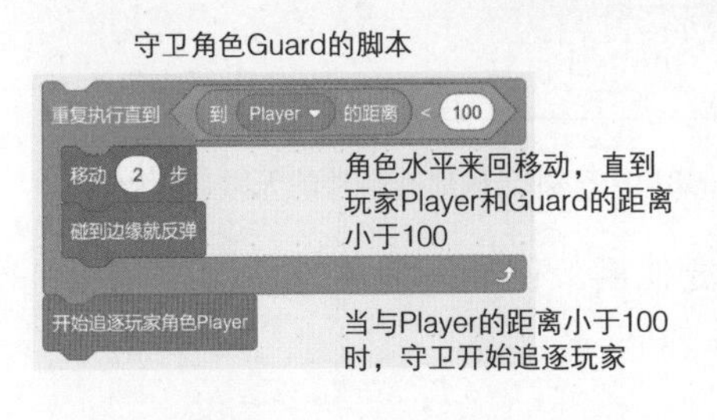

图 7-3：使用重复执行直到积木的案例

Chase.sb3

试一试 7-1

打开程序 *Chase.sb3* 并运行，使用方向键移动玩家 Player。当它靠近守卫 Guard 时看看是如何追逐的。如何把测试条件修改为若 Player 的 y 坐标超过一定范围（例如 −50~50）时 Guard 才开始追逐呢？尝试该修改并测试游戏。

将重复执行和如果……那么结合

无限循环在许多编程场景中都非常有用。例如，在之前的章节中，我们使用**重复执行**积木播放背景音乐，不断地切换造型实现动画效果等。**重复执行**不仅是无限循环，而且还是无条件的无限循环，因为它没有任何条件测试，也就无法控制何时结束无限循环。

然而，只需在其内部使用**如果……那么**积木便可以控制何时结束。因此，这种结构也称为有条件的无限循环，如图 7-4 所示。每次迭代脚本首先测试**如果……那么**积木的条件，仅当测试结果为真时才会执行其内部的脚本。注意，Scratch 在设计时已经假设**重复执行**积木是永远执行的，因此其后无法卡合其他积木。

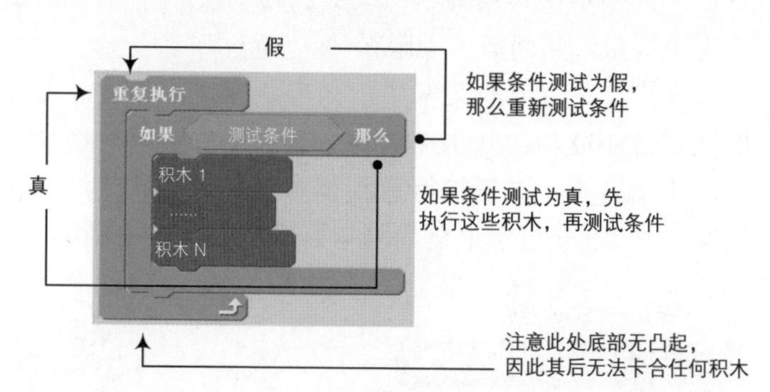

图 7-4：使用重复执行和如果……那么创建有条件的无限循环

这种结构被广泛使用。例如，使用方向键控制角色的移动，如图 7-5 所示。

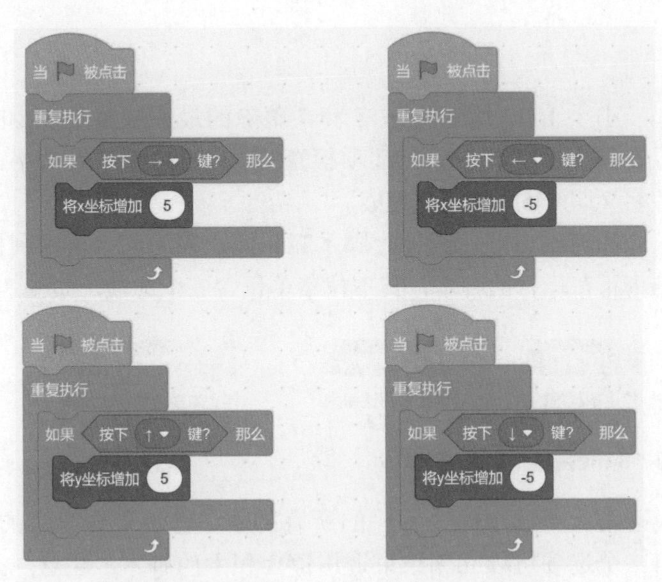

ArrowKeys1.sb3

图 7-5：使用方向键移动脚本，每段脚本负责一个方向键

当单击绿旗运行时，四个相互独立的无限循环就开始监视四个方向键。当按下任何一个方向键时，对应的循环就会改变角色的 x 或 y 坐标。

创建图 7-5 所示的脚本（或者打开文件 ArrowKeys1.sb3）并运行。注意，若同时按住向上方向键和向右方向键，角色会沿对角线移动，即向东北方向移动。尝试其他的方向键组合，看看角色如何移动。

试一试 7-2

下图展示了另一种使用方向键控制角色移动的方法。与图 7–5 相比，哪种方法更灵敏？如果同时按住两个方向键，下图脚本有何行为？尝试将图 7–5 中的四个**如果……那么**积木放入一个**重复执行**内，这时同时按住两个方向键，角色的行为有变化吗？

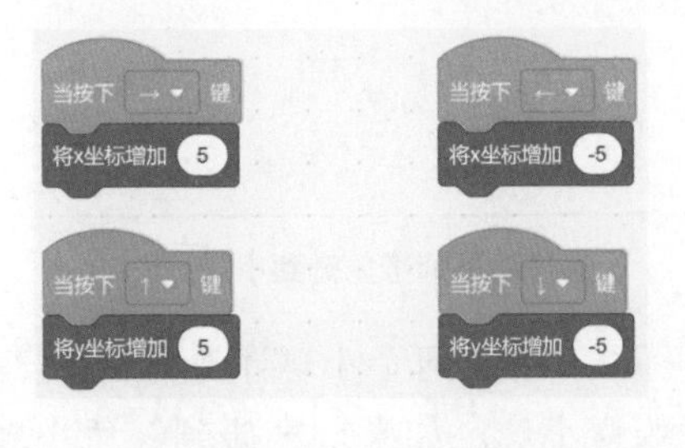

停止积木

小于 1000 且能被 3、5 和 7 整除的最大整数是多少呢？我们可以在循环中进行搜索，逐项检查 999、998、997 等数字。当发现该数字（即 945）时停止搜索。

如何结束循环或停止脚本呢？**停止**积木（来自控制模块）可以结束正在运行的脚本，其下拉菜单包含三个选项，如图 7-6 所示。

停止 全部脚本 ▾	停止 这个脚本 ▾	停止 该角色的其他脚本 ▾
停止本程序的所有脚本	停止调用该积木的脚本	停止本角色的所有脚本，但不包括调用该积木的脚本

图 7-6：使用停止积木结束脚本

第一个选项停止程序的所有脚本，等价于绿旗旁的红色按钮。第二个选项可以立刻结束调用**停止**积木的脚本。注意，当使用这两个选项时，**停止**积木下方不能再卡合其他积木。

StopDemo.sb3

第三个选项停止角色或舞台中的所有脚本，除了调用**停止**积木的脚本。通俗地讲，若角色包含 A、B、C 三段脚本，当脚本 A 调用了该选项的**停止**积木时，脚本 B 和 C 就会停止。我们来看一个简单的案例，如图 7-7 所示。

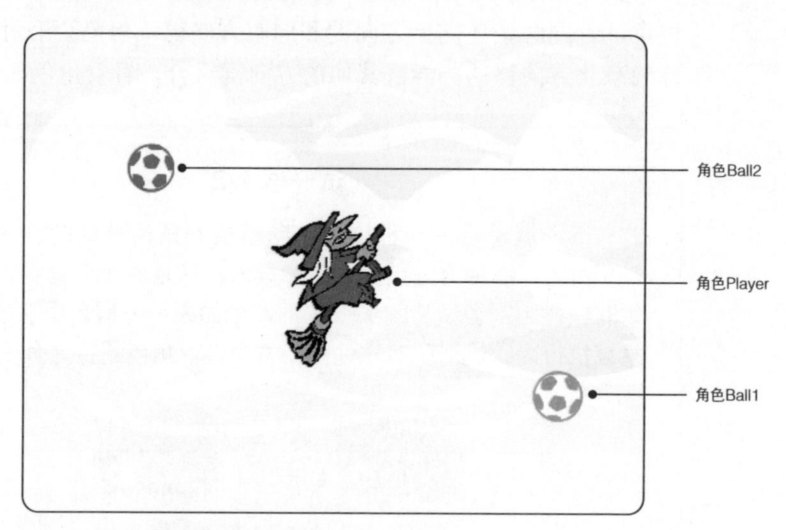

图 7-7：玩家移动巫师避免碰到小球

图 7-7 中的两个小球不断地追逐着巫师，玩家使用方向键移动巫师躲避小球。如果玩家碰到红色小球，游戏结束；如果碰到绿色

小球，它将停止追逐并加快红球的追逐速度，使巫师更难逃离红球的追赶。

移动巫师的脚本与图 7-5 类似，故不再展示。两个小球的脚本如图 7-8 所示。

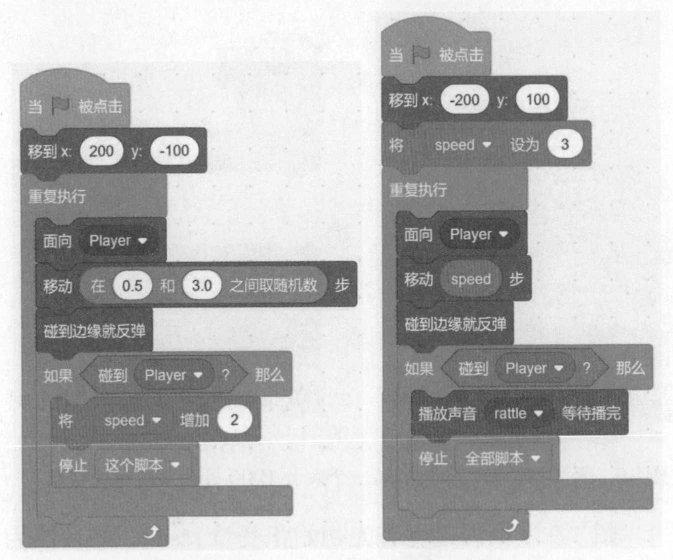

图 7-8：左侧是绿球的脚本，右侧是红球的脚本

当绿色小球碰到巫师时，它会增加变量 speed（用于设置红色小球的移动速度）的值，然后执行**停止这个脚本**。为了加快红色小球的移动速度，我们使用了**停止这个脚本**而非其他选项，因此，程序中其他脚本依然正常运行。然而，当红色小球碰到巫师时，它会执行**停止全部脚本**，这意味着停止了程序的所有脚本。

> **试一试 7-3**
>
> 正在运行的脚本有一圈金黄色的边。打开游戏并运行，分别观察当角色 Player 碰到绿球和红球时，图 7-8 的脚本黄边有何变化。

停止积木还可以用于退出过程，使其在执行时随时返回，下面我们就来学习这种用法。

结束过程调用

NumberSearch.sb3

要寻找第一个大于 1000 且是 2 的幂的数字，我们只需要编写一个过程迭代地检查 2^1、2^2、2^3、2^4 等即可。当找到这个数字时，我们希望程序显示答案并结束该过程。图 7-9 展示了两种实现方法。

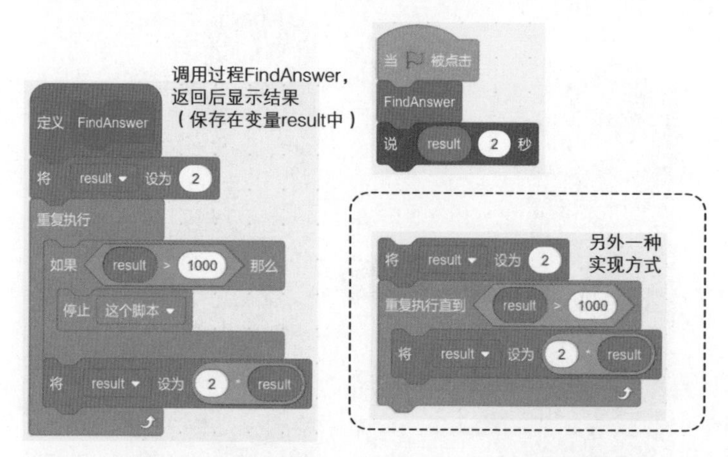

图 7-9：两种方法都可以找到第一个大于 1000 且为 2 的幂的数字

图 7-9 左侧的过程首先初始化变量 result 为 2，因为它是第一个被检查的 2 的幂。脚本进入无限循环搜索答案，每次迭代都会检查变量 result 的值。只要 result 超过 1000，**停止这个脚本**积木就会被执行，那么该过程也就随之停止并返回到调用该过程的脚本中。否则，若 result 小于或等于 1000，过程则执行**如果……那么**之后的脚本，即设定变量 result 的值为自身乘以 2，然后重新开始下一轮迭代。如果跟踪这段过程，你会发现在第一轮迭代时，**如果……那么**积木中的 result 值为 2，第二轮迭代为 4，第三轮迭代为 8，以此类推。一直持续到变量 result 的值超过 1000，此时过程停止并返回，使用**说**积木显示结果。

图 7-9 右侧脚本是另一种实现方法。我们使用**重复执行直到**积木，它会持续循环，直到 result 大于 1000。正如第一种实现方法一样，循环不断将 result 乘以 2，直到超过 1000。满足条件后退出循环，过程返回到调用脚本中。注意，这种方式没有必要使用**停止**积木。

停止积木还可以用于验证用户的输入，接下来我们看一个实际的案例。

验证用户输入

用户输入的数据一定要经过有效性验证后才能使用。实践中通常使用循环结构完成验证工作。如果用户输入的数据无效，程序显示相关的错误信息后要求用户再次输入。

假设某游戏只有两个级别，玩家只能选择其一进入游戏。在这种情况下，有效的用户输入仅为数字 1 和 2。如果用户输入了其他数字，程序要求玩家重新输入。图 7-10 的脚本实现了上述功能。

InputValidation.sb3

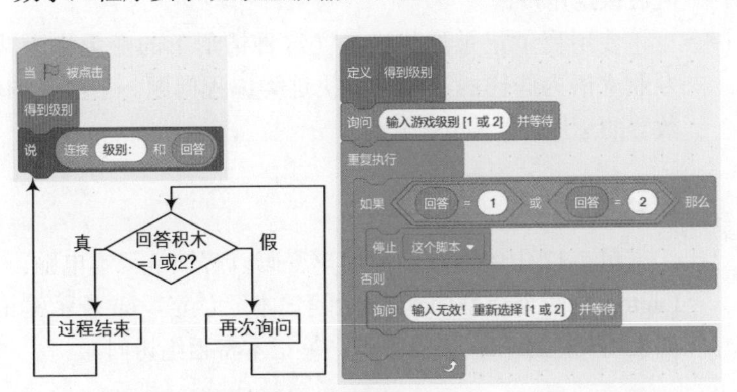

图 7-10：使用重复执行验证用户的输入

过程**得到级别**询问用户选择的级别，然后在**重复执行**积木中进行检查。如果用户的输入无效，脚本提示用户重新输入。如果用户输入的数据有效，过程执行**停止这个脚本**，然后结束。此时主脚本（就是一直耐心地等待着过程**得到级别**返回的脚本）向下执行**说**积木。图 7-11 展示了如何使用**重复执行直到**完成相同的功能。

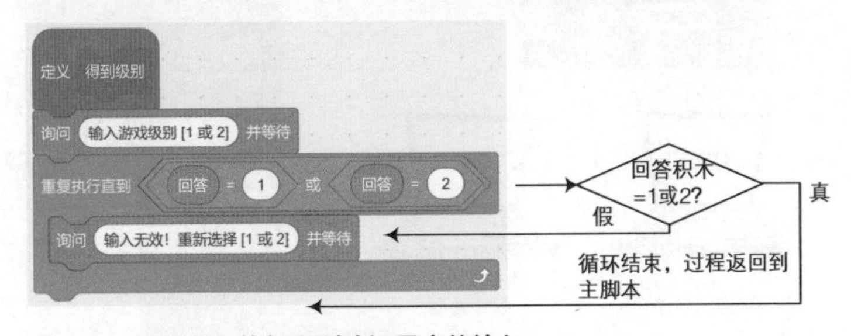

图 7-11：使用重复执行直到验证用户的输入

在图 7-11 中，过程首先询问用户的输入并等待回答。如果用户输入了 1 或 2，**重复执行直到**的条件测试为真，过程结束。若用户输入了无效数据，循环的测试结果为假，其内部的**询问……并等待**积木被执行，程序会再次要求用户输入，直到输入了有效值。再次注意，这种方式并不需要**停止**积木。

循环计数器

有时我们需要知道循环的迭代次数。举例说明，若用户只有三次输入正确密码的机会，你必须记录其输入错误的次数，当超过三次后锁定用户。

使用变量记录迭代次数（这种情形下的变量称为循环计数器，专业术语为迭代器）即可解决这类编程问题。下面我们看看循环计数器的运用。

密码验证

PasswordCheck.sb3

图 7-12 中的程序询问用户密码以解锁笔记本电脑。笔记本角色 Laptop 有两个造型：off 表示笔记本已锁定，on 表示笔记本已解锁。如果用户连续三次输错密码，笔记本将拒绝访问。

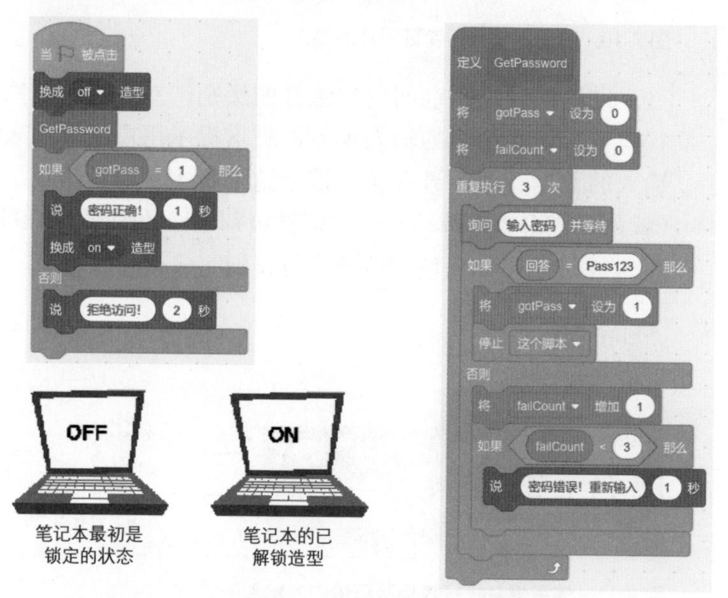

图 7-12：用户只有三次输入正确密码的机会

当单击绿旗启动程序时，笔记本角色切换到 off 造型，然后调用过程 GetPassword 进行用户认证。该过程在返回到主脚本之前会设置标志变量 gotPass 的值，它表示密码验证的结果。当过程返回后，**如果……那么……否则**积木检测标志变量 gotPass，从而决定是否有权限访问系统。如果 gotPass 为 1，意味着用户输入了正确的密码，脚本则使用**说**积木显示“密码正确！”随后切换造型为 on。否则显示“拒绝访问！”，造型依然是 off。

过程 GetPassword 首先设置标志变量 gotPass 为 0，表示现在还未收到正确的密码。然后初始化变量 failCount 为 0。它表示密码输入错误的次数，也就是本例中的循环计数器。脚本随后**重复执行 3 次**，因为本例中我们认为 3 次是最多的尝试次数。每次迭代前先要求用户输入密码。如果输入正确（本例中密码为 Pass123），脚本设置标志变量 gotPass 为 1，然后使用**停止这个脚本**积木结束本过程并返回到主脚本。否则，若用户还未用完三次机会，程序会显示一段输入错误信息，同时再给用户一次机会。若用户连续三次输入错误密码，**重复执行……次**结束，过程返回至主脚本，而标志变量 gotPass 的值依然为 0。

试一试 7-4

打开并运行程序。若在询问密码时我们输入的密码是 paSS123，而非脚本中标准的 Pass123，用户能否通过认证？这说明字符串的比较有什么特点？尝试使用**重复执行直到**积木实现过程 GetPassword。

灵活的循环计数

CountingByConstAmount.sb3

循环计数器通常是根据不同的场景和问题灵活变化的。例如，图 7-13 中 ❶ 的循环计数器每次增加 5，实现从 5 到 55 的计数。脚本 ❷ 的循环计数器每次减少 11，从 99 迭代到 0。换言之，每次迭代该循环计数器的值为 99，88，77，…，11，0。

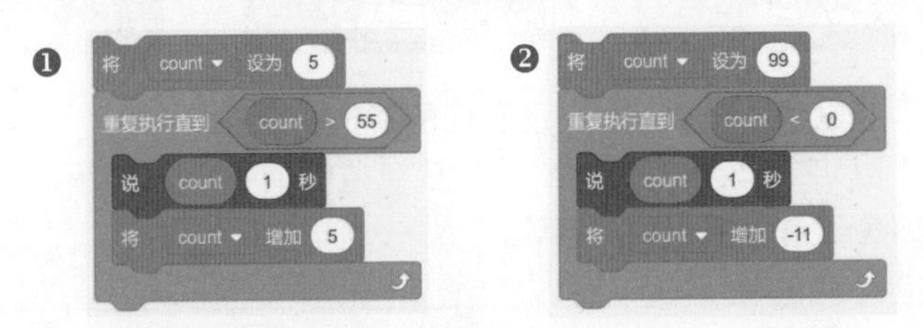

图 7-13：灵活地修改循环计数器

我们来看看这种灵活的方式能带来什么好处吧！图 7-14 的脚本计算 20 以内的偶数之和，即 2+4+6+8+……+20。

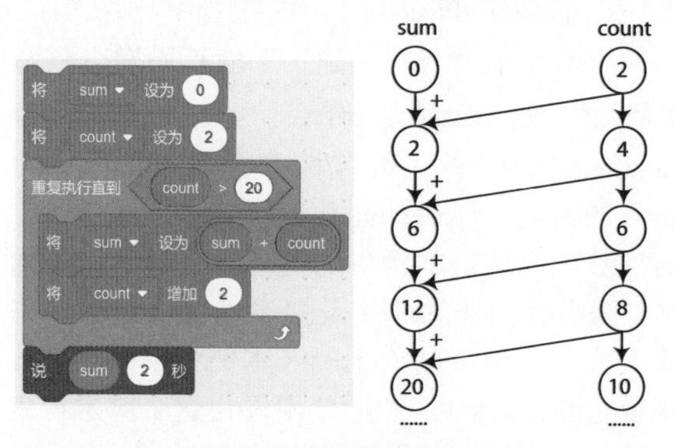

图 7-14：脚本计算 20 以内的偶数之和

脚本首先初始化变量 sum 为 0、count 为 2，然后进入循环中，直到变量 count 大于 20。每次迭代，变量 sum 要加上 count 的值，随后变量 count 再增加 2 以得到下一个偶数。你能猜出最后的运算结果吗？运行这段脚本验证你的答案。

非整数循环

Non-Integer RepeatCount.sb3

如果我们要求 Scratch 重复循环 2.5 次，会有什么效果？下图的三个案例说明了 Scratch 如何处理非整数循环。

显然，重复 2.5 次没有任何意义。但 Scratch 不会阻止你输入数字 2.5，也不会给出错误信息或任何提示，而是将循环次数四舍五入为整数后再循环。

循环的嵌套

我们早在第 2 章的“旋转的正方形”一节中就已见过循环的嵌套结构。一个循环（内层循环）负责绘制正方形，另一个循环（外层循环）控制旋转的次数。下面将把循环计数器和循环的嵌套结构结合起来，从而在两个甚至更多的循环中迭代。这种编程技术是非常重要的，它可以解决大量的编程问题。

某家餐厅提供四种披萨（P1、P2、P3 和 P4）以及三种沙拉（S1、S2 和 S3）。如果在这家餐厅吃饭，则共有 12 种组合，即 P1 搭配三种沙拉之一，或者 P2 搭配三种沙拉之一，以此类推。餐厅老板希望打印出一张菜单，其中罗列了各种组合的价格以及卡路里含量。下面我们使用嵌套循环生成各种组合的列表。（计算价格和卡路里含量留给你作为练习。）

仔细思考，你会发现该问题需要两个循环：一个循环（外层循环）迭代披萨类型，另一个循环（内层循环）迭代沙拉类型。当外层循环从 P1 开始时，内层循环分别迭代了 S1、S2 和 S3。当外层循环迭代 P2 时，内层循环再一次迭代了 S1、S2 和 S3。当外层循环迭代完所有的披萨类型后，整个过程就结束。图 7-15 的脚本实现了上述流程。

NestedLoops1.sb3

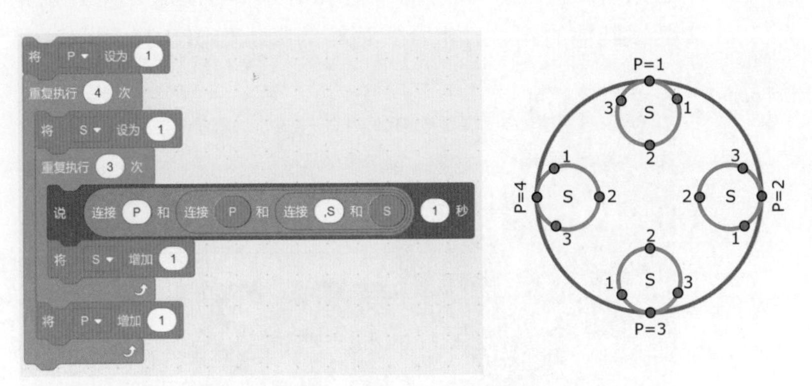

图 7-15：变量 P 控制外层循环，变量 S 控制内层循环

脚本使用了两个循环和两个循环计数器。外层循环的计数器为 P，内层循环的计数器为 S。在外层循环的第一轮迭代中（即 P=1），首先将 S 设定为 1，然后内层循环重复 3 次，每次执行**说**积木以显示当前的 P 和 S 的值，再将 S 的值增加 1。因此，在外层循环的第一轮迭代过程中，角色会依次说“P1,S1”“P1,S2”和“P1,S3”。

当内层的循环重复 3 次结束后，变量 P 会增加 1，这为下一次外层循环的迭代做好了准备。当外层循环进行第二轮迭代时，变量 S 的值从之前的 3 重置为 1，内层循环再次执行。因此，角色会说“P2,S1”“P2,S2” 和 “P2,S3”。后面的过程类似，角色会说“P3,S1”“P3,S2” 和 “P3,S3”，最后一轮迭代会说“P4,S1”“P4,S2”和“P4,S3”。仔细看看脚本的运行过程，一定要理解循环的嵌套结构。

如果你已经理解了上述内容，我们就用它来解决一个有趣的数学问题：找出三个正整数 n_1、n_2 和 n_3，使其满足 $n_1+n_2+n_3=25$，$(n_1)^2+(n_2)^2+(n_3)^2=243$。由于计算机擅长重复性的工作，因此，我们让它完成迭代所有的数字组合（专业术语称为穷举搜索）这项艰巨的任务。

由第一个条件可知，n_1 的取值范围是 1 到 23。因为除 n_1 外，还需要两个数字才能加到 25。（你可能发现 n_1 甚至不会超过 15。因为 $16^2=256$ 已经超过了第二个条件的 243。这里我们先忽略第二个条件，并将 n_1 的上限设定为 23。）

第二个数字 n_2 的范围是 1 到（$24-n_1$）。为什么？假设 n_1 等于 10，那么 n_2 最大只能取到 14，因为 n_3 最小为 1。n_3 比较简单，只需要对第一个条件移项，便可得到 $n_3=25-(n_1+n_2)$。如果在某个 n_1、n_2 的组合下，三个数字的平方和等于 243，那么任务就完成了。否则尝试其他的 n_1、n_2 组合。最终的脚本如图 7-16 所示。

NestedLoops2.sb3

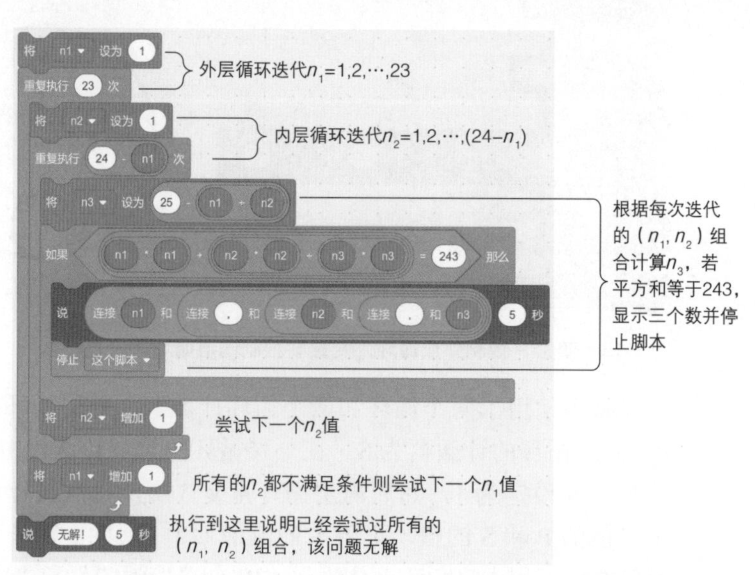

图 7-16：该脚本尝试找到三个正整数，使其和等于 25，平方和等于 243

外层循环尝试所有的 n_1 值，即 1 到 23。每次迭代 n_1 时，内层循环迭代所有的 n_2 值，即 1 到（$24-n_1$）。对于每个（n_1, n_2）的组合，脚本首先设置 n_3 的值为 $25-(n_1+n_2)$，然后检查三个数的平方和是否为 243。如果满足条件，输出结果并停止脚本。

试一试 7-5

创建图 7-16 的脚本并运行，看看 n_1、n_2 和 n_3 是否存在。仔细研究脚本，你会发现有些（n_1, n_2）组合的测试是多余的。例如，在第一轮迭代中，其外层循环将测试组合（1，2），而第二轮将测试（2，1）。显然，第二次测试是没有必要的，我们仅需测试其中之一。只要将内层循环的 n_2 从 1 开始修改为从 n_1 开始，便能消除多余的测试。完成修改，确保程序依然能正常运行。

递归：调用自身的过程

Recursion.sb3

脚本的重复执行除了可以通过循环结构实现外，还可以通过另一个强大的技术实现：递归。所谓递归，是指过程自己直接调用自己（即 A 调用 A），或自己间接调用自己（如 A 调用 B，B 调用 C，C 调用 A）。虽然你可能好奇这么做有何意义，但是递归确实能简化大量的计算机科学问题。我们先通过一个简单的案例讲解递归的概念，如图 7-17 所示。

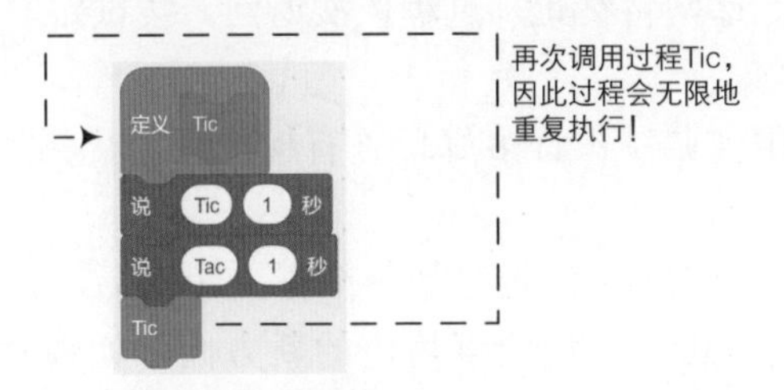

图 7-17：递归的过程

过程 Tic 执行两个**说**积木，先说 Tic（嘀），再说 Tac（嗒），之后再一次调用自己。当再次调用过程 Tic 时，角色仍然说嘀嗒，然后再次调用自己。这个过程无穷无尽地执行，直到你单击了绿旗旁的红色停止按钮。我们并没有使用循环结构也实现了**说**积木的重复执行。由于是在脚本末尾递归调用，因此这种形式的递归被称为尾部递归。当然，你也可以在之前递归调用，但本书并不对这种递归方式做详细讨论。

在实践中，无限的递归并不是很常用。递归通常需要使用条件语句进行控制，Scratch 使用**如果……那么**等分支结构控制递归。图 7-18 展示了一个递归的过程，它从某个指定的数字（由参数 count 指定）减少到 0。

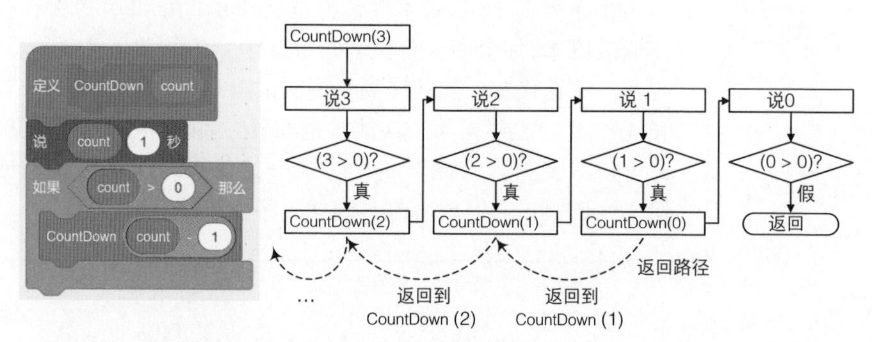

图 7-18：使用如果……那么积木控制递归的执行

当以参数 3 调用过程 CountDown 时，递归是如何进行的呢？过程开始时，**说**积木展示数字 3，然后检查 count 是否大于 0。因为 3 大于 0，故以参数 2（count–1）调用过程自身。

第二次调用时，过程首先展示数字 2。因为数字 2 大于 0，它会再一次以参数 1 调用自身。依次重复直到调用了 CountDown(0)。在展示了数字 0 后，过程将检查变量 count 是否大于 0。因为该布尔表达式的结果为假，递归将终止，过程依次返回。尝试跟着图 7-18 的流程走一遍。

我们可以使用递归制作许多好玩且有趣的程序，例如，图 7-19 的过程 Blade。

角色的起始方向是 90°。当绘制一个正三角形后，角色移动 12 步，并**左转 10 度**。随后过程检查角色的新方向：如果角色未面向 90°，过程则重新调用自己，继续绘制下一个正三角形；否则递归结束，过程停止。最终的绘制结果如图 7-19 所示。

RecursionBlade.sb3

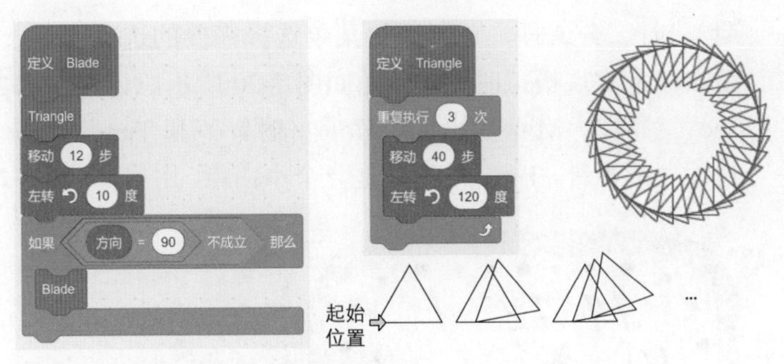

图 7-19：使用角色的方向值控制递归

你可能认为本案例很简单，完全可以使用**重复执行……次**解决。但正如本节一开始所讲，某些情形中使用递归会使问题更容易解决。

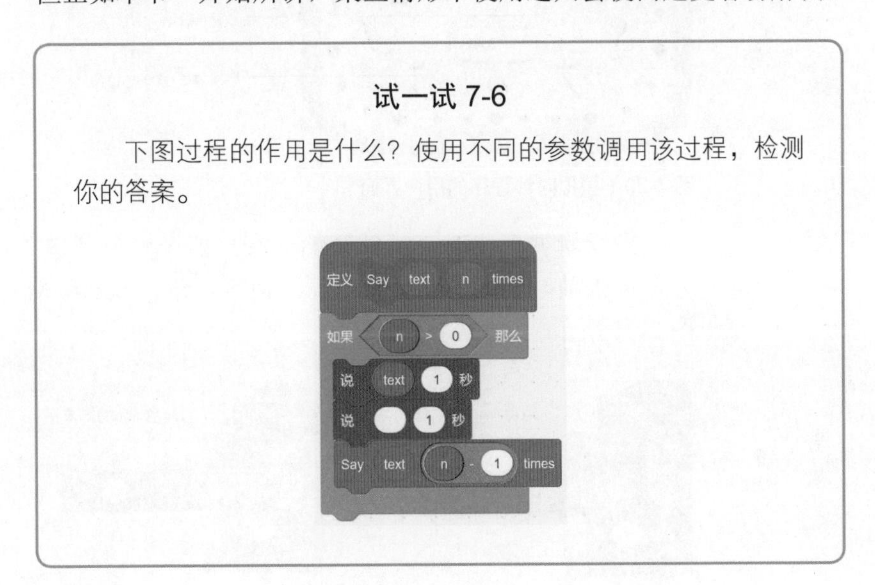

试一试 7-6

下图过程的作用是什么？使用不同的参数调用该过程，检测你的答案。

Scratch 项目

目前，我们已经学习了循环结构的各个方面，又到检验自己的时刻了！本节将会引导你完成一系列项目，不断加强你对循环的理解，希望能带给你更多的灵感和想法。

模拟时钟

AnalogClock.sb3

利用侦测模块中的**当前时间的**积木可以得到年、月、日、星期①、时、分或秒，单击下拉菜单选择需要的选项即可。本项目将使用该积木实现模拟时钟，界面如图 7-20 所示。该程序包含四个角色：Sec（秒针）、Min（分针）、Hour（时针）和 Time。其中前三个角色是钟表的指针，Time 角色只是一个小白点，用 x:x:x 的格式显示时间。

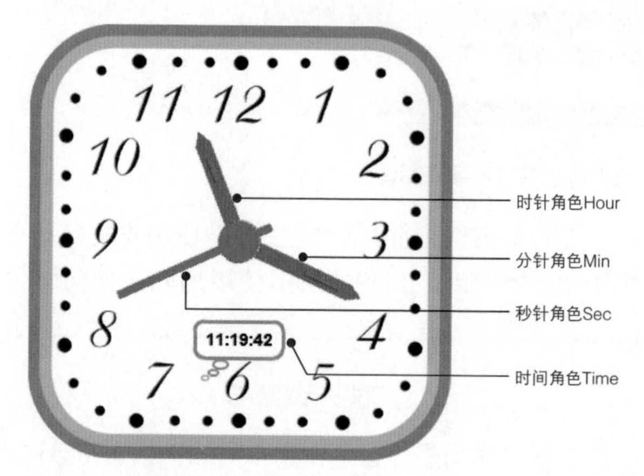

图 7-20：模拟时钟程序的用户界面

当绿旗被单击时，时钟开始运行。四个角色都进入**重复执行**，并使用**当前时间的**不断更新自己的角度。角色 Sec 和 Min 的脚本如图 7-21 所示。

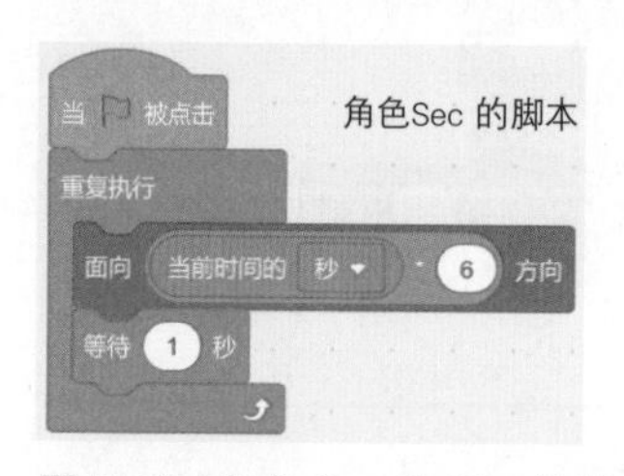

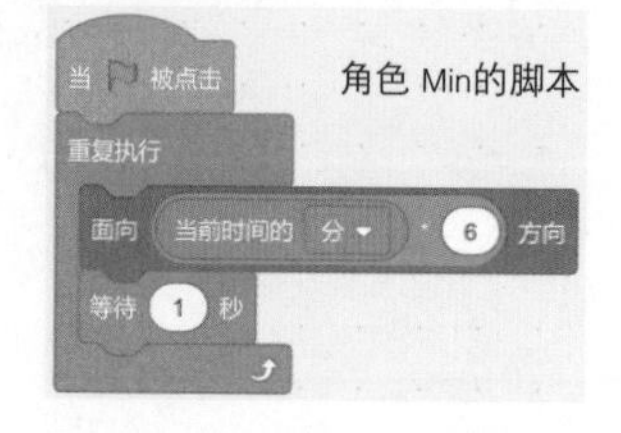

图 7-21：角色 Sec 和 Min 的脚本

当前时间的积木得到的秒数和分钟数的范围显然是 0 到 59。若现在是 0 秒，角色 Sec 应指向最上方（即面向 0°）。若现在是 15 秒，角色 Sec 应指向右方（即面向 90°），以此类推。因此，秒针 Sec 每秒应顺时针旋转 6°（360° 除以 60 秒）。分针 Min 的旋转同理。如果你再细观察时钟的运行，便会发现秒针是每秒跳动一次，而分针也是每分钟跳动一次。下面我们来看看时针角色 Hour 的脚本，如图 7-22 所示。

① 译者注：西方人认为一周的开始是周日，而东方人认为是周一。因此，需要把该星期数减1，才能得到符合东方人习惯的星期数。

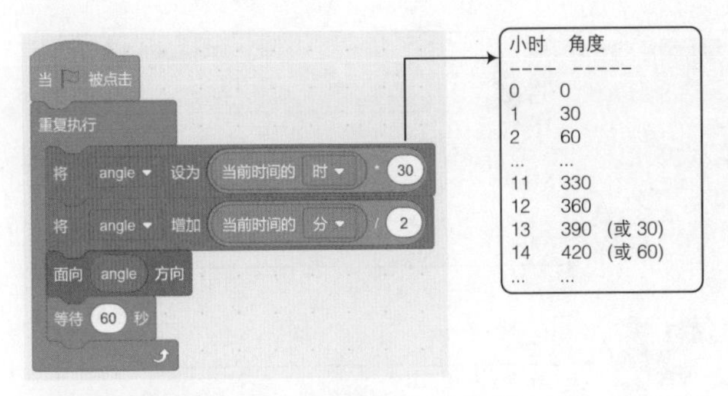

图 7-22：时针角色 Hour 的脚本

当前时间返回小时数在范围 0 到 23 之间。若现在是 0 点，时针应面向 0°，即指向正上方。1 点面向 30°，2 点面向 60°，如图 7-22 中的表格所示。假设现在是 11:50，我们不想让时针直接指向数字 11，而是更偏向数字 12，只需要在调整时针角度的基础上考虑当前分钟数即可。

具体地讲，一个小时（60 分钟）对应 30°，即每分钟 0.5°。因此，时针 Hour 首先应设置为指向数字 11 的角度，还需要加上当前分钟数除以 2 的角度，正如图 7-22 的脚本所示。

角色 Time 使用多个连接积木构成“时 : 分 : 秒”格式的字符串并显示在思考气泡中，效果如图 7-20 所示。其脚本相对简单，这里不再展示。

试一试 7-7

打开并运行程序。修改分针角色 Min 的脚本使其平滑地旋转，而不是每分钟跳动一次。（提示：参考时针角色 Hour 中的平滑旋转。）再尝试修改时间的显示方式，从原来的 24 小时格式（如 15:25:00、5:10:00）修改为 12 小时格式（如 3:25:00 pm、5:10:00 am）。你还有什么可以加强该程序功能的想法吗？

小鸟射击游戏

BirdShooter.sb3

下面这个游戏是本章使用积木最多的程序。玩家的目标是射中空中飞翔的小鸟，游戏界面如图 7-23 所示。

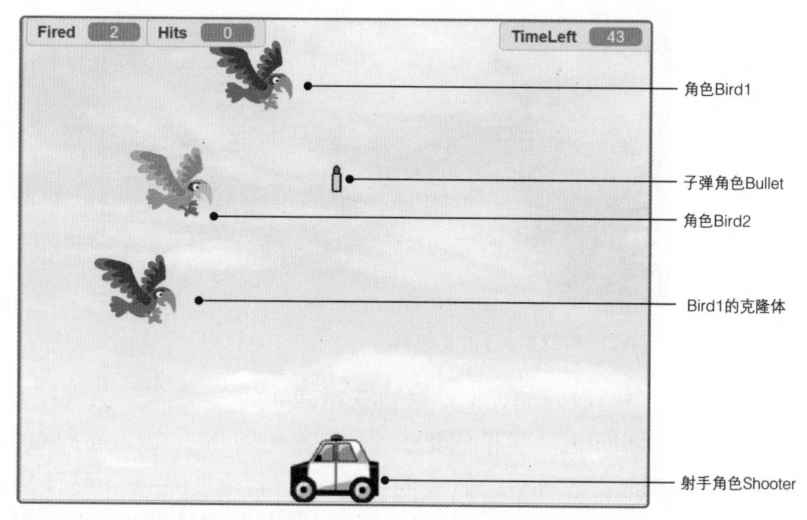

图 7-23：小鸟射击游戏的界面

游戏包含五个角色：Bird1、Bird1 的克隆体、Bird2、射手 Shooter 及子弹 Bullet。玩家可以使用左右方向键水平移动射手，按空格键发射子弹。若射中 Bird1 或其克隆体，玩家得到一分。但 Bird2 是濒危物种，因此玩家不能射中它，否则游戏结束。玩家需要在一分钟内尽可能多地射中小鸟。

每只鸟都有两个造型。当切换其造型时，小鸟看上去就像在扇动翅膀。

舞台有两个名为 start 和 end 的背景。背景图片 start 的脚本如图 7-23 所示，而 end 在背景 start 的基础上添加了字幕“GAME OVER”。舞台的脚本如图 7-24 所示。

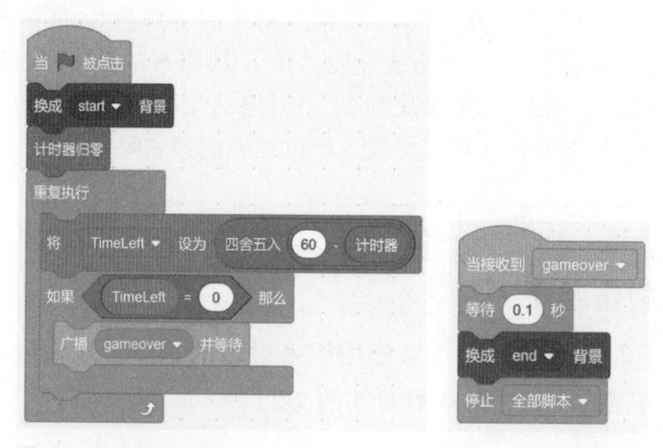

图 7-24：舞台的脚本

当单击绿旗图标时，舞台切换到背景图片 start，重置计数器，然后进入循环不断更新，并检查游戏的剩余时间（记录在变量 TimeLeft 中）。当变量 TimeLeft 变为 0 时，舞台会收到一条名为 GameOver 的消息，其消息处理程序首先等待一小段时间（本例中为 0.1 秒），让其他角色有足够的时间执行相应的消息处理程序（本例为隐藏小鸟）。最后切换背景 end，执行**停止全部脚本**结束游戏。之后我们会看到，当子弹射中 Bird2 时，也会广播消息 GameOver。接下来我们看看射手 Shooter 的脚本，如图 7-25 所示。

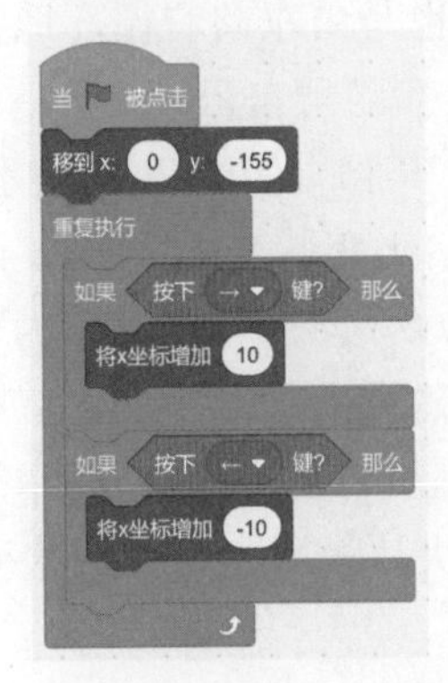

图 7-25：射手角色 Shooter 的脚本

这段脚本首先将角色 Shooter 移动到舞台的底部中央，然后进入无限循环检测玩家是否按下左键或右键，并适当移动角色。下面再来看看角色 Bird1 的脚本，如图 7-26 所示。

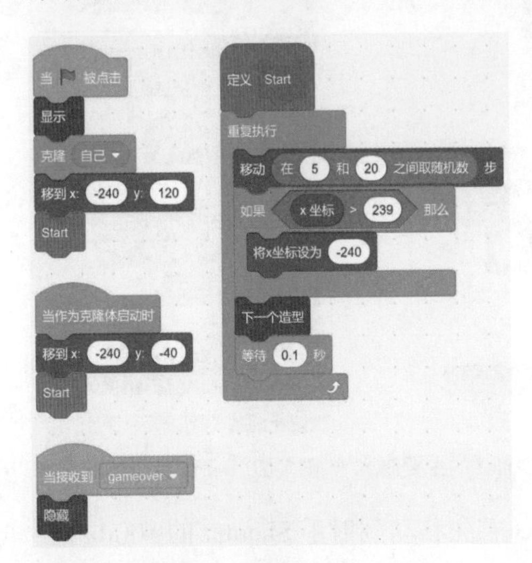

图 7-26：角色 Bird1 的脚本

游戏开始后，Bird1 首先显示并克隆自己，移动到舞台左侧，然后调用过程 Start。克隆体启动后也移动到舞台左侧（但和原角色高度不同），并调用过程 Start。该过程使用**重复执行**积木把 Bird1 及其克隆体持续地从左向右移动，而且每次移动的速度都是随机的。当小鸟接近舞台右侧时，再将其重新移动到左侧，看上去像在屏幕上环绕了一圈。原角色和克隆体接收到消息 GameOver 后便会隐藏自己。

小鸟角色 Bird2 与 Bird1 类似，因此不再展示其脚本。当绿旗被单击时，脚本将其移动到舞台左侧（*y* 坐标为 40），然后执行类似于图 7-26 中过程 Start 的脚本。Bird2 也是由左向右循环地在舞台上水平环绕，当其接收到消息 GameOver 后隐藏自己。

射手发射子弹 Bullet 捕获小鸟，其脚本如图 7-27 所示。

当绿旗被单击时，脚本首先初始化变量 Fired（已发射子弹的数量）和 Hits（已捕获小鸟的数量）为 0。然后设置自身为竖直方向并隐藏，随后进入无限循环检查空格键的状态。当按下空格键时，脚本立刻将变量 Fired 的值增加 1 并克隆自己。注意，脚本等待了一段时间，这是为了避免克隆的速度过快。最后，让我们来研究一下子弹克隆体的脚本，如图 7-28 所示。

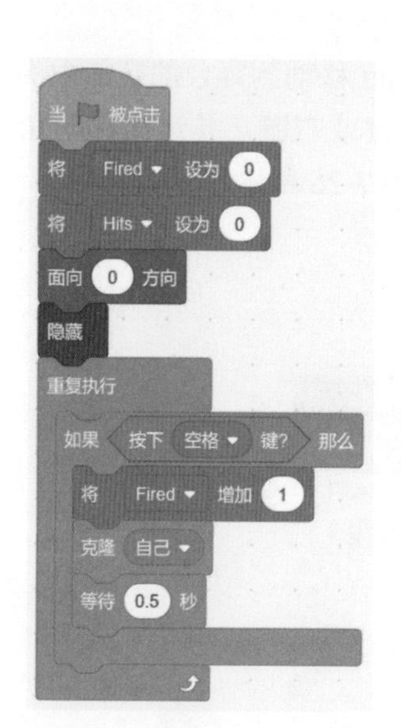

图 7-27：子弹角色 Bullet 的主要脚本

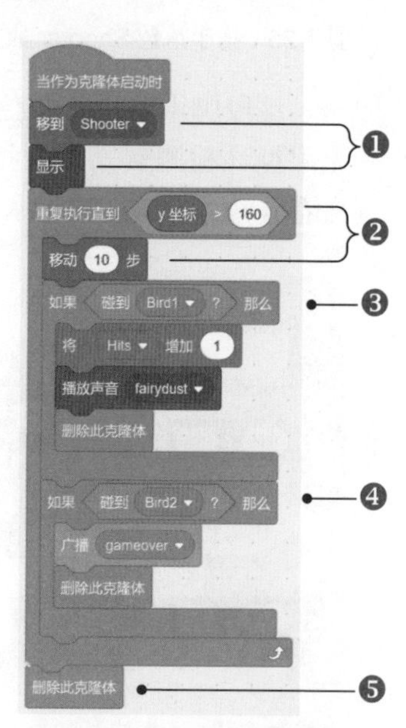

图 7-28：子弹克隆体的脚本

克隆体 Bullet 首先移动到射手 Shooter 的中心位置，再将自己显示出来❶。然后使用**重复执行直到**积木不断向上移动 10 步❷。如果子弹的 y 坐标超过 160，说明它没有碰到小鸟，而是碰到了舞台的最上边。在这种情况下，**重复执行直到**迭代结束❺，克隆体被删除。否则脚本迭代地检查子弹和小鸟的接触情况。如果子弹碰到了 Bird1（或其克隆体）❸，脚本增加变量 Hits 的值，播放音效。如果子弹碰到了 Bird2❹，脚本广播消息 GameOver 通知程序游戏结束。无论射中哪只鸟，每次判断后都需要将自己删除。

小鸟射手游戏已经能正常运行啦！但你还能添加许多特性，如下。

- 限制子弹总数，且分数记录的不再是射中次数，而是未射中次数。
- 添加更多速度各异的小鸟。若射中速度快的小鸟，赢得更多的分数。

试一试 7-8

打开并运行游戏。尝试实现上述特性或自行发挥，让游戏更有趣！

自由落体实验

本程序将模拟自由落体运动。当静止的物体从一定高度下落时，若忽略空气阻力的影响，则在 t（单位秒）时间内，物体下降的距离 d（单位米）由公式 $d=1/2\times gt^2$ 确定，其中 g 是重力加速度，取值 g=9.8m/s^2。本模拟实验的目的是标记出下落的物体在 0.5 秒、1 秒、1.5 秒、2.0 秒等时间的位置，直到小球到达地面。该模拟实验的界面如图 7-29 所示。

FreeFall.sb3

程序中的小球处于静止状态，现在模拟它从 35 米的高度落下的情形。其实通过之前的公式，我们已经可以计算出小球下落共需要 $t=\sqrt{(2\times35)/9.8}$ =2.67 秒。该程序仅有一个角色 Ball，其中包含两个造型。当到达了标记的时间时，角色快速切换到造型 marker（标记线），印一个图章，再重新切换到造型 ball（小球）。

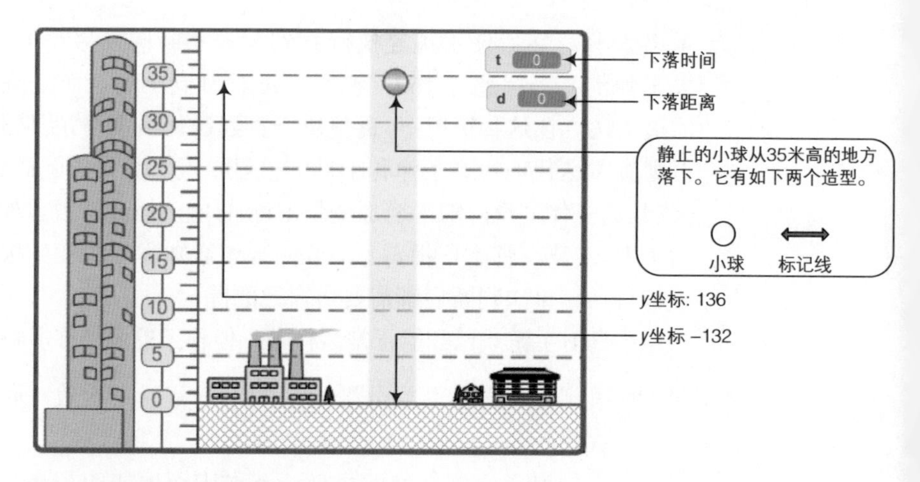

图 7-29：自由落体实验的程序界面

单击绿旗图标即可运行程序。角色 Ball 的脚本如图 7-30 所示。

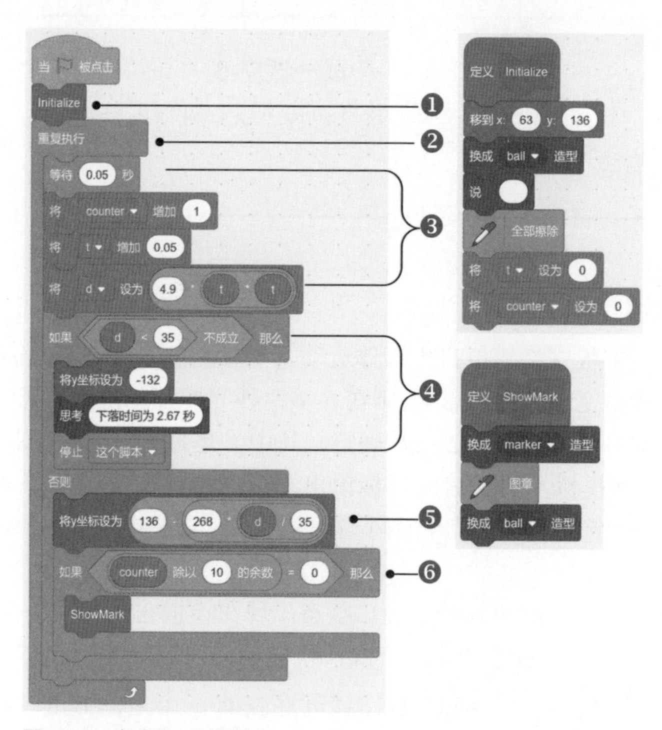

图 7-30：角色 Ball 的脚本

脚本首先调用初始化过程 Initialize❶：角色移动到起始点，切换到造型 ball，清空之前运行的说话气泡和图章，再将变量 t 和

counter 设置为 0。其中变量 t 代表下落时间，counter 记录循环结构的迭代次数。

脚本随后进入无限循环 ❷，每 0.05 秒计算并更新一次小球的位置 ❸（让小球流畅地下落），更新下落时间 t 和下落距离 d，增加变量 counter 的值。

如果小球到达地面（即 $d \geqslant 35$），脚本直接设置其 y 坐标为地面的 y 坐标，然后显示之前计算的下落时间，模拟程序结束 ❹。

若小球未到达地面，脚本则根据小球已下落的真实距离（变量 d 的值）设置其在舞台上的竖直坐标位置 ❺。在本模拟实验的界面中，35 米的高楼对应舞台中 268 个步长（见图 7-29），因此，小球在舞台的下落步长等于 $268\times(d/35)$，最终的 y 坐标即为 136（小球的初始高度）减去该球落下的步长。

由于每次迭代的间隔均为 0.05 秒，迭代 10 次就是 0.5 秒。因此，当循环计数器 counter 等于 10、20、30 等 10 的倍数时，角色 Ball 切换到造型 marker 并印一个图章，标记其在下落过程中的位置 ❻。

图 7-31 展示了本模拟实验的最终效果。你是否发现相同的时间下落距离却不相同？这是因为小球受到地球重力（重力加速度为 $9.8\mathrm{m/s^2}$）的作用加速下落。

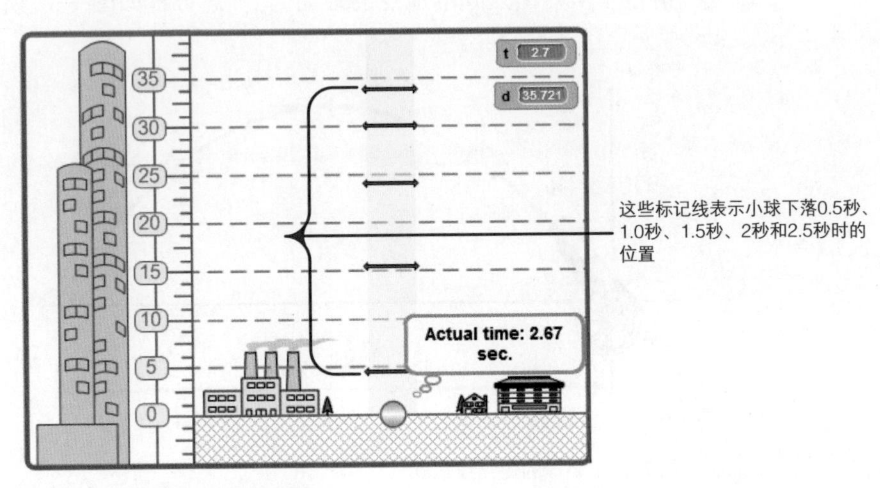

图 7-31：自由落体实验的结果

> **试一试 7-9**
>
> 打开并运行程序，尝试把该模拟实验修改成游戏。游戏的目标是让自由落体的小球砸中地面移动的物体。如果砸中，则增加分数或加速物体的移动，甚至切换到其他星球（不同星球的重力加速度不同）。

抛体运动模拟器

Projectile.sb3

小球以初速度 v_0 发射，发射角度为 θ。为了分析小球的轨迹，我们将速度矢量 v_0 分解为水平方向和竖直方向两个部分。水平方向做匀速直线运动，竖直方向受重力影响，两个方向合并后的轨迹即为抛物线。下面我们来看看抛体运动的相关公式（忽略空气阻力）。

本例的坐标原点即小球射出的点。在任意时刻 t，小球的 x 坐标为 $x(t)=v_{0x}t$，y 坐标为 $y(t)=v_{0y}t-(0.5)gt^2$。v_0 的水平方向 $v_{0x}=v_0 \cos\theta$；v_0 的竖直方向 $v_{0y}=v_0 \sin\theta$；g 为重力加速度，取值为 9.8m/s²。使用这些方程便能计算出小球的飞行时间、射高（小球的最高点）以及射程（从射出点到落地点的距离）。上述方程如图 7-32 所示。

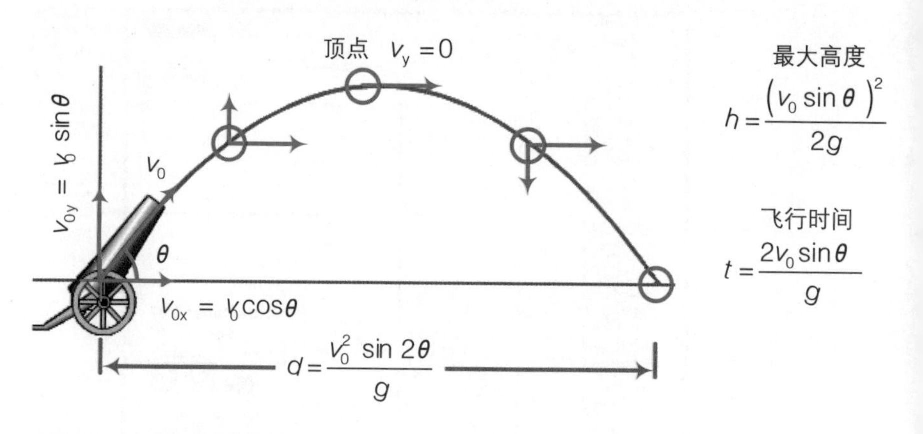

图 7-32：小球的抛物线轨迹

使用这些方程便能模拟出小球的运动轨迹。现在我们创建 Scratch 项目制作这个物理程序吧！模拟器的界面如图 7-33 所示。

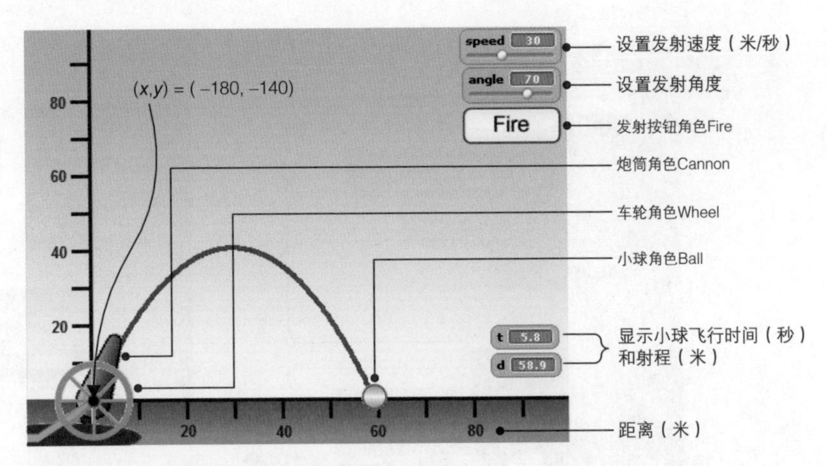

图 7-33：抛体运动模拟器的操作界面

如图 7-33 所示，程序包含四个角色：车轮角色 Wheel 起装饰作用；炮筒角色 Cannon 随着滑块 angle 的滑动而旋转，使其角度变化更加直观；角色 Fire 是一个发射按钮，单击后发射小球；小球角色 Ball 的主脚本计算坐标并绘制轨迹。用户首先移动滑块调整发射角度和初始速度，然后单击 Fire 按钮发射小球。小球在舞台上的起始位置是 (–180, –140)。舞台右下角有两个变量值显示器，显示了小球的飞行时间和射程。

单击绿旗启动模拟程序。炮筒 Cannon（脚本未展示）随滑块 angle 的滑动而旋转。用户也可以在演示模式中直接拖动炮筒调整角度。当用户单击 Fire 按钮时，它会广播一条 Fire 消息，小球 Ball 将接收并处理此消息，脚本如图 7-34 所示。

在准备发射之前 ❶，小球首先移到炮筒和车轮的前面，再移动到发射点。然后设置落笔状态，并擦除之前留下的笔迹。最后脚本分别计算初始速度（变量 speed）的水平（变量 vx）和垂直（变量 vy）部分，初始化时间变量 t 为 0。

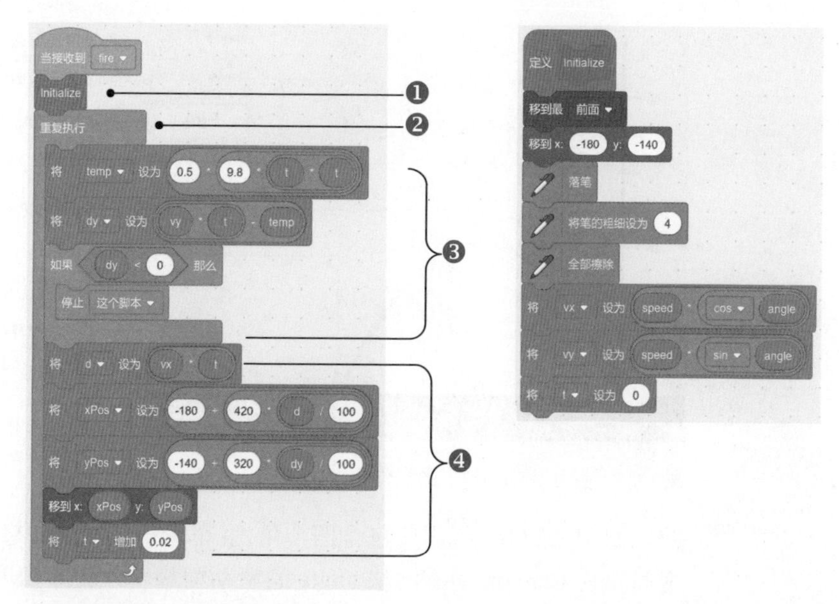

图 7-34：角色 Ball 的脚本

脚本进入无限循环后 ❷，每 0.02 秒计算并更新一次小球的位置。首先计算垂直距离（变量 dy）❸。如果该值为负数，说明小球已经到达地面，脚本执行**停止这个脚本**积木结束程序。

如果 dy 非负，则计算水平距离（变量 d）❹。脚本需要把小球实际飞行的水平和垂直距离（d 和 dy）转换成舞台上的 *x*、*y* 坐标位置（变量 xPos 和 yPos）。舞台中模拟器的垂直步长为 320（从 –140 到 180），它对应实际中模拟器的 100 米；水平方向步长为 420（从 –180 到 240）也对应实际中模拟器的 100 米。因此，小球在舞台上飞行的垂直距离等于 320×dy/100 步，水平距离等于 420×d/100 步，然后将这两个数值分别加上小球的起始坐标并更新小球的位置。最后，时间变量 t 增加一个较小的数值（本例为 0.02 秒），并继续迭代小球的下一个位置。

如图 7-33 所示，当小球以 30 米 / 秒的速度斜向上 70° 射出，其飞行时间为 5.75 秒，射程为 59 米。这些数值说明程序非常精准，你甚至可以修改迭代间隔 0.02 秒为 0.01 秒，以提升模拟器的精度，当然轨迹的模拟速度会变慢。因此，你需要调整程序的参数来平衡程序的运行速度和运算精度。

> **试一试 7-10**
>
> 打开并运行程序，尝试把模拟器修改成游戏。例如，在舞台的最右侧放入一个物体并要求玩家击中它。如果玩家未击中，游戏提示玩家调整角度和速度。

其他应用程序

MatchThatAmount.sb3

本章附带资源（可以在博文视点官网的本书页面下载）还有三个好玩的程序供读者自行学习。第一个程序是教学类游戏，可以测试小学生的算术能力。程序显示一定数额的美分，要求玩家使用最少的硬币数取出这笔钱。

Orbit.sb3

第二个程序是行星运动的仿真模拟，它简化了太阳系，假设其中只有太阳和一个行星。

MoleculesInMotion.sb3

第三个程序是动力学模拟程序，它演示了一个气体分子碰到容器壁的运动情况。

分别打开这些程序并运行，理解脚本是如何运行的。如果你有灵感，大胆开始修改吧！

本章小结

本章我们学习了 Scratch 的循环结构。首先讲解了基本的循环结构及其术语，讨论了确定型和不确定型循环、循环计数器和条件语句控制的循环的差异。然后讲解了**重复执行直到**和**重复执行 / 如果……那么**，使用**停止**积木结束无限循环，以及使用循环验证用户输入。

我们还学习了循环计数器，即用来记录迭代次数的变量，将它与嵌套循环相结合。之后我们学习了递归，即自己调用自己的过程，它也能完成重复的工作。最后使用上述知识制作了许多实际的案例。

下一章将利用本章内容进行字符串的处理，制作更多有趣的程序。例如，将二进制数转换成十进制数的转换器、刽子手游戏以及分数运算教学工具等。

如果想巩固本章的知识，可以尝试下面的习题。

练习题

1. 使用循环对输入进行验证。要求输入的范围是 1 到 10，包括数字 1 和 10。
2. 编写程序询问用户“是否退出？ [Y/N]”。脚本只接收字母 Y 或者 N，否则继续询问。
3. 编写程序计算并显示 1+2+……+19+20 的和。
4. 编写程序计算并显示 1+3+……+17+19 的和。
5. 编写程序显示（使用**说**积木）以下序列的前 10 个数：5, 9, 13, 17, 21，…
6. 该脚本的功能是什么？实现该脚本以检查你的答案。

```
将 sum 设为 0
将 count 设为 1
重复执行 10 次
    将 sum 设为 (sum + (count * count))
    将 count 增加 1
说 sum 2 秒
```

7. 若整数 X 除以整数 Y 的余数为 0，我们则称 Y 是 X 的因子。例如，数字 8 的因子是 1、2、4 和 8。下图的脚本可以找出给定数字的所有因子（不包括给定数字本身），研究这段脚本并解释其含义。若用户输入了数字 125、324 和 419，程序会输出哪些因子？

```
询问 输入一个整数 并等待
将 n 设为 1
重复执行直到 <(n) > ((回答) / 2)>
    如果 <((回答) 除以 (n) 的余数) = 0> 那么
        说 (连接 (n) 和 是因子) 1 秒
    将 n 增加 1
```

8. 素数是只能被 1 和自身整除的整数。例如，2、3、5、7、11 都是素数，但是 4、6、8 却不是。下图的过程实现了素数测试的功能，研究并解释它是如何运行的。测试一下 127、327 和 523 是否为素数。

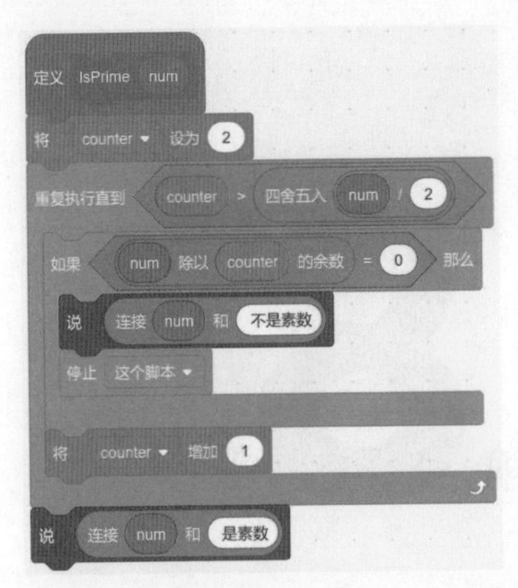

9. 虽然第 8 题是从 2 到用户输入数字的一半逐一进行整除检查，但其实将检查上限设置为用户输入数字的平方根效率会更高。实现这一改变并测试。
10. 数字序列

$$0, 1, 1, 2, 3, 5, 8, 13, 21, 34, \cdots$$

称为斐波那契数列。数列最开头的两个数字是 0 和 1，之后每一项都是前两项之和。编写程序计算第 n 项的值，n 由用户输入。
11. 观察下图脚本及其绘制的图形。重新创建该程序并测试，理解它是如何运行的。修改旋转角度（默认是顺时针旋转 10°）和递归调用的参数（如 side+1、side+3 等），看看还能绘制出哪些漂亮的图案。

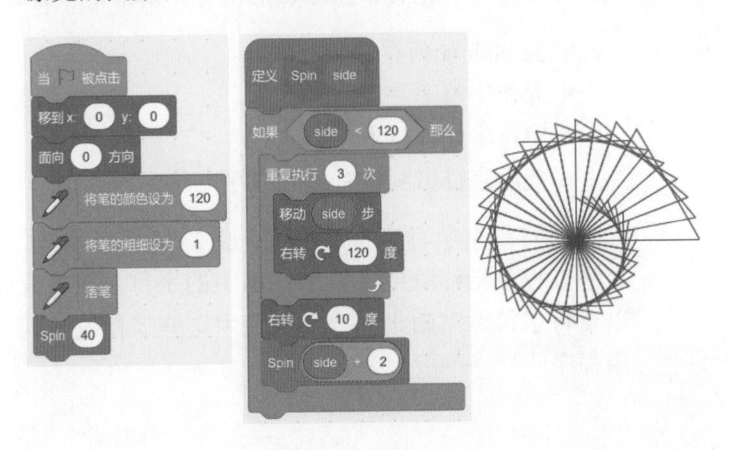

第8章

字符串处理

字符串是由众多单一字符组成的整体。你可以对字符串做各种操作，如连接、比较、排序、加密等。本章将学习如下知识。

- Scratch 如何存储字符串
- 操作字符串
- 字符串处理技术
- 使用字符串制作有趣的程序

我们首先学习字符串类型，然后编写许多操作字符串的过程。这些过程包括移除或替换字符串中的字符，插入或取出一部分字符以及将字符顺序随机化。最后使用这些过程编写既好玩又实用的应用程序。

字符串数据类型

你还记得在第 5 章提到过 Scratch 有三种数据类型吗？它们是布尔型、数字型和字符串型。简单地讲，字符串就是由字符组成的有序序列。字符包括（大写和小写）字母、数字以及符号（如 +、–、&、@ 等）。因此，它可以存储姓名、地址、电话号码、图书标题等信息。

在 Scratch 中，字符串中的字符是按顺序被存储的。例如，当变量 name 执行了**将 name 设为 Karen**，其字符的存储如图 8-1 所示。

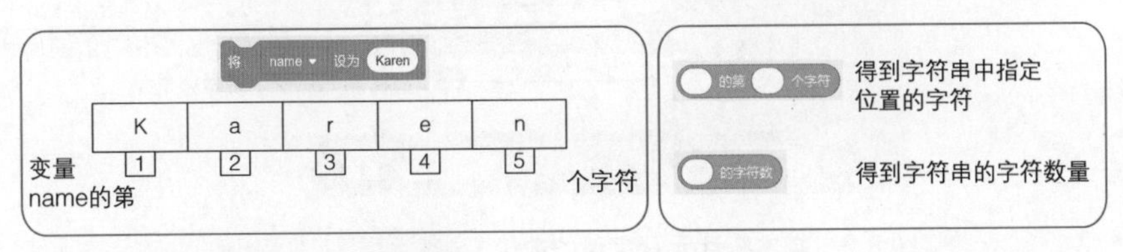

图 8-1：字符串是有序的字符序列

要得到字符串的某个字符，可以使用**的第……个字符**积木。例如，**name 的第 1 个字符**返回字母 K，**name 的第 5 个字符**返回字母 n。而积木**的字符数**可以得到字符串的字符总数（字符串的字符总数也称为字符串的长度）。如果将这两块积木与**重复执行**相结合，我们就可以统计字符或对每个字符进行测试。这些内容将在下面讲解。

特殊字符统计

VowelCount.sb3

如何统计用户输入的字符串中含有多少个元音字母（vowel）呢？如图 8-2 所示，脚本首先要求用户输入字符串，然后统计并显示元音字母的数量。

脚本依次检测字符是否为元音字母。迭代时若发现是元音字母，则将变量 vowelCount 增加 1。变量 pos（单词 position 的缩写，表示字符的位置）记录当前被检测字符在字符串中的位置。下面我们详细讲解脚本。

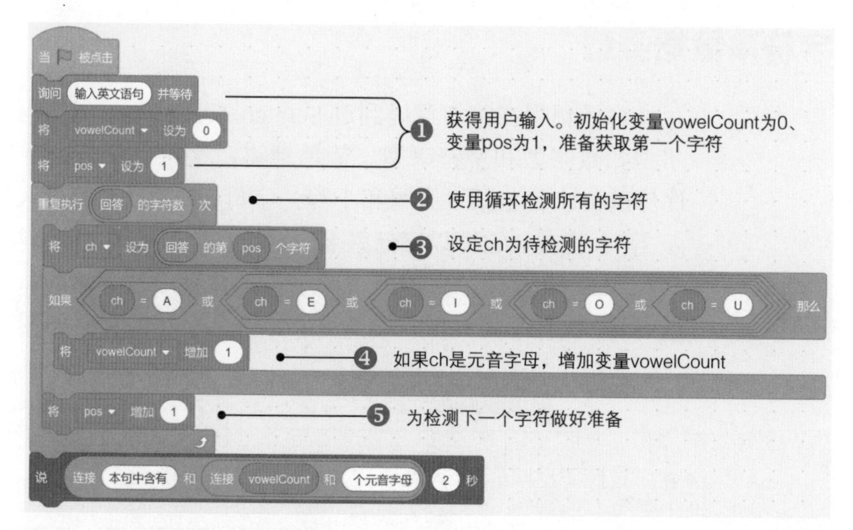

图 8-2：脚本统计元音字母的数量

首先，脚本要求用户输入一段英文语句 ❶。Scratch 将用户输入的结果自动保存到回答积木中。随后设置变量 vowelCount 为 0（因为现在未统计元音字母的数量），设置变量 pos 为 1，表示即将访问字符串的第一个字符。

然后脚本进入循环 ❷，迭代地检测每一个输入的字符。**的字符数**积木可以得到字符的数量，即应当重复执行的次数。

每次迭代时，循环使用变量 ch（单词 character 的缩写，表示字符）检测某个字符 ❸。例如，在第一轮迭代中，变量 ch 被设置为回答积木的第一个字符，第二轮为第二个字符，以此类推，直到循环到最后一个字符。变量 pos 代表当前字符的位置。

如果……那么积木检测当前字符 ch 是否为元音字母 ❹。若为元音字母，无论大小写，变量 vowelCount 都会增加 1。

在检测之后，循环将变量 pos 增加 1❺，为下一轮迭代做好准备。当所有的字符检测完毕，循环结束，程序使用**说**积木展示其统计的元音字母总数。

打开文件 *VowelCount.sb3* 并运行。该技术将多次应用于后面的案例中，因此，确保你已经完全理解了这种技术。

字符比较

Palindrome.sb3

第二个案例检测用户输入的是否为回文数。回文是指字符串（数字或文本）从前读和从后读是一样的。例如，1234321 和 1122332211 都是回文数，而 Racecar、Hannah 和 Bob 是回文的字符串。假设用户输入了 12344321，那么检测回文数的思想如图 8-3 所示。

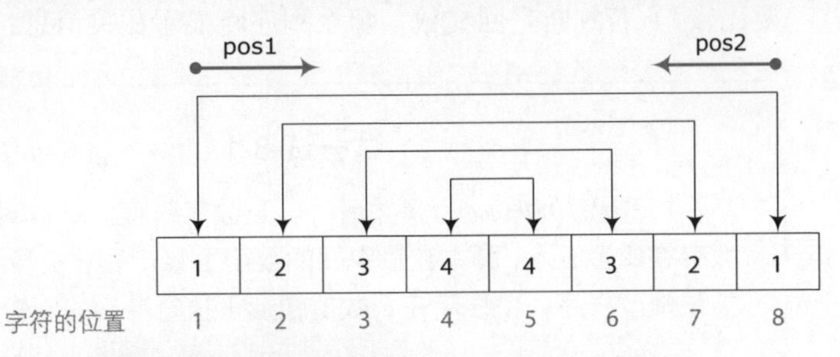

图 8-3：使用两个变量检测回文数

为了检测回文数，我们依次比较第一个和第八个数字，第二个和第七个数字，第三个和第六个数字，以此类推。如果任意一次比较结果为 false（说明两个数字不相等），那么它一定不是回文数。图 8-4 展示了检测回文数的脚本。

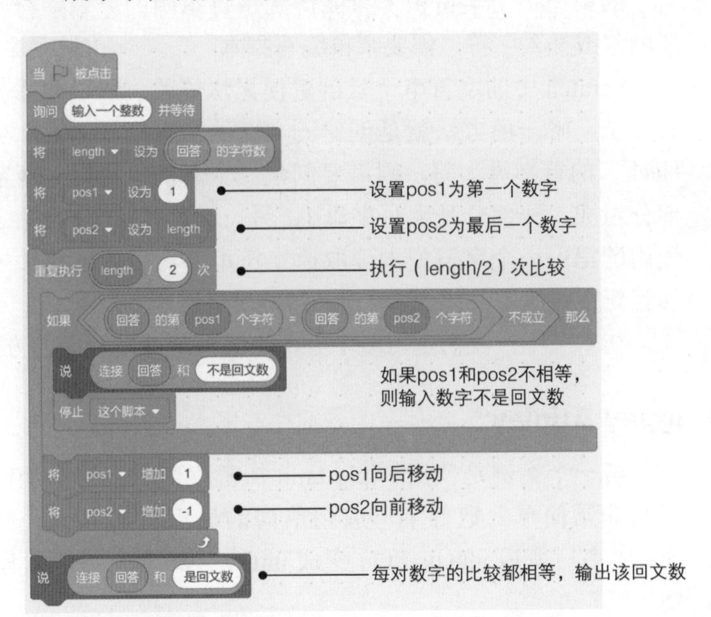

图 8-4：检测回文数的脚本

脚本使用两个变量（见图 8-3 的 pos1 和 pos2）获取待比较的两个数字，而这两个位置变量逐步向中间移动。变量 pos1 获取第一个数字并向后移动，同时变量 pos2 获取最后一个数字并向前移动。比较次数最多不会超过数字长度的一半。例如，输入 12344321 需比较 4（8/2）次。（如果数字长度是奇数也没关系，因为中间的数字不需要比较。）若判断是回文数，那么程序将显示相关消息。

Palindrome.sb3

> **试一试 8-1**
>
> 打开 *Palindrome.sb3* 并运行。当数字长度为奇数时，重复次数存在四舍五入，脚本在最中间的数字上会产生一次多余的比较。尝试修改程序，使程序在奇数的情形下执行准确的比较次数。

下面将学习常见的字符串操作，制作许多 Scratch 过程。

字符串操作示例

的第……个字符积木只能得到字符串中的单个字符，因此，若要删除或插入字符，需要亲自编写脚本。

Scratch 中的字符串一旦创建便无法修改。所以要修改字符串中的字符，唯一的方法就是创建一个新的字符串。例如，想让字符串“jack”的首字母大写，则需要创建一个新的字符串。新字符串由两部分组成，一部分是大写字母 J，另一部分是 ack。换言之，Scratch 使用**的第……个字符**积木读取原字符串，再使用**连接……和**积木添加到新字符串中。

在本节中，我们学习多个案例来掌握修改字符串的方法。

Piglatin.sb3

Igpay Atinlay

第一个案例是使用了 pig latin 加密规则的字符串加密程序。其规则非常简单：把首字母放到单词的最后再加上 ay。例如，单词 talk 加密后变成 alktay，fun 变成 unfay 等。现在你能读懂本节的标题了吗？

将单词 scratch 转换为 pig latin 的方法如图 8-5 所示。

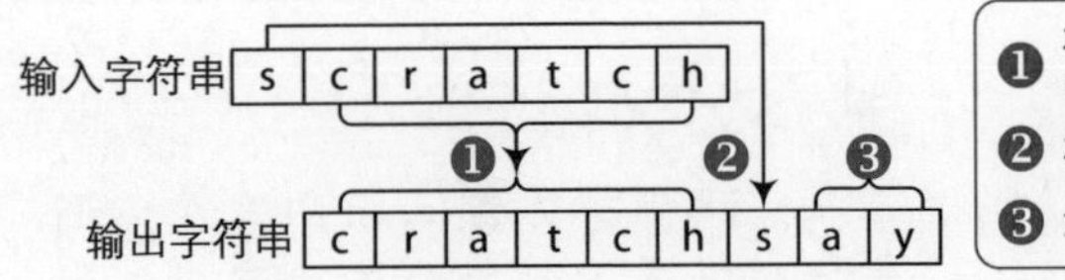

图 8-5：把英语单词转换为 pig latin

我们首先将输入的所有字符（除第一个字符外）依次置于输出字符串中 ❶，然后将输入的首字母置于输出字符串中 ❷，最后跟一个 ay❸。过程 PigLatin 如图 8-6 所示。

过程中使用了三个变量：变量 outWord 保存输出字符串；变量 pos（单词 position 的缩写）是一个循环计数器，用来记录原字符串中的哪一个字符需要放入 outWord 之后；变量 ch 保存输入字符串中的单个字符。过程的参数 word 表示希望转换为 pig latin 的单词。

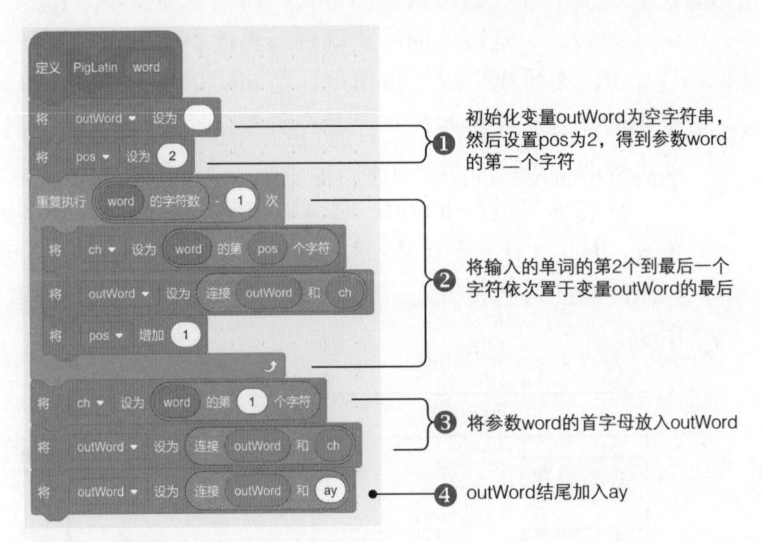

图 8-6：过程 PigLatin

过程首先初始化 outWord 为空字符串（空字符串不包含任何字符，其长度为 0），设置 pos 为 2❶，随后进入**重复执行**，把输入字符串（参数 word）的所有字符（除了第一个字符）依次置于输出字符串（变量 outWord）之后 ❷。因为跳过了第一个字符，重复次数等于输入字符串的长度减 1。循环结束后再将参数 word 的首字母加入 outWord 之后 ❸，最后再加上 ay❹。

PigLatin.sb3

试一试 8-2

打开 *PigLatin.sb3* 并运行。程序首先询问用户输入单词，然后输出其 pig latin。尝试修改程序让其加密句子，例如，“Would you like some juice?”。（提示：对每一个单词调用过程 **PigLatin**，最后重新组装成句子。）你还可以尝试编写解密 pig latin 的过程，即把 pig latin 作为参数显示原先的单词。

单词修正

FixMySpelling.sb3

第二个案例是修正单词的小游戏。程序在单词的随机位置插入任意一个字母，创建错误的单词，而玩家需要输入错误单词的正确拼写。当然，错误单词的正确拼写可能不止一个，例如，正确单词是 wall，而游戏生成的错误单词是 mwall，那么 mall 和 wall 都应是正确的。为了让游戏简单，我们将忽略这种可能性，仅认为原单词是正确的。

首先编写过程 Insert，它可以将某个字符插入到字符串的指定位置，因此含有三个参数：输入的单词 strIn、插入的字符（或字符串）strAdd 和插入的位置 charPos。该过程会生成新的字符串 strOut，如图 8-7 所示。

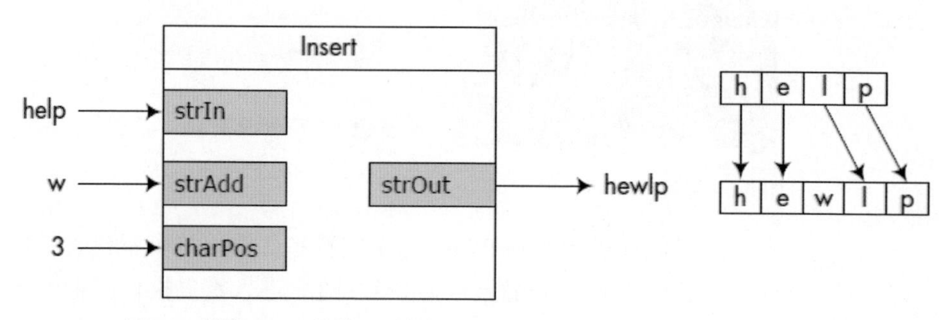

图 8-7：过程 Insert 的输入 / 输出

过程将 strIn 中的字符依次加入 strOut，直到达到位置 charPos。然后将 strAdd 加入到 strOut 之后，最后插入 strIn 剩余的字符。完整的过程如图 8-8 所示。

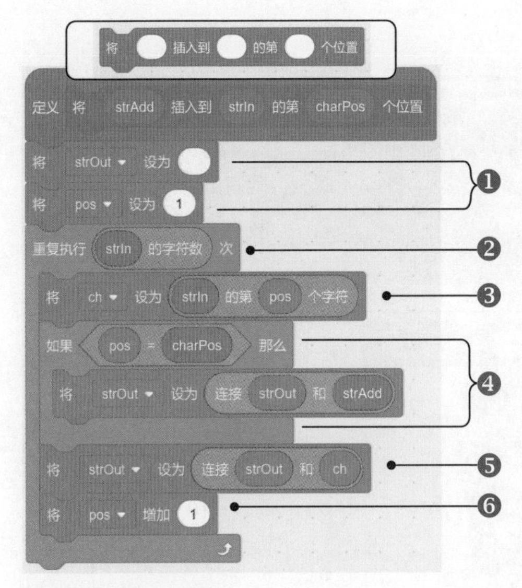

图 8-8：过程 Insert

过程首先初始化 strOut 为空字符串，并设置 pos 为 1，以获得输入字符串的第一个字符 ❶。随后过程进入**重复执行**，将 strIn 中的字符依次加入 strOut 之后 ❷。每次迭代都会设置 ch 的值为 strIn 的 pos 位置的字符 ❸。如果当前位置 pos 与插入位置 charPos 相等，脚本则将 strAdd 加入到 strOut 之后 ❹。当然，无论是否满足相等的条件，ch 都会加入到 strOut 之后 ❺，最后增加 pos 以准备下一轮迭代时访问 strIn 的下一个字符 ❻。

我们已经制作好 Insert 过程，现在来看看如何使用它吧！如图 8-9 所示。

变量 alpha 保存了所有的小写字母，程序将随机选取一个字母插入到正确的单词中，从而形成错误的拼写 ❶。脚本先从事先准备好的单词表中随机抽取一个正确的单词保存到变量 inWord 中 ❷，该单词表的相关知识将在下一章中学习，现在只需简单地将其想象为词库，从中可以获得正确的单词。再从 alpha 中随机选取一个字母保存到 randChar❸，最后从 inWord 中随机选取一个插入位置保存到 randPos 中 ❹。随后脚本调用了我们之前编写的过程 Insert 生成错误的单词（strOut）❺。调用完毕后，脚本进入循环要求玩家输入答案 ❻。每次迭代时，脚本都会询问用户的输入 ❼，最后使用**如果……那么**判断正确与否 ❽。如果玩家的回答与原单词 inWord 相等，游戏结束；否则玩家需要再次尝试。

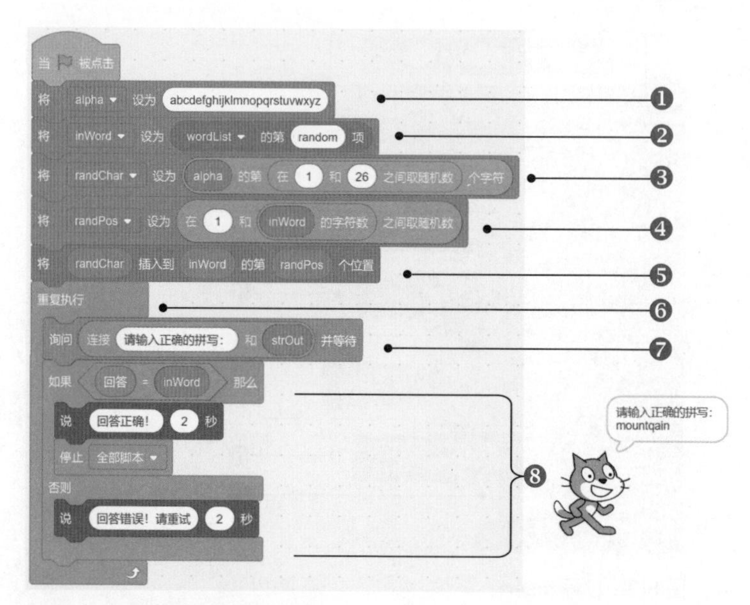

图 8-9：单词修正游戏的主脚本

FixMySpelling.sb3

试一试 8-3

打开 *FixMySpelling.sb3* 并运行，理解其中的脚本。尝试修改程序，使得在正确的单词中插入两个字母而不是之前的一个。

解密游戏

Unscramble.sb3

本案例是一个很有挑战的解密游戏。程序挑选一个单词，将其字符顺序打乱，让玩家猜测原单词。

我们首先创建一个能随机重排字符顺序的过程 Randomize，其输入和输出字符串均为 strIn，如图 8-10 所示。

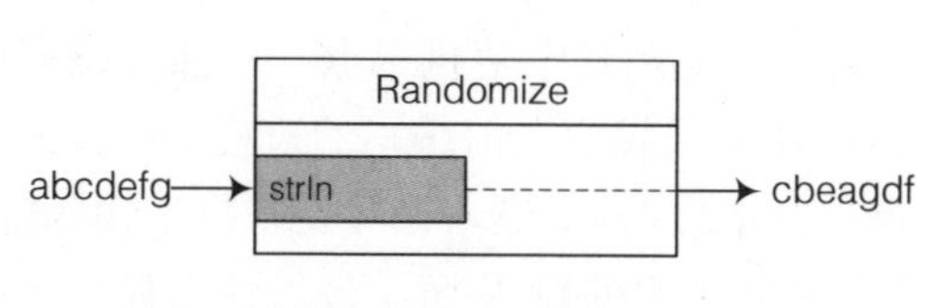

步骤	随机位置	加入到str1之后	从strIn中移除
1	3	c	abdefg
2	2	cb	adefg
3	1	cba	defg
4	2	cbae	dfg
...	...	...	...

图 8-10：过程 Randomize 的输入 / 输出

我们从 strIn 中随机选取一个字符置于临时字符串 str1 之后。(本例的临时字符串的作用为暂时存储乱序的加密单词），然后将其从 strIn 中移除，这样该字符就不会被多次使用。重复上述过程直到 strIn 为空字符串。过程 Randomize 如图 8-11 所示。

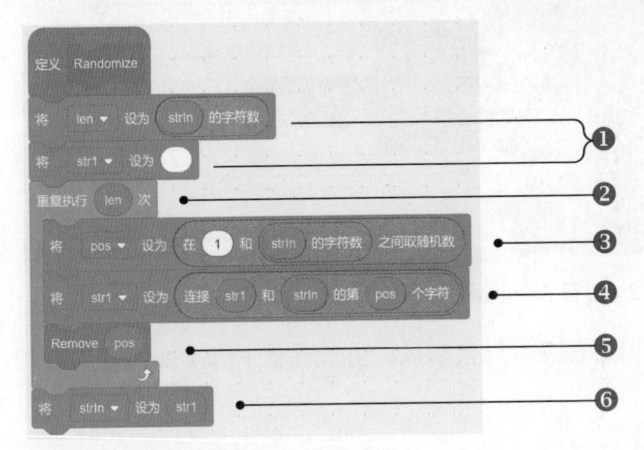

图 8-11：过程 Randomize

过程首先设置变量 len 为输入字符串 strIn 的长度，然后设置临时字符串 str1 为空字符串 ❶。脚本进入**重复执行**，生成乱序的加密单词 str1❷，循环次数等于输入字符串的长度。每轮迭代时，程序从 strIn 中随机选取一个位置 ❸，将该位置对应的字符加入到 str1 之后 ❹。注意，在步骤 ❸ 中我们使用了 **strIn 的字符数**，这是因为每轮迭代后其长度都不相同。随后脚本调用过程 Remove 删除在 strIn 中随机选取的字符 ❺。当循环结束时，脚本将 strIn 的值设定为乱序排列的 str1❻。

过程 Remove 避免了在加密单词时重复使用相同的字母，其脚本如图 8-12 所示。它可以移除字符串 strIn 中 charPos 位置上的字符。

该过程同样使用了临时字符串 str2。脚本首先将 str2 设置为空字符串，设定循环计数器 n 等于 1，以获得 strIn 的第一个字符 ❶。过程进入**重复执行**，生成输出字符串 ❷。如果我们希望保留当前字符，则将该字符加入 str2 之后 ❸。随后循环计数器 n 增加 1，使得下一轮迭代访问 strIn 的下一个字符 ❹。循环结束后，脚本设置 strIn 的值为移除字符的 str2❺。

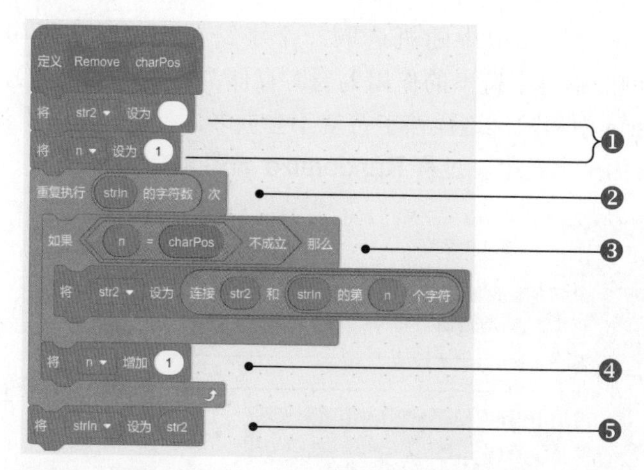

图 8-12：过程 Remove

万事俱备，只欠东风，快来看看主脚本如何调用过程，如图 8-13 所示。

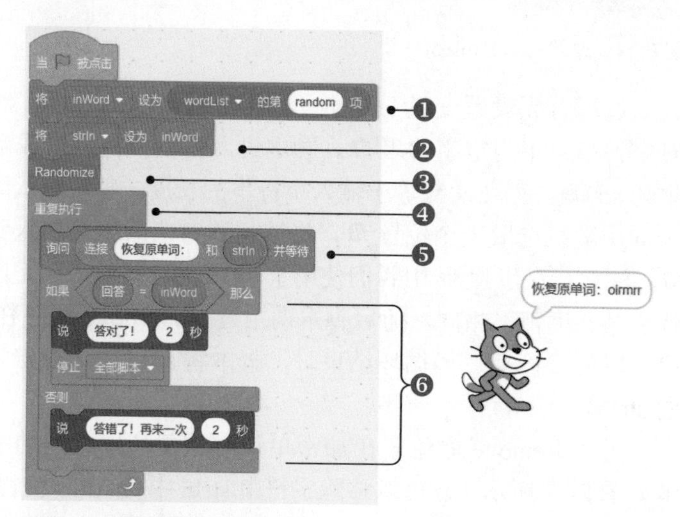

图 8-13：解密游戏的主脚本

脚本从列表中随机选取一个单词保存到变量 inWord 中 ❶。随后设置 strIn 的值为 inWord❷，再调用过程 Randomize 将 strIn 的字符顺序打乱 ❸。然后脚本进入循环询问用户的回答 ❹。每次迭代时，脚本首先询问用户加密前的单词 ❺，并使用**如果……那么**检查答案 ❻。这部分脚本与上一节介绍的单词修正案例的脚本非常类似。

以上三个案例只是字符串操作的冰山一角，希望你能在自己的项目中运用这些技术。

本章剩余部分将探索更多的使用了字符串的程序。

Scratch 项目

上一节中的各个过程已经演示了处理字符串的基本方法。下面我们运用所学知识编写许多实际的案例。你将会掌握更多的编程技巧，把它们融入到你自己的创意中吧！

射击游戏

Shoot.sb3

这个生动有趣的案例将会告诉你什么是相对运动。游戏的目标是让玩家估计出猫咪需要旋转多少度、移动多少步才能碰到靶心。游戏界面如图 8-14 所示。

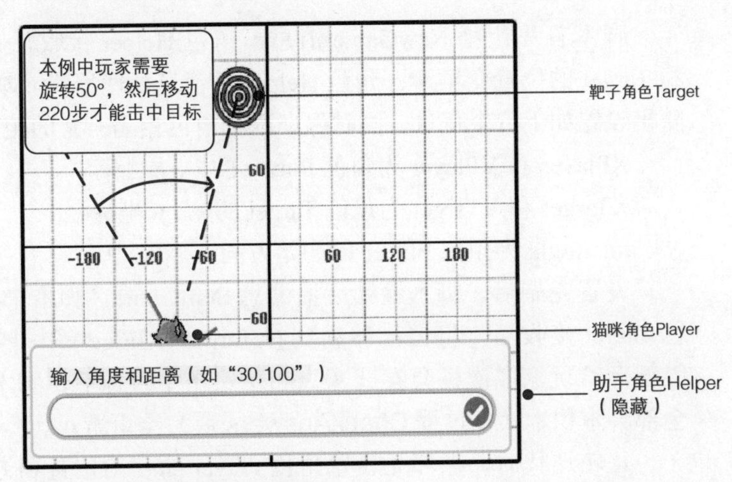

图 8-14：射击游戏的程序界面

在游戏启动时，首先把靶子角色 Target 和猫咪角色 Player 随机移动到舞台上，随后询问猫咪 Player 需要旋转多少度、移动多少步才能碰到靶子 Target。当猫咪按照用户的输入移动后，若距离靶心足够近，玩家获胜。否则猫咪重新移动到最初的位置，让玩家重新尝试。猫咪 Player 的脚本如图 8-15 所示。

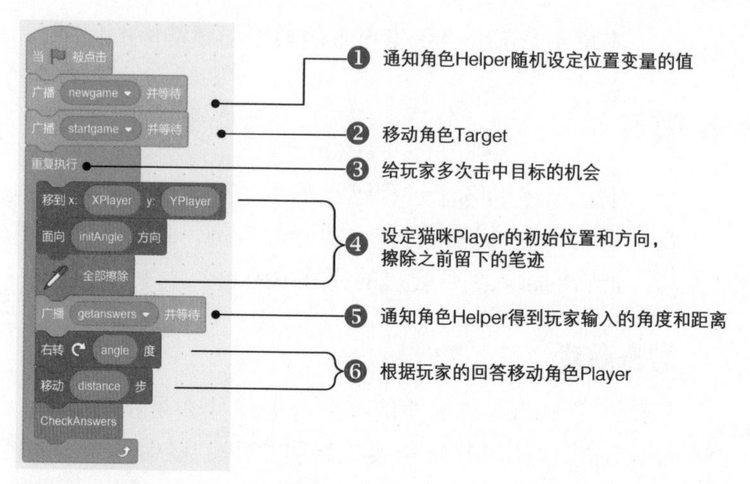

图 8-15：猫咪角色 Player 的脚本

脚本首先广播 NewGame 消息，角色 Helper 接收后设置 Player 和 Target 的位置变量 ❶。角色 Helper 的消息处理程序（脚本未展示）随机设置如下五个变量，同时保证两个角色相隔一定的距离。

XPlayer 和 YPlayer 为角色 Player 的 *x*、*y* 坐标。

XTarget 和 YTarget 为角色 Target 的 *x*、*y* 坐标。

initAngle 为角色 Player 的初始方向。

设置完毕后，脚本继续广播消息 StartGame（脚本未展示）。角色 Target 接收后，将自己移动到 (XTarget, YTarget)❷，随后进入无限循环给玩家多次机会尝试 ❸。当玩家击中目标后，脚本使用**停止全部**脚本积木（在过程 CheckAnswers 后）结束游戏。

每轮迭代时，循环先设置角色 Player 的初始位置和方向，擦除之前留下的笔迹 ❹，然后广播 GetAnswers 消息 ❺。Helper 接收后提示用户输入，如图 8-16 所示。Helper 将用户的输入分割成两部分（逗号前后），并更新角度变量 angle 和距离变量 distance 的值。仔细阅读图 8-16 的注释，看看脚本是如何运行的。

猫咪 Player 面向角度 angle 移动 distance 步 ❻。由于处于落笔状态，猫咪会留下一条轨迹，作为玩家下次尝试时的参照。

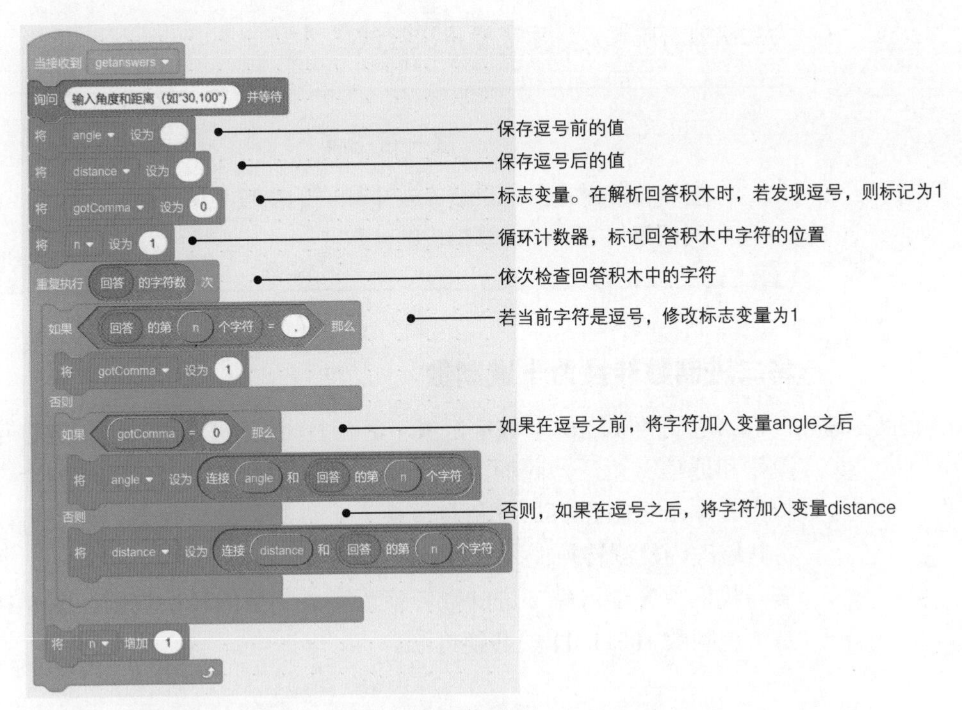

图 8-16：GetAnswers 的消息处理程序

最后猫咪 Player 执行过程 CheckAnswers 检查与靶心的距离。如果足够近，则游戏结束。图 8-17 展示了这段脚本。

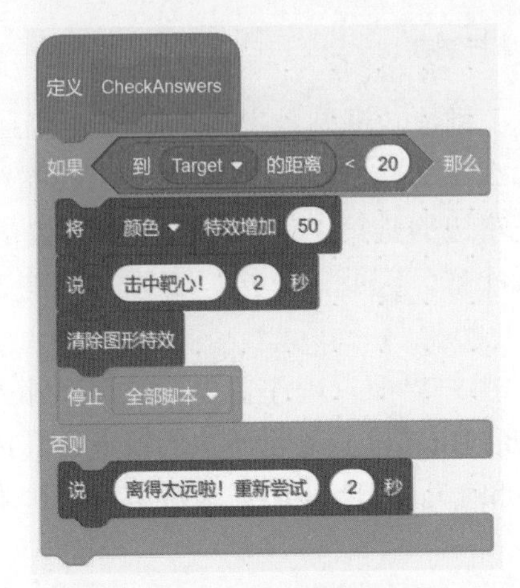

图 8-17：角色 Player 的过程 CheckAnswers

角色 Player 使用**到……的距离**积木检查与靶心的距离。如果距离小于 20 步，游戏认为击中靶心，然后说“击中靶心！”。否则认为此次射击脱靶，玩家需要再次尝试。

试一试 8-4

尝试修改游戏。记录玩家击中靶心的次数、总共射击次数和射击时间等信息，并计算相应的分数。

将二进制数转换为十进制数

BinaryToDecimal.sb3

二进制数仅由两个数字组成：0 和 1。计算机使用二进制数进行操作和通信。相反，我们人类更擅长使用由数字 0 到 9 组成的十进制数。本节将制作将二进制数转换为十进制数的转换器。你还可以将其修改为检测转换能力的游戏。

我们首先学习将二进制数转换为十进制数的转换规则。图 8-18 是二进制数 10011011 的转换方法。

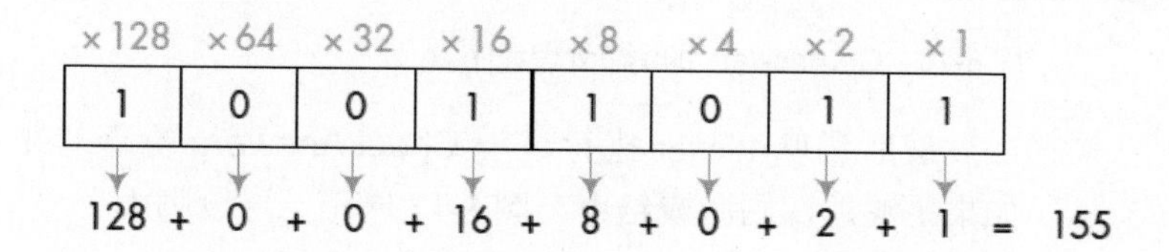

图 8-18：将二进制数转换为十进制数

具体的转换规则是：每位二进制数字乘以对应位置上方的数字，再将这些结果求和。那么上方这排数字是如何确定的呢？我们称最右边的数是第 0 位，其左边的是第 1 位，因此，最左边是最高位 7。上排数字等于 2 的位数次方，因此，上排最右边的数是 $2^0=1$。下一个即为 $2^1=2$，$2^2=4$，以此类推。

图 8-19 是本案例的用户界面。程序首先要求用户输入共 8 位的二进制数，然后通过角色 Bit（位）显示用户的输入（其内部有两个造型，分别代表数字 0 和 1）。程序会计算其对应的十进制数并通过角色 Driver 显示。

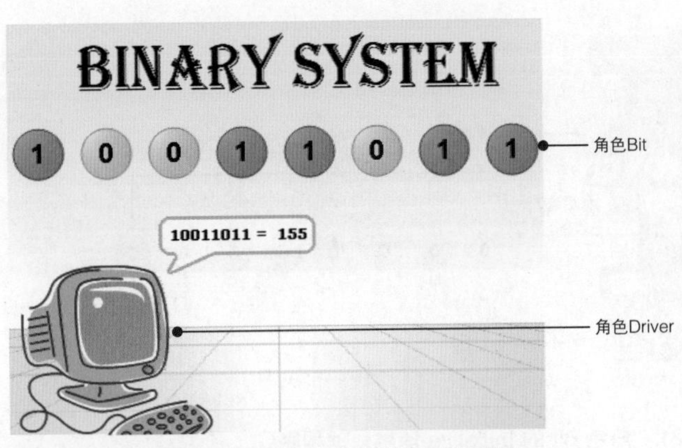

图 8-19：将二进制数转换为十进制数的转换程序

试一试 8-5

如果你已经理解了转换规则，请尝试将以下二进制数转换成十进制数：1010100、1101001、1100001。

当绿旗被单击时，程序开始运行，角色 Driver 首先执行如图 8-20 所示的脚本。

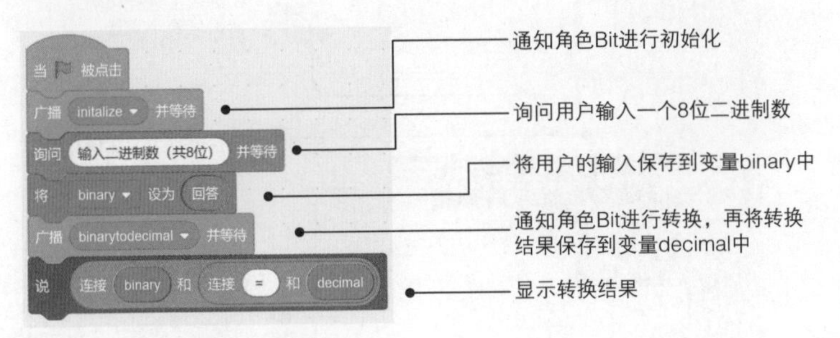

图 8-20：角色 Driver 的脚本

这段脚本首先广播 Initialize 消息。角色 Bit 接收并处理后，角色 Driver 询问用户二进制数并在角色 Bit 中进行计算。计算后的十进制数保存在变量 decimal 中并通过角色 Driver 展示。

角色 Bit 的 Initialize 消息处理程序如图 8-21 所示。

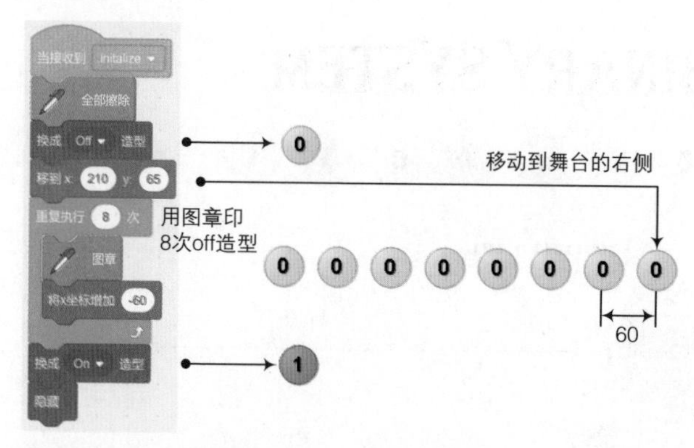

图 8-21：角色 Bit 的 Initialize 消息处理程序

图 8-21 的脚本仅使用一个角色 Bit 便绘制了 8 个零。随后你会看到，只要用户输入的字符串中存在数字 1，脚本就会使用**图章**积木在相应的位置印上数字 1 的造型。

当用户输入完毕后，角色 Bit 就会接收到消息 BinaryToDecimal，并执行如图 8-22 所示的消息处理程序。

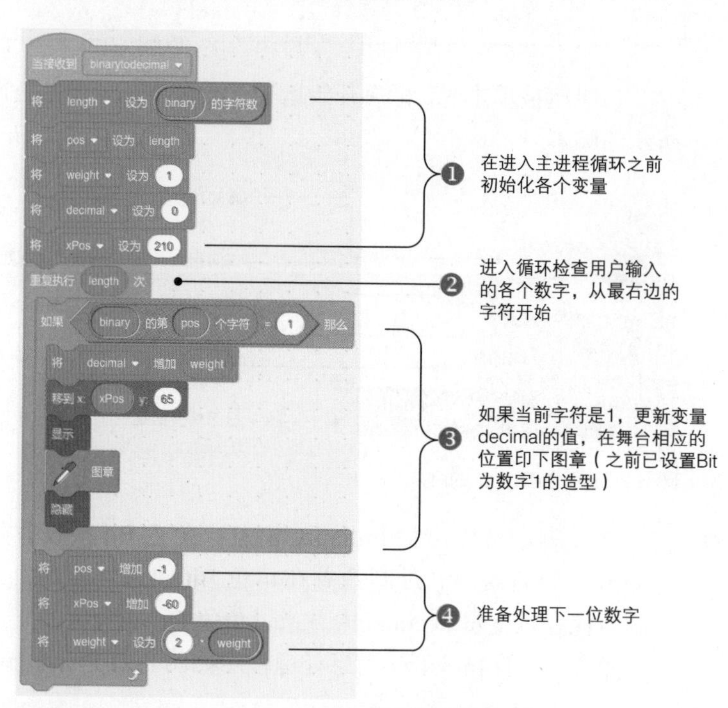

图 8-22：角色 Bit 的 BinaryToDecimal 消息处理程序

过程首先初始化所有的变量 ❶。

- length 是用户输入二进制数的总长度。
- pos 表示输入数据的最右边的位置。
- weight，为图 8-18 中的上排最右侧的数字，即 1。
- decimal 保存输出的十进制数结果，最初为 0。
- xPos 是角色 Bit 置于最右边时的 *x* 坐标。

在循环内部 ❷，脚本检测每位数字是否为 1。如果是 ❸，则将变量 decimal 的值增加 weight，随后印下数字 1 的造型，覆盖原先的数字 0 的造型。

在循环结束前，脚本更新如下变量，为下一轮迭代做好准备。

- pos 表示移动到输入二进制数的下一位。
- xPos 是角色 Bit 下一次印下图章的位置。
- weight 设定为 weight 乘以 2，意味着每轮迭代的值依次为 1、2、4、8、16 等。

试一试 8-6

若用户输入了无效的数据，程序就会出现异常的结果，因此，程序要验证用户的输入。尝试加入两个验证：第一，用户只能输入二进制数字，换言之，只有数字 0 和 1 是有效的数据；第二，最多输入 8 位，不能超过 8 位。

刽子手游戏

Hangman.sb3

本节是经典的刽子手游戏，界面如图 8-23 所示。

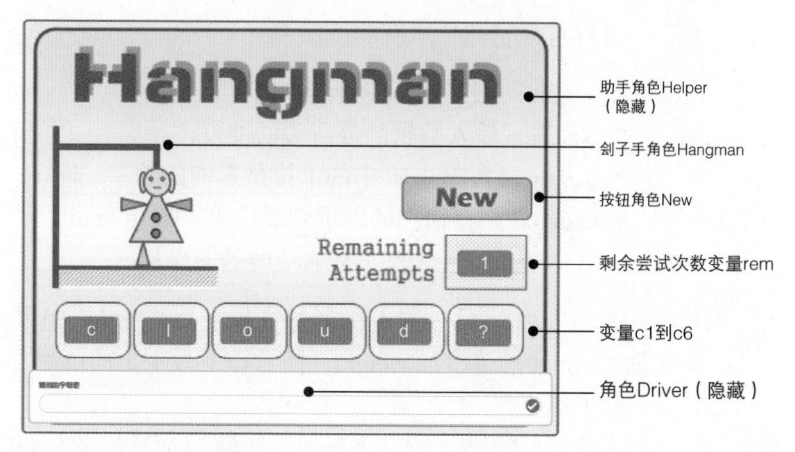

图 8-23：刽子手游戏界面

游戏随机挑选六个字母的单词，玩家共有八次机会猜测出每一个字母。如果玩家成功地猜出一个字母，游戏就会显示该单词中猜测正确的字母。否则，被吊小人的身体就会增加一部分（头、身体、左臂等）。如果八次机会之后仍然没有猜出单词，被吊小人的身体就完整了，程序认为玩家失败。如果在八次机会之内成功地猜出所有的字母，程序认为玩家胜利。本游戏共有如下四个角色。

- Driver：游戏启动后隐藏。角色提示玩家输入猜测的字母并进行处理。当游戏结束时，其展示如下两个造型之一。

Good job! You won.　Sorry! You lost.

- Hangman：该角色展示了被吊小人身体增加的过程。它包含九个造型，每个造型都比上个造型多一部分，如图 8-24 所示。

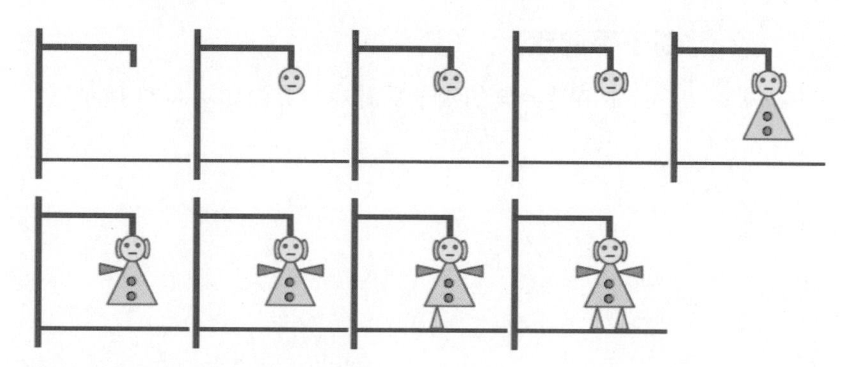

图 8-24：角色 Hangman 的九个造型

- New：舞台上的 New 按钮。
- Helper：隐藏角色。它使用七个大字显示的变量展示玩家已经猜出的字母以及剩余的尝试次数。七个变量值显示器以合适的位置定位在舞台中。之所以使用 Helper 角色更新变量值显示器而非使用其他角色，是因为这样做可以让游戏的逻辑和界面更新的逻辑相分离，使脚本的功能更加单一。你也可以在不影响游戏逻辑的情况下修改本角色，例如，让它在舞台上显示漂亮的字体或插图。

当玩家单击角色 New（即舞台上的 New 按钮）时，则广播一条 NewGame 消息，通知角色 Driver 游戏正式开始。当角色 Driver 接收到后便执行如图 8-25 所示的脚本。

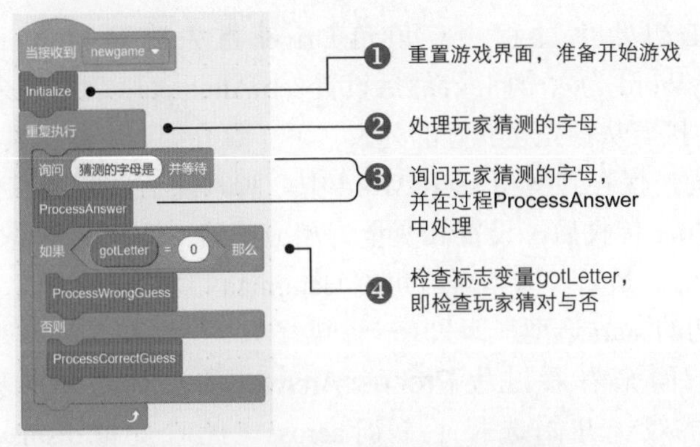

图 8-25：角色 Driver 的 NewGame 消息处理程序

脚本首先重置用户界面 ❶，然后进入循环 ❷，迭代地读取玩家猜测的字母。**停止全部脚本**积木并未出现在无限循环中，而是在角色 Driver 的其他过程中使用。

每轮迭代时，脚本都会询问并等待玩家猜测的字母 ❸。当玩家输入后，脚本调用过程 ProcessAnswer 检查该字母是否正确，并更新标志变量（gotLetter）的值。

当 ProcessAnswer 返回时，脚本根据标志 gotLetter❹ 的检查结果调用不同的过程。这两个过程随后将会讲解，先从初始化过程 Initialize 开始，如图 8-26 所示。

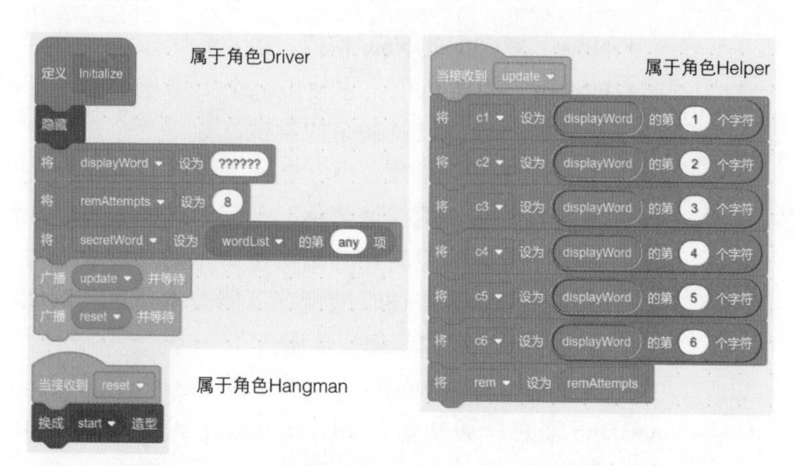

图 8-26：过程 Initialize 的脚本

在初始化过程中，角色 Driver 首先隐藏自身，设置变量 displayWord 为六个问号，然后设置 remAttempts（玩家剩余猜测次数）为 8。接着从预先建立好的列表（下一章介绍）中获得具有六个字母的单词，保存到变量 secretWord 中。脚本随后广播消息 Update，角色 Helper 接收后，设置其变量为相应的值（注意变量值显示器位于舞台上）。最后，脚本再给角色 Hangman 广播 Reset 消息，使其切换为最初的 start 造型（即只有一个架子）。

下面来看看过程 ProcessAnswer 的总体逻辑（见图 8-27）。假设游戏一开始选择了单词 across（此时变量 displayWord 的值为“??????”）。如果玩家第一次猜字母 r，过程 ProcessAnswer 应该设置标志 gotLetter 为 1，表示本次猜测正确，同时设置变量 displayWord 为“??r???”以展示正确字母的位置，再设置变量 qmarkCount（当前问号的数量）为 5。若变量 qmarkCount 等于 0，说明玩家已经猜中了所有的字母。图 8-27 就是本过程的完整脚本。

过程 ProcessAnswer 首先重置标志变量 gotLetter 和变量 qmarkCount 为 0（若当前迭代的字母与正确单词的字母不一致，则 qmarkCount 增加 1），设置临时字符串 temp 为空（构造猜测后要显示的字符串）。变量 pos 是循环计数器。

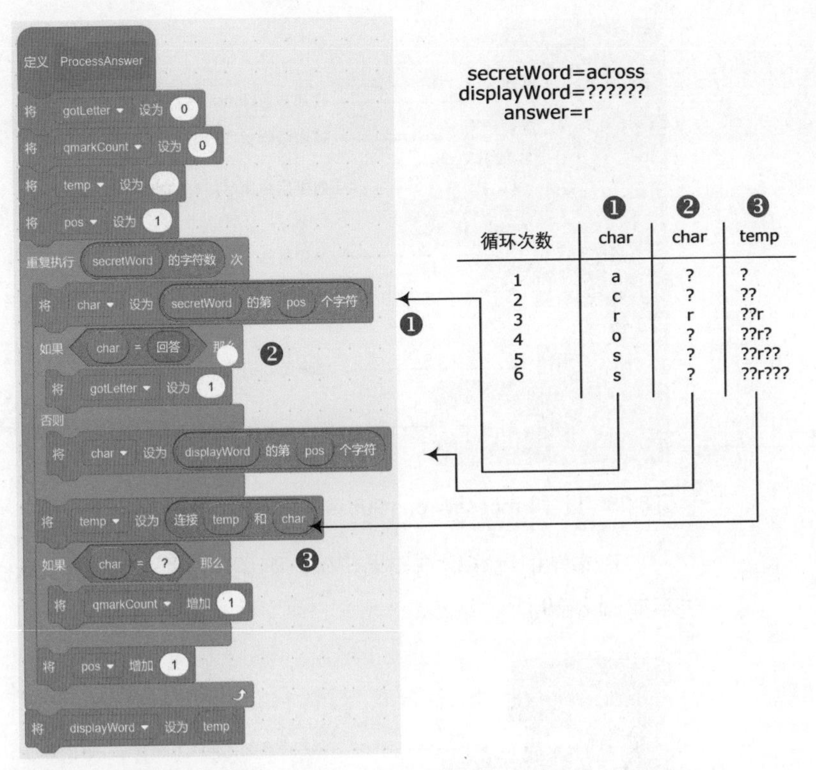

图 8-27：过程 ProcessAnswer

循环使用 pos 依次检查变量 secretWord 的每一个字母。如果正确的字母（保存于变量 char）等于玩家的猜测（即回答积木），设置标志 gotLetter 等于 1。否则设定 char 为变量 displayWord 的第 pos 个字母。无论哪种情况，脚本都将 char 加入 temp 之后，如图 8-27 右侧的表格所示。

当循环结束时，变量 displayWord 包含了显示在舞台上的六个字母，qmarkCount 记录了当前问号的数量。因此，若它等于 0，说明玩家已经成功猜中了单词。

当过程 ProcessAnswer 返回后，NewGame 消息处理程序检查标志 gotLetter，从而得知用户是否猜测正确。如果猜错，则调用过程 ProcessWrongGuess，脚本如图 8-28 所示。

该过程首先广播消息 WrongGuess，通知角色 Hangman 展示其下一个造型，然后将剩余尝试次数减去 1。如果玩家用尽所有的机会，游戏展示正确的单词并结束游戏，否则广播 Update 消息更新舞台上的变量值显示器。

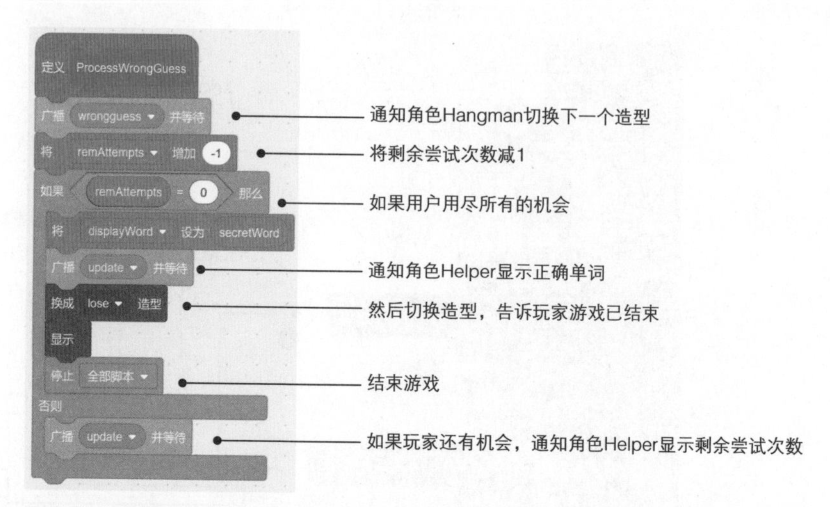

图 8-28：过程 ProcessWrongGuess

在本轮中玩家猜测如果正确，则调用过程 ProcessCorrectGuess，脚本如图 8-29 所示。

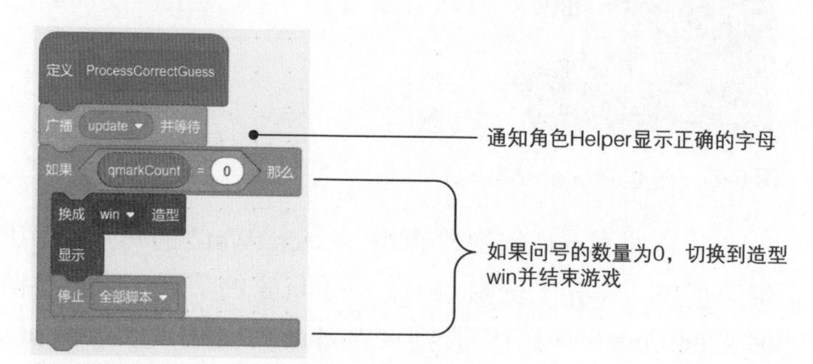

图 8-29：过程 ProcessCorrectGuess

过程 ProcessCorrectGuess 广播 Update 消息并展示玩家猜中的字母，然后检查 qmarkCount 的值。如果该值等于 0，说明玩家已经猜中整个单词，角色 Driver 切换到造型 win 并结束游戏。

试一试 8-7

本游戏没有验证用户的输入，玩家可以输入数字甚至单词。修改程序使其拒绝无效的输入。

分数运算教学工具

FractionTutor.sb3

最后一个案例是教学类游戏，可以训练学生的分数运算能力，其界面如图 8-30 所示。玩家首先选择运算符（+、–、×、÷），然后单击 New 按钮创建一个新的分数运算问题。当玩家输入答案并单击 Check 按钮时，老师角色 Teacher（界面左下角）会检查输入并给出适当的反馈信息。

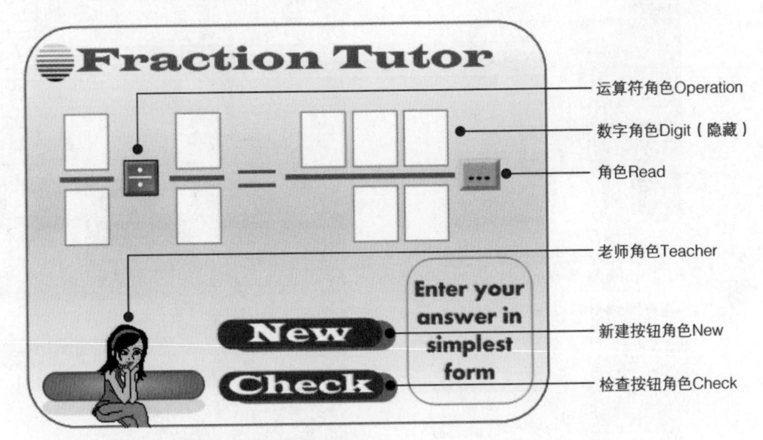

图 8-30：分数运算教学工具的界面

本程序包含六个角色：玩家通过角色 Operation 选择不同的运算符；角色 Read 显示输入框；角色 New 对应舞台上的 New 按钮；角色 Check 对应 Check 按钮；检查答案由角色 Teacher 完成；隐藏角色 Digit 使用**图章**积木将分子和分母印在舞台上。

当玩家单击角色 New（即 New 按钮）时，将执行图 8-31 所示的脚本，即把分子和分母随机设置为 1 到 9 之间的数。变量 num1、den1、num2 以及 den2 分别代表两个数的分子和分母。脚本随后广播消息 NewProblem，通知角色 Digit 将这些数字印在舞台上。

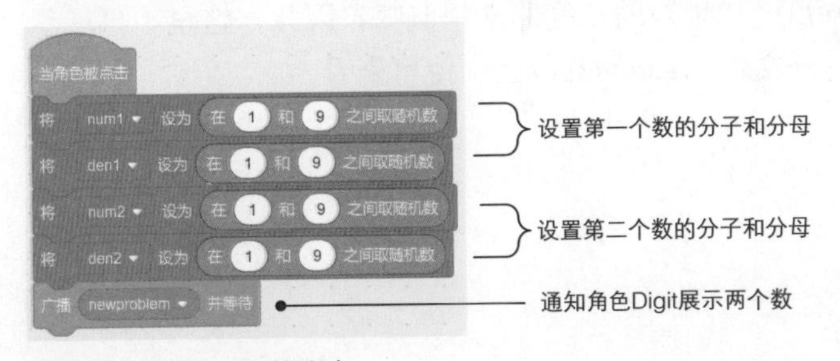

图 8-31：角色 New 的脚本

角色 Digit 有 12 个造型（即 d1 到 d12），如图 8-32 右侧所示。当角色接收到消息 NewProblem 后，脚本调用**图章**积木将两个数的分子和分母印在舞台上。脚本如图 8-32 所示。

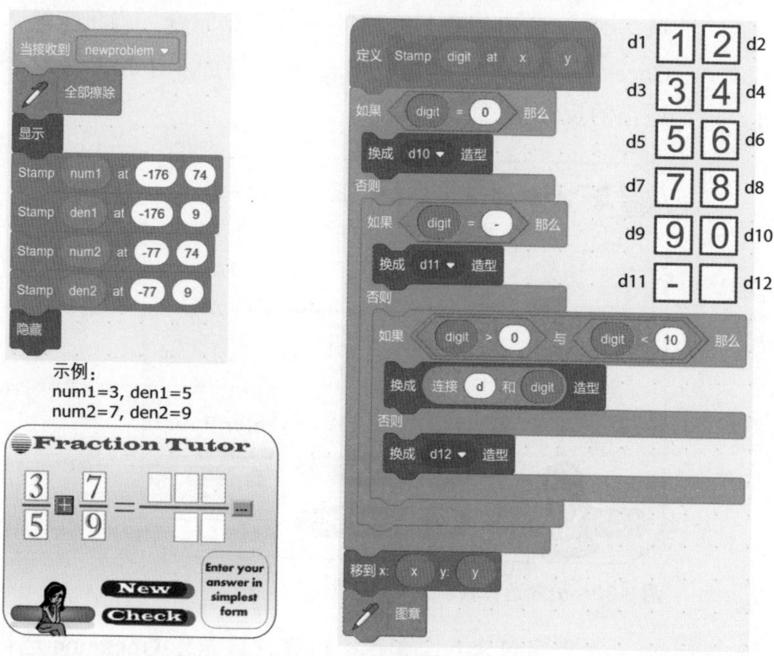

图 8-32：角色 Digit 的功能

过程使用分支嵌套结构判断参数 digit 对应哪个造型。注意**连接……和**积木构造造型名称的方法。当切换了正确的造型后，角色 Digit 移动到参数指定的 (x, y) 坐标后印下图章。

单击 New 按钮后分子分母准备就绪，然后单击 Read 按钮（即三个点）便可以输入答案，相关脚本见图 8-33。该脚本把用户的输入解析为分子和分母两个部分。你是否发现该功能与图 8-16 中的提取角度和步数的功能非常相似呢？因此，这里不再展示完整的脚本，打开文件 *FractionTutor.sb3* 便可查看。

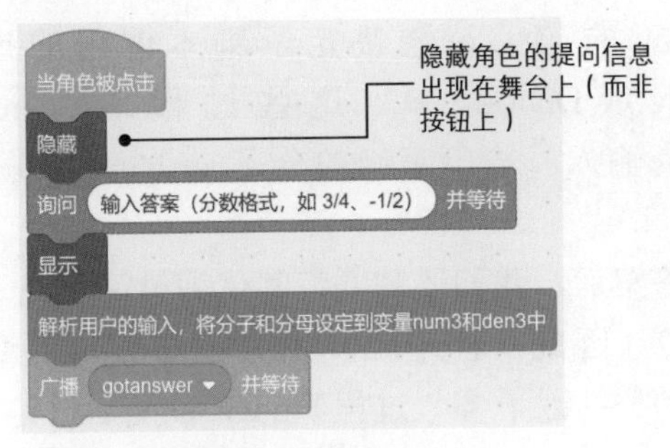

图 8-33：角色 Read 的脚本

脚本要求使用分数格式（例如 3/5 或 –7/8）进行输入，然后从用户输入中抽取分子和分母（它们被斜杠分开），分别将其设定于变量 num3 和 den3 中。例如，用户输入 –23/15，则设定 num3 为 –23，den3 为 15。最后脚本广播消息 GotAnswer，通知角色 Digit 展示用户的输入。当 Digit 接收后调用之前的 Stamp……at 过程展示结果。

输入答案后，用户单击 Check 按钮即可检查正确与否。角色 Check 会广播一条消息 CheckAnswer，通知角色 Teacher 执行如图 8-34 所示的脚本。

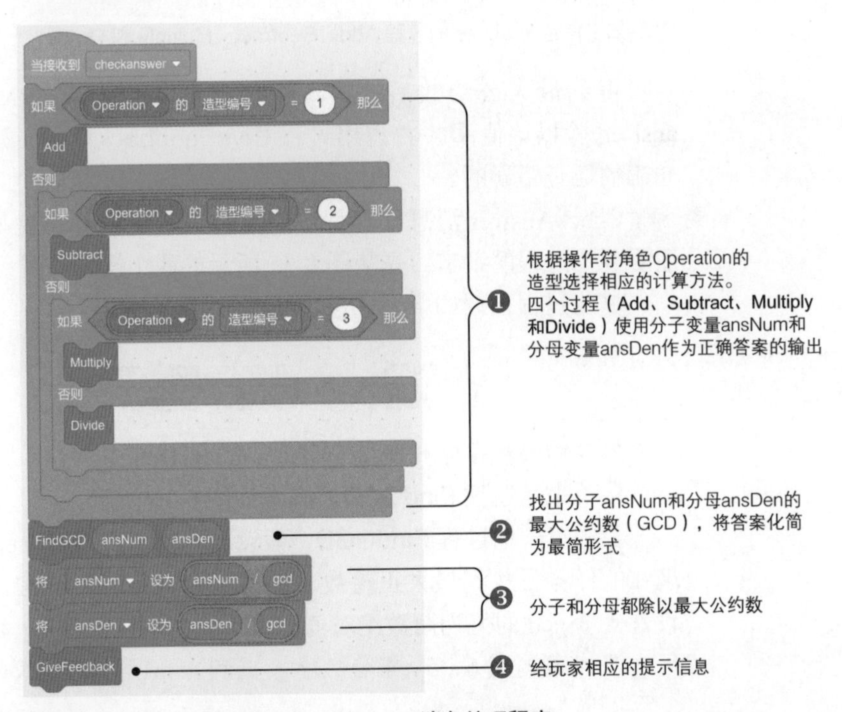

图 8-34：角色 Teacher 的 CheckAnswer 消息处理程序

角色 Operation 的当前造型决定了脚本调用的过程（Add、Subtract、Multiply 或 Divide）❶。这些过程均以 num1、den1、num2 和 den2 作为输入，输出正确的分子 ansNum 和分母 ansDen，如图 8-35 所示。

获得了正确答案后，我们还需要将其化为最简形式。例如，2/4 的最简形式为 1/2。因此，程序应找出分子与分母的最大公约数（GCD），即最大的公共因子 ❷。过程 FindGCD 随后讨论。

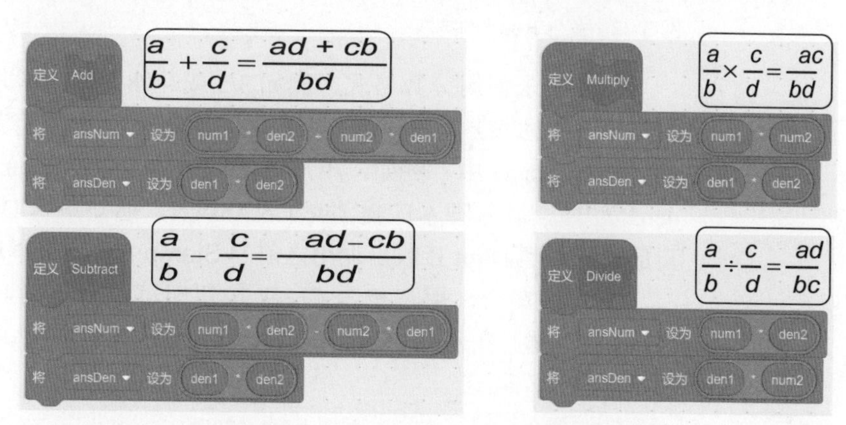

图 8-35：角色 Teacher 的过程 Add、Subtract、Multiply 和 Divide

得到最大公约数后，脚本将正确答案的分子 ansNum 和分母 ansDen 除以该值 ❸，并调用过程 GiveFeedback❹ 告诉玩家答案是正确的还是错误的。

CheckAnswer 消息处理程序的总体流程已经介绍完毕，下面来看看各个过程的细节。先从图 8-35 所示的四个操作符过程开始。

这些过程根据如下公式进行计算。

$$\frac{num1}{den1}[+,-,\times,\div]\frac{num2}{den2}=\frac{ansNum}{ansDen}$$

最终结果被存储在变量 ansNum 和 ansDen 中。

接下来是过程 FindGCD，脚本如图 8-36 所示。

我们走一遍过程 FindGCD，假设 num1 等于 −10，num2 等于 6。现在的任务是找到最大正整数，使其整除 num1 和 num2。过程首先设置变量 gcd 的值为两数绝对值的最小值，本例即为 6。随后进入循环，迭代地测试 6、5、4 等数字，直到 num1 和 num2 均被其整除。

该数字即为求得的最大公约数。本例中的 gcd 等于 2，因为 -10 和 6 可以被 2 整除。

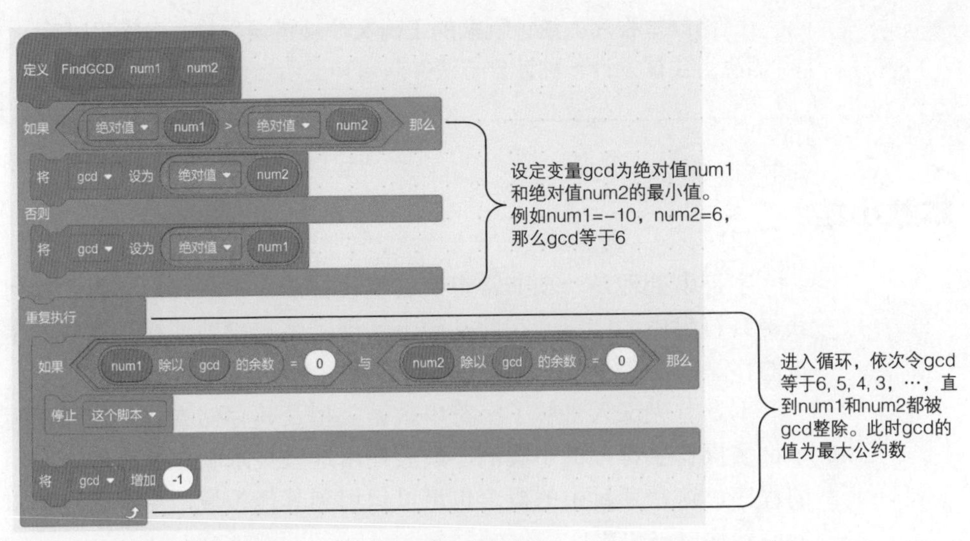

图 8-36：角色 Teacher 的过程 FindGCD

最后是过程 GiveFeedback，它将正确答案的最简形式与用户的输入进行比较并显示适当的信息，如图 8-37 所示。图 8-37 右侧举例说明了分支结构的三条路径。

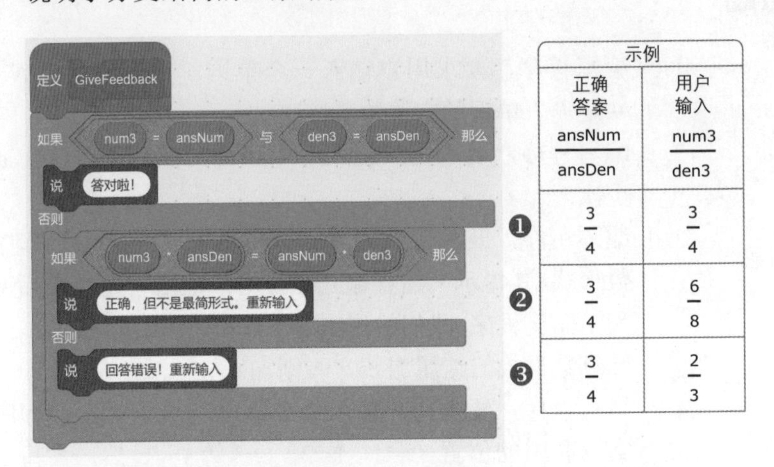

	示例	
	正确答案 ansNum/ansDen	用户输入 num3/den3
❶	3/4	3/4
❷	3/4	6/8
❸	3/4	2/3

图 8-37：角色 Teacher 的过程 GiveFeedback

试一试 8-8

修改本程序，统计玩家的正确次数、错误次数、回答用时等信息。尝试设计一种计分方法并向用户显示当前分数。

本章小结

字符串处理是一项非常重要的编程技能。本章我们学习了如何获得字符串中的字符，在此基础上实现了字符串的连接、比较、字符的移除以及字符顺序重排等功能。

本章首先深入讲解了字符串数据类型及其存储方式，然后编写了许多操作字符串的小案例，最后使用这些技术制作了有趣又实用的程序。这些项目中的概念也可以运用到其他领域，希望它能丰富并完善你自己的项目。

下一章将学习列表，它可以批量地存储并操作变量。掌握了列表的知识后，你就掌握了所有编写 Scratch 程序的工具。

练习题

1. 编写程序，要求用户输入一个单词，然后将其说 *N* 次。其中，*N* 是输入单词的字符数量。
2. 编写程序，要求用户输入一个单词，然后统计字母 a 出现了多少次。
3. 编写程序，要求用户输入一个单数形式的名词，程序输出其复数形式。（提示：检查输入字符串的最后一个或最后两个字母。）为了简化程序，我们的规则非常简单：如果单词以 ch、x 或 s 结尾，其复数形式的结尾加 es，否则加 s。
4. 编写程序，要求用户输入一个字母（从 a 到 z），程序输出其在字母表中的位置（a=1，b=2，c=3 等）。显然，大写字母和小写字母没有差异。（提示：新建变量 alpha 保存整个字母表，类似于图 8-9，使用循环结构查找输入的字母在变量 alpha 中的位置。）
5. 编写程序，要求用户输入一个字母，程序显示该字母之前的一个字母。（提示：使用上一题中的方法。）

6. 编写程序，要求用户输入一个正整数，程序将其每位数字相加后显示。例如，用户输入了 3582，程序显示 18（即 3+5+8+2）。
7. 编写程序，要求用户输入一个单词，然后使用**说**积木显示反转后的输入。例如，用户输入了 abc，程序显示 cba。
8. 编写程序，要求用户输入一个数字，程序在数字之间插入空格。例如用户输入了 1234，输出字符串应为 1 2 3 4。（提示：每两个数字之间插入一个空格。）
9. 创建比较分数大小的游戏，界面如下所示。单击 New 按钮时，游戏随机生成两个分数。玩家可以单击操作符按钮，选择大于 (>)、小于（<）或等于（=）。单击 Check 按钮检查答案并给予相应的提示。打开文件 *CompareFractions.sb3*，完成脚本。

CompareFractions.sb3

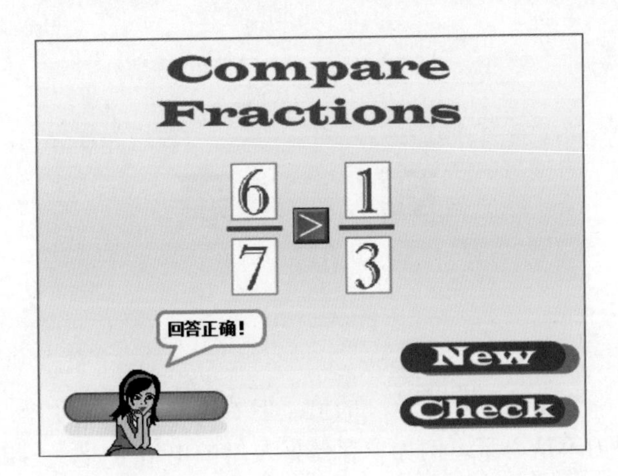

第 9 章

列　表

变量可以存储单一的值。但若存储一系列的值，单个变量就显得力不从心了。例如，存储好友们的电话号码、一堆书的书名或一个月的温度值。假设要存储 20 个电话号码，那么程序不得不使用 20 个变量！没错，对 20 个变量进行操作将是一件非常麻烦的事情。本章介绍的 Scratch 列表可以把相关的值整合在一起，从而解决此类问题。本章包括如下内容。

- 创建并使用列表
- 初始化列表并访问其中的变量
- 基本的排序和搜索算法
- 使用列表制作更多强大的程序

首先我们介绍列表的建立方法及其相关的积木，学习如何把用户输入的值填充到其中。然后介绍纯数字变量构成的列表及其相关应用，如查找最大值、最小值和平均数等，再学习一种排序算法。

最后制作一些列表的案例，结束本书的内容。

Scratch 的列表

列表是存放许多变量的一个容器，你可以存储或者获得容器中每一个变量的值。它就像有许多抽屉的梳妆台一样，每一个抽屉都存放着物品。建立列表的第一步与创建变量一样，都要给予其有实际含义的名称，然后通过变量在列表中的位置访问其中的每个变量。图 9-1 展示了名为 dayList 的列表，其中存储了七个字符串变量，表示从星期一到星期日。

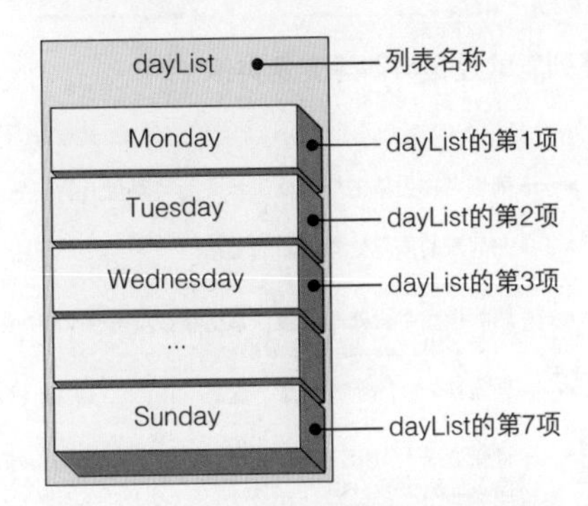

图 9-1：包含星期一到星期日的列表

为了获得列表中的变量，你可以指定变量在列表中的索引（或叫作位置）。在 Scratch 中，列表第 1 项的索引为 1，第 2 项的索引为 2。例如，Tuesday（星期二）是列表的第 2 项，所以其索引为 2。因此，若要得到列表 dayList 的第 3 项，只需要执行**的第 3 项**积木。

让我们开始创建列表吧！随后学习列表的管理和操作，了解 Scratch 如何响应无效的列表操作。

创建列表

创建列表和创建变量非常相似。首先单击变量模块中的**建立一个列表**按钮，打开如图 9-2 右侧所示的对话框，输入列表的名称（本例为 dayList），再选择其作用范围。若选择**适用于所有角色**，则创建所有的角色都可以访问的全局列表。若选择**仅适用于当前角色**，则创建仅属于当前角色的局部列表，即只有拥有它的角色才能操作。

单击**确定**后，Scratch 即可创建一个新的空列表（即没有包含任何变量的列表），并产生如图 9-3 所示的积木，这点和创建变量很像。

使用这些积木便能在脚本中操作列表。例如，向列表添加变量，将变量插入到指定的位置，删除或替换其中的变量。

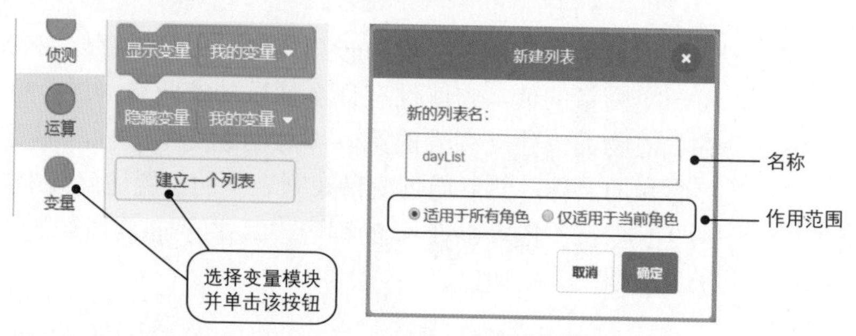

图 9-2：在 Scratch 中，创建列表的过程与创建变量类似

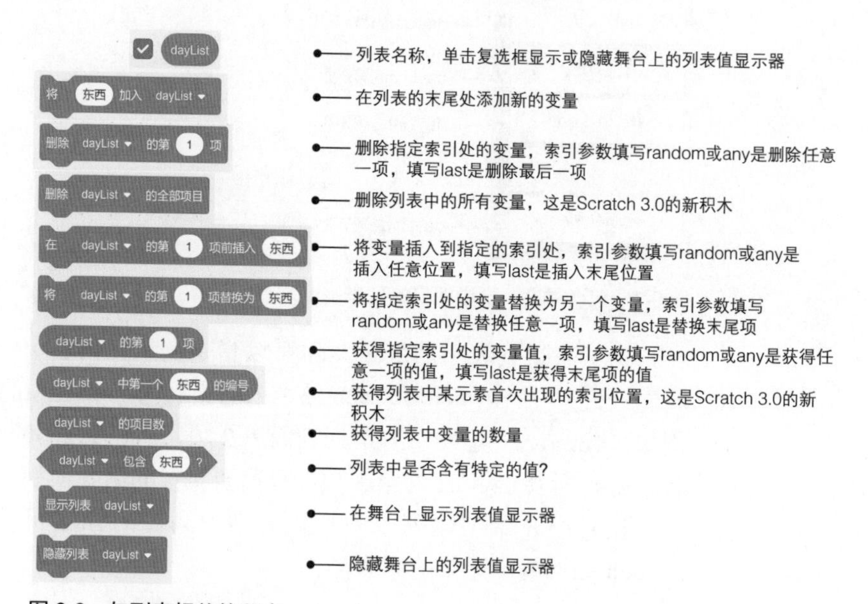

图 9-3：与列表相关的积木

新的列表创建完后，列表值显示器默认显示在舞台中，如图 9-4 所示。列表最初是空的，因此长度为 0。单击图 9-4 中的加号添加新变量。

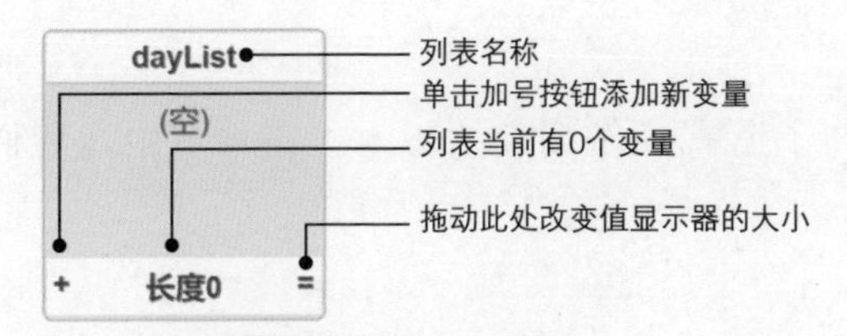

图 9-4：新创建的空列表的值显示器

在程序运行前，如果列表中存储的内容已经确定（如 dayList 列表中星期的英文），那么你可以单击加号按钮将变量加入列表 dayList 中，如图 9-5 所示。

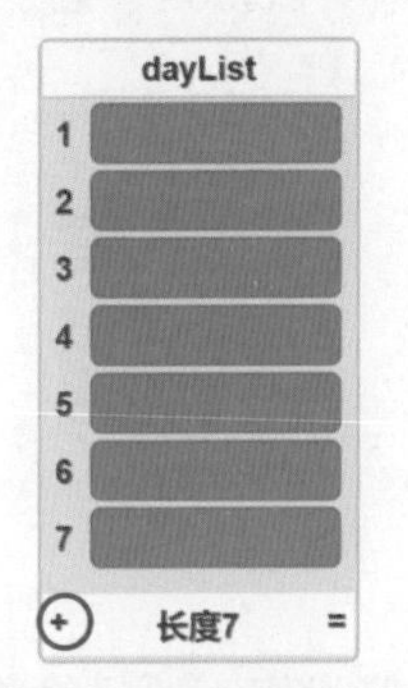

单击七次加号，添加七个变量

单击编辑框输入字符串

图 9-5：填充列表 dayList

单击左下角的加号七次创建七个变量，然后在每个编辑框中输入周一到周日的英文单词。使用键盘上的 Tab 键能快速切换到下一个变量。当选中某个变量后单击加号或按下回车键，新变量将插入到当前选中的变量之后。

试一试 9-1

使用周一到周日的英文单词填充列表 dayList，如图 9-5 所示。列表中的变量支持中文吗？快试一试吧！

列表的积木

图 9-3 罗列了所有操作列表的积木。在本节中，我们将逐一学习它们的功能。

添加和删除

将……加入积木将新变量加到列表的末尾，**删除……的第……项**积木将指定位置的变量移除，如图 9-6 所示。

脚本先执行**删除**积木，移除了列表中的第二个字符串变量“Orange”。然后使用**加入**积木将字符串“Lemon”置于列表的末尾。

图 9-6：使用加入和删除积木修改列表

加入积木非常直观，不再解释，但我们需要仔细看看**删除**积木。在其第二个参数中可以输入希望被删除变量的索引，也可以输入特殊值：all、last 或 random（或 any）。输入数字 1 将删除第一个变量（“Apple”），输入 last 将删除末尾变量（“Mango”），输入 random（或 any）则删除列表中的任意一项，输入 all 将删除列表中的所有变量（等价于积木**删除……的全部项目**）。

插入和替换

假设我们想使用列表存储好友的姓名和电话号码（就像手机中的通信录）。首先创建列表，然后把每位好友的信息录入到列表中。当添加新好友或某位好友的电话号码需要更新时，使用**插入**和**替换**积木可以实现列表的更新，如图 9-7 所示。

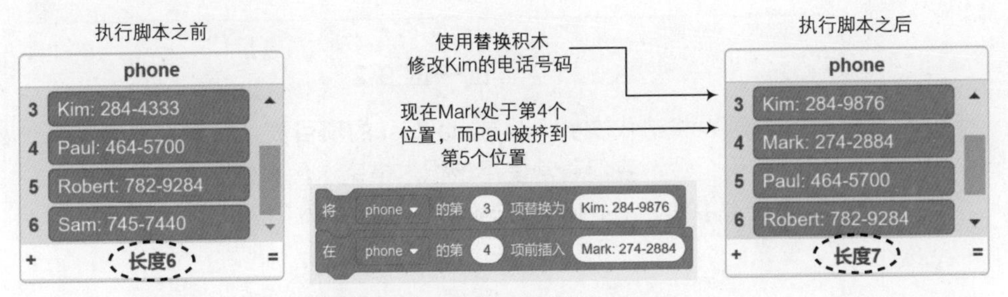

图 9-7：使用插入和替换积木更新列表中的电话号码

替换积木将 Kim 的旧电话号码替换成新的。**插入**积木将新好友 Mark 的信息插入到列表的第四个位置。注意，原第四个位置的变量及其之后的变量都会向后移动一个位置。

两种积木的参数都可以输入特殊值。输入 1 则插入和替换首个变量，输入 random（或 any）则随机插入和替换变量位置，输入 last 则插入和替换最后一个变量。

获得列表中的变量

正如前面所说的，我们可以通过索引获得列表中的变量值。例如，图 9-8 所示的脚本使用变量 pos 迭代地执行**的第……项**积木，依次获得列表 dayList 中的变量，并用**说**积木显示。

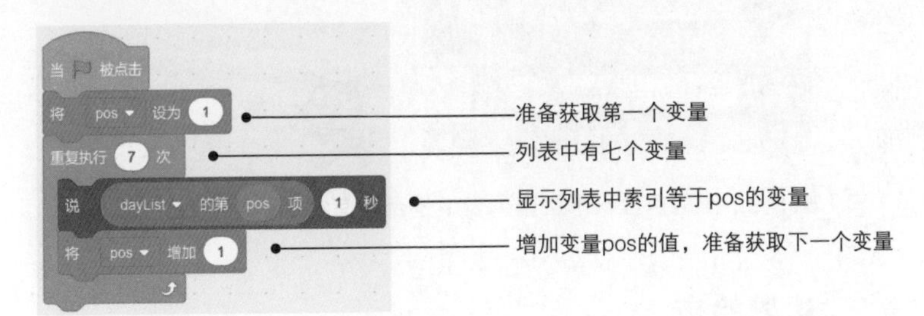

图 9-8：显示列表 dayList 中的每一天

脚本首先初始化变量 pos 为 1，准备获取列表 dayList 的第一个变量，然后进入循环。迭代次数被设置为列表的变量个数 7。每轮迭代时，脚本显示列表中索引等于 pos 的变量值，再增加 pos 的值以获取下一个变量。换言之，变量 pos 被当作列表的索引以获取特定的变量。

试一试 9-2

可以将迭代次数 7 换成 **dayList 的项目数**，如果不知道列表的变量个数，我们通常使用该积木指定迭代次数。若在**的第……项**积木中输入 random（或 any），那么脚本则随机显示列表中的变量。

包含积木

包含……？积木检查列表是否包含某个特定的变量值，包含则返回 true，否则返回 false。图 9-9 展示了它的用法。因为列表 dayList 含有字符串变量"Friday"，因此，**如果……那么**中的**说**积木将被执行。

注意　**包含**积木不区分大小写。换言之，例如，使用 **dayList 包含 FriDAY ?** 积木，则依然返回 true。

图 9-9：使用包含积木检查列表中是否含有特定的字符串

边界检查

图 9-3 中的积木有四个（**删除、插入、替换和的第……项**）需要索引参数。例如，删除列表 dayList 中的第七个变量，我们使用**删除 dayList 的第 7 项**积木即可。但若索引值无效会怎么样呢？例如，当删除第八个变量时（列表 dayList 只有七个变量），Scratch 会如何响应？

从技术角度讲，索引值超过列表边界是错误的。但是 Scratch 并不会显示一条错误信息或停止程序运行，相反，它会忽略错误。因此，若程序没有提示错误消息，并不一定意味着不存在错误。当问题出现时，我们依然需要修复现存的错误。Scratch 不会提示索引超越了边界，但通常情况下会产生非预期的行为。表 9-1 罗列了无效索引产生的结果。

表 9-1：无效索引产生的非预期结果

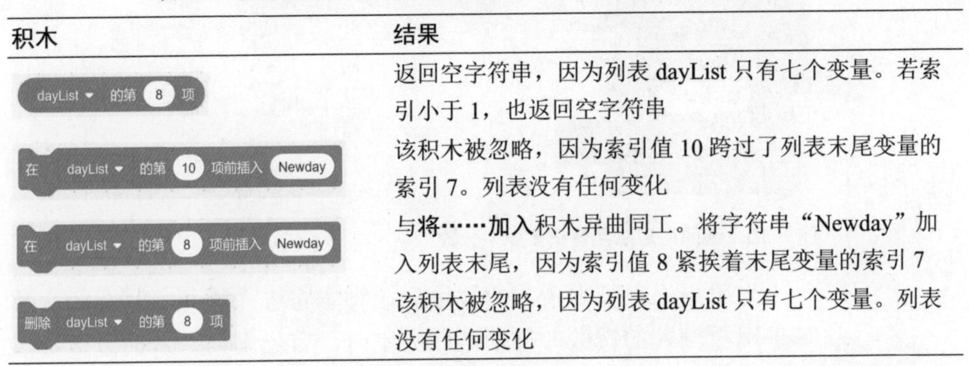

积木	结果
dayList ▾ 的第 8 项	返回空字符串，因为列表 dayList 只有七个变量。若索引小于 1，也返回空字符串
在 dayList ▾ 的第 10 项前插入 Newday	该积木被忽略，因为索引值 10 跨过了列表末尾变量的索引 7。列表没有任何变化
在 dayList ▾ 的第 8 项前插入 Newday	与将……加入积木异曲同工。将字符串“Newday”加入列表末尾，因为索引值 8 紧挨着末尾变量的索引 7
删除 dayList ▾ 的第 8 项	该积木被忽略，因为列表 dayList 只有七个变量。列表没有任何变化

表 9-1 的例子表明，虽然 Scratch 会尝试执行无效的用户输入，但这未必是用户的真实意图。因此，我们应当给程序提供正确的输入，让它按照正确的逻辑运行。

到目前为止，我们都是通过列表值显示器手工填充列表。但是更多的情况下，我们事先并不知道列表的内容，那么如何填充呢？例如，怎样让列表的变量值均由用户输入而来？或是全部由随机数组成？这就是下一节的主题。

动态列表

列表的功能非常强大，因为它能在程序运行时动态地增减内部变量。例如，在登记成绩的程序中，老师登记学生的成绩并做进一步处理（查找某个班级的最高分、最低分、平均分、中位数等）。但不同班级的学生数量是不一样的。对于一班，老师可能需要登记 20 个人的分数，对于二班则可能是 25 个。那么程序如何知道老师完成了所有分数的登记呢？下面将给出答案。

本节首先介绍两种向列表填充数据的方法，然后学习如何处理纯数字变量的列表。当理解了这些基本概念后，你就可以将其使用在自己的程序中。

向列表填充用户输入

填充用户的输入通常有两种方法。第一种方法是先询问用户需要录入多少个数据，然后循环填充用户的输入。图 9-10 的脚本展示了这种方法。

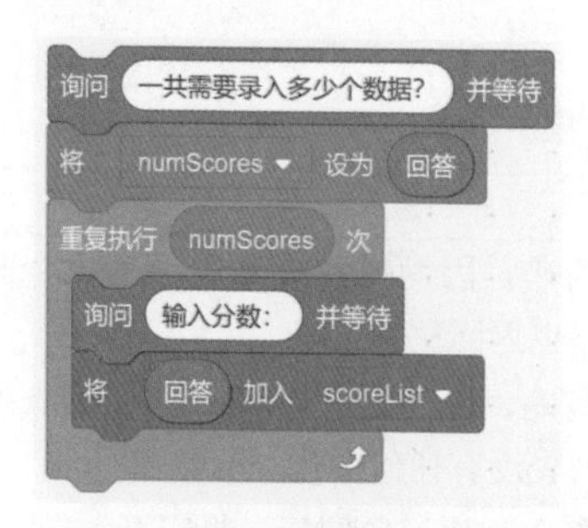

图 9-10：询问用户需要登记多少个分数

当用户告诉脚本录入的数量后，脚本将进入循环，其迭代次数等于用户输入的次数。每轮迭代脚本时，首先询问录入的分数，然后将其加到列表 scoreList 的末尾。

动态填充列表的第二种方法是让用户输入一个特殊值（或称为标记）表示列表的末尾。当然，我们选择的标记不能被误认为是列表中的变量值。例如，当列表中的变量值都是正数或姓名时，标记 –1 就是很好的选择。反之，若列表中需要录入负数，那么标记 –1 就会产生二义性（即产生歧义）。对于列表 scoreList 来说，标记 –1 是非常合适的，因此，脚本使用该标记检测用户何时完成输入，如图 9-11 所示。

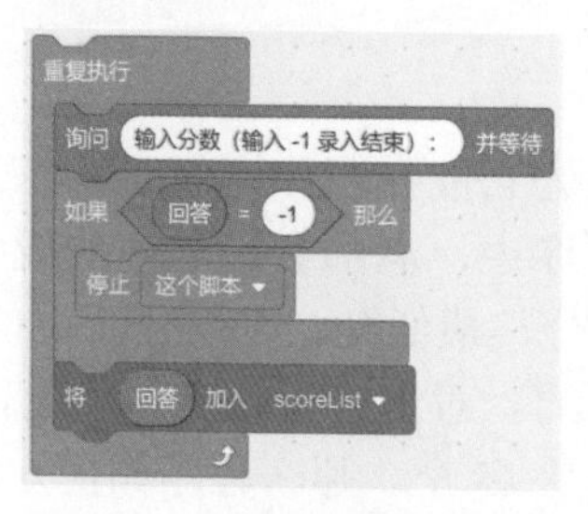

图 9-11：使用标记控制列表的填充数量

每轮迭代时，脚本先提示用户输入一个数字，接着立刻将其与标记 –1 进行比较。注意，在用户输入时提示“输入 –1 录入结束”，这样会有更好的用户体验。如果用户输入 –1，说明我们录入了全部数据，本段脚本停止。否则，用户的输入会填充到列表的末尾，然后再次要求输入新的数据。图 9-11 右侧展示了用户输入三个分数和标记后的列表 scoreList。

绘制柱状图

Barchart.sb3

下面我们来制作一个比较实用的案例，它可以根据用户输入的数字绘制条图（也称为柱状图）。为了简单，程序仅接收五个数字，每个在 1 到 40 之间。当输入五个数字后，程序便会按照一定的比例绘制五个柱状条。用户界面如图 9-12 所示。

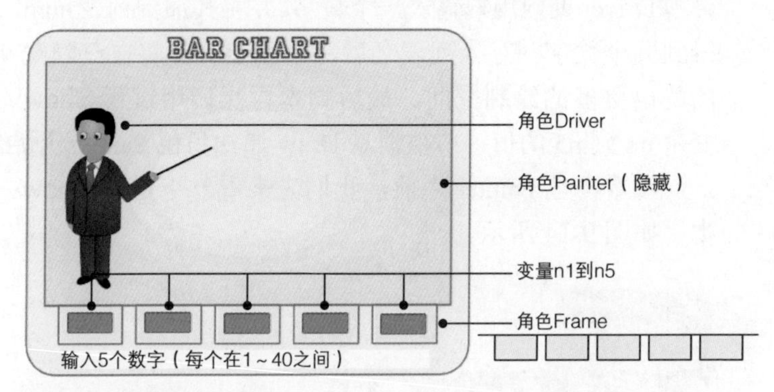

图 9-12：程序的用户界面

该程序包含三个角色：角色 Driver 控制整个程序的运行流程，即获得用户输入，接着填充列表，而后通知角色 Painter 准备绘图；角色 Painter 是隐藏的，它负责绘制柱状图；角色 Frame 仅起装饰作用，它可以遮住柱状条底部的半圆部分，使其底部平整。柱状条底部的五个数值分别是变量 n1 ～ n5，其显示方式为大字显示。单击绿旗图标后，角色 Driver 执行如图 9-13 所示的脚本。

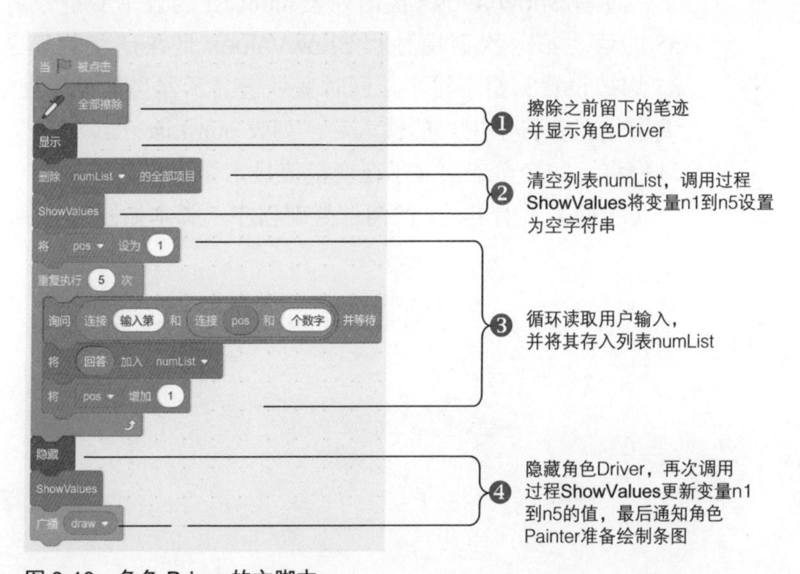

图 9-13：角色 Driver 的主脚本

角色 Driver 首先擦除画笔之前已经绘制的柱状图，再将自己显示到舞台上❶。然后脚本删除列表 numList 中的所有变量，准备存储用户的输入，再调用过程 ShowValues❷ 设置变量 n1 到 n5 为空字符串，使其变量值显示器为空。

一切准备就绪后，脚本进入循环❸，迭代五次。每轮迭代时，脚本 Driver 询问用户输入一个数字，并将其加到列表 numList 的末尾。得到五个数字并存入列表之后，角色 Driver 将自己隐藏❹，给柱状图腾出更多的绘制空间。最后脚本再次调用过程 ShowValues 更新变量 n1 到 n5 的值，广播消息 Draw 通知角色 Painter 开始绘制条图。

在看角色 Painter 之前，我们先来看一下过程 ShowValues 的脚本，如图 9-14 所示。

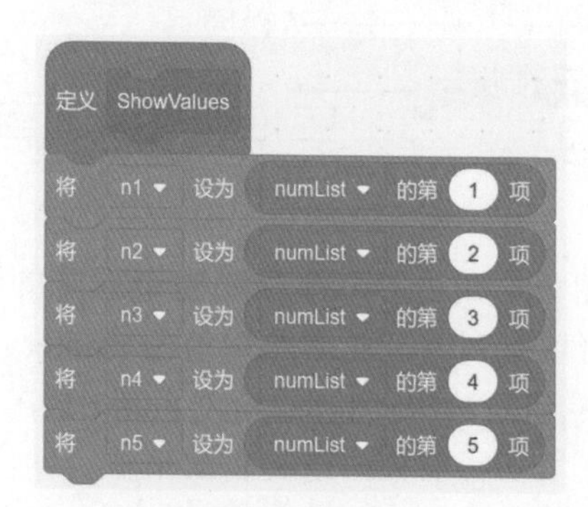

图 9-14：过程 ShowValues

过程 ShowValues 根据列表 numList 的五个变量分别设置 n1 到 n5 的值。第一次调用过程 ShowValues 是在清空列表之后，n1 到 n5 均被设置为空字符串，同时变量值显示器也被设置为空。第二次调用是在获得了用户的输入后，列表 numList 已经包含了五个变量，过程将这些变量依次显示在变量值显示器中。

下面来看看 Draw 的消息处理程序，脚本如图 9-15 所示。

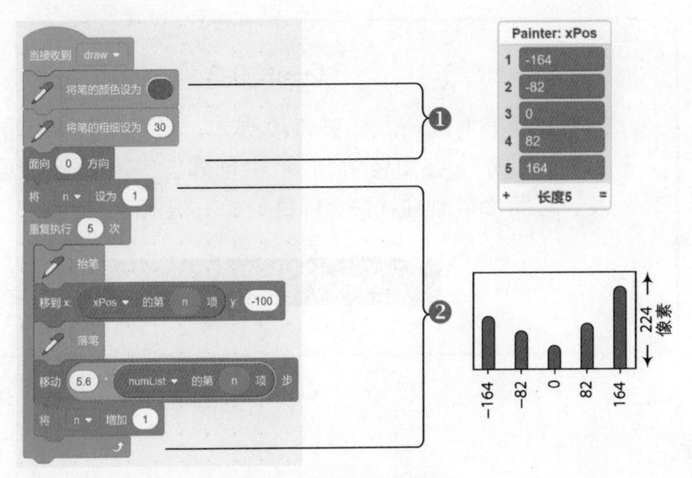

图 9-15：角色 Painter 的 **Draw** 消息处理程序

脚本首先设置画笔颜色，然后设置其大小为较大的数以绘制更宽的柱状条。为了垂直地绘制，脚本设置角色初始的方向为向上 ❶。

随后脚本进入循环，准备绘制五个柱状条 ❷。由于事先已经知道各柱状条的 *x* 坐标，因此，我们将其存储到列表 xPos 中，如图 9-15 所示。每次迭代时，角色 Painter 移动到当前柱状条的 *x* 坐标，落笔后向上移动绘制柱状条。

柱状条的高度与列表 numList 的变量值大小成正比。本程序的绘制区域在舞台上的高度为 224 像素，而用户输入的最大值为 40。因此，为了得到列表 numList 中对应的舞台高度（像素），我们需要将其乘以 5.6（即 224/40）。图 9-16 展示了本程序的绘制结果。

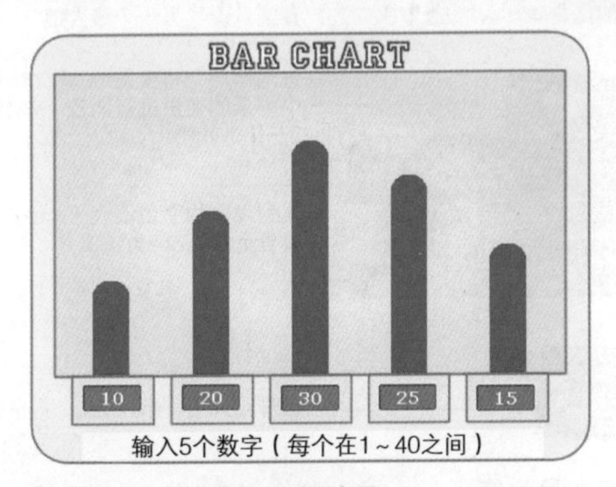

图 9-16：柱状图的绘制结果

> **试一试 9-3**
>
> 打开程序并运行。尝试修改脚本，使每个柱状条的颜色各不相同。提示：在角色 Painter 中创建含有五个颜色值的列表 color，在每次绘制柱状条之前执行如下积木。
>
> 
>

数字列表

纯数字变量构成的列表在实际编程中很常见，例如，存储分数、温度、产品价格等数据。本节将讲解数字列表中一些常见的操作，包括找出最大值和最小值、计算平均数。

寻找最值

FindMax.sb3

如果你是一名教师，你一定想知道期末考试中谁的分数最高，而程序便可以帮助我们完成该任务。图 9-17 的脚本能找出列表 score 中的最大值。

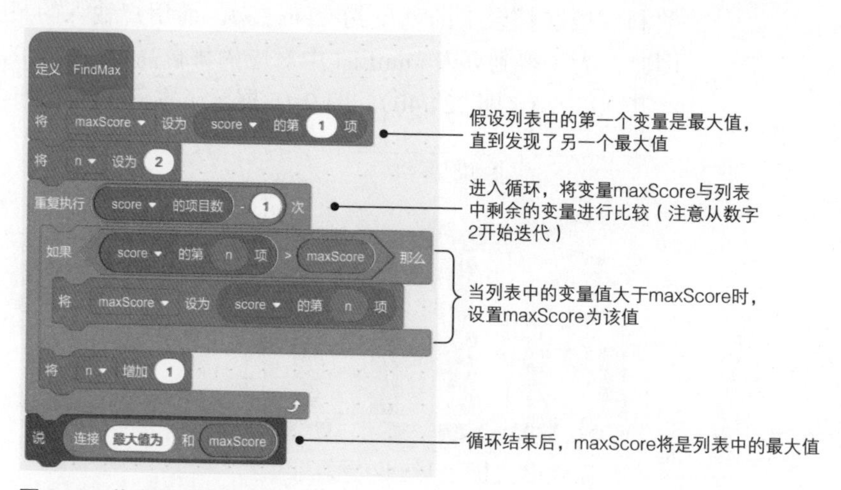

图 9-17：找出数字列表的最大值

过程 FindMax 首先设置变量 maxScore 为列表中第一个变量的

值，然后进入循环将 maxScore 和列表中其余的变量进行比较。每次迭代时若发现列表的某一项大于 maxScore，则将 maxScore 设置为该数值。当循环结束后，变量 maxScore 存储的一定是列表中的最大值。

找出列表的最小值与找出最大值类似。我们首先假设列表中的第一个变量是最小值，然后进入循环，依次检查剩余的变量。迭代时若发现更小的值，则更新最小值变量为该值。

试一试 9-4

根据本节的内容实现过程 FindMin，并找出列表 score 的最小值。

计算平均数

FindAverage.sb3

下面我们编写计算平均数的过程 FindAverage。平均数等于 N 个数字之和除以 N，脚本如图 9-18 所示。

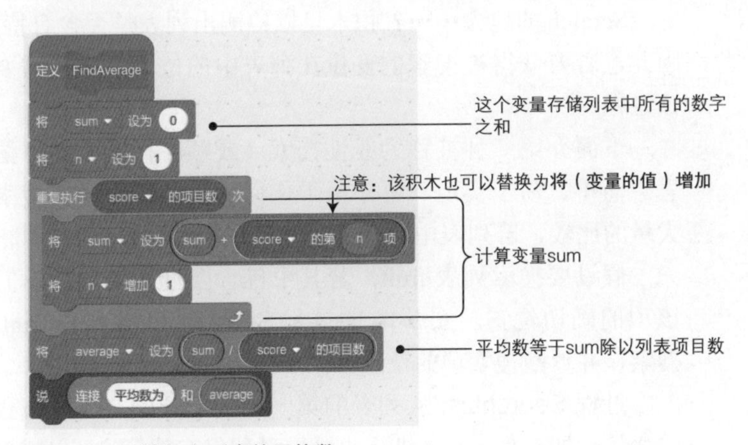

图 9-18：计算数字列表的平均数

过程 FindAverage 依次迭代列表 score 中的分数，并通过变量 sum 将其累加在一起。（变量 sum 在脚本进入循环之前就初始化为 0。）当循环结束后，脚本只需要用 sum 除以列表的项目数即可得到平均数，最后将其存储到变量 average 中。

注意 对变量进行累积求和也称为累加器模式（accumulator pattern），该模式在编程中很常见。

下面将学习列表中更常用的搜索和排序操作。

> **试一试 9-5**
>
> 将三个过程 FindAverage、FindMax 和 FindMin 整合到一个过程 ProcessList 中，使其同时显示列表 score 的平均数、最大值和最小值。

搜索和排序

如果手机的通信录未按字母表排序，那么找出某位好友的信息将会费时费力。为了解决该问题，你可能会将通信录按照姓名排序，然后进行搜索，从而得到好友的电话号码等信息。本节将介绍编程中常见的两种操作：搜索和排序。

线性搜索

SearchList.sb3

Scratch 的**包含……？**积木可以检测出列表是否含有特定的变量。因此，若要获得被搜索的变量在列表中的位置，我们需要亲自实现该过程。[①]

下面介绍一种被称为线性搜索（或顺序搜索）的算法。该算法思想简单、易于实现，可作用于任何列表。然而线性搜索需要进行大量的比较，若列表中的变量较多，花费时间较长。

假设要搜索列表 fruit，若其中包含要搜索的项，我们希望找出该项的确切位置。图 9-19 的过程 SearchList 对列表 fruit 进行线性搜索，并返回搜索项的位置。

过程 SearchList 从列表的第一个变量开始，依次与我们想搜索的变量，即参数 target 进行比较。过程仅在找到 target 或到达列表末尾时结束：如果列表找到了希望搜索的值，变量 pos 就等于该变量的索引，否则过程设置 pos 为无效值（本例为 –1），表示列表中不存在 target。图 9-20 的脚本展示了该过程的调用和输出。

---

① 译者注：虽然Scratch 3.0新增的积木“（列表）中第一个……的编号”可以得到某个变量的位置，但是还不足够灵活，例如其无法找到某变量第二次出现的位置。不过在通常情况下，Scratch 3.0新增的这块积木可以满足大部分使用场景，推荐使用。

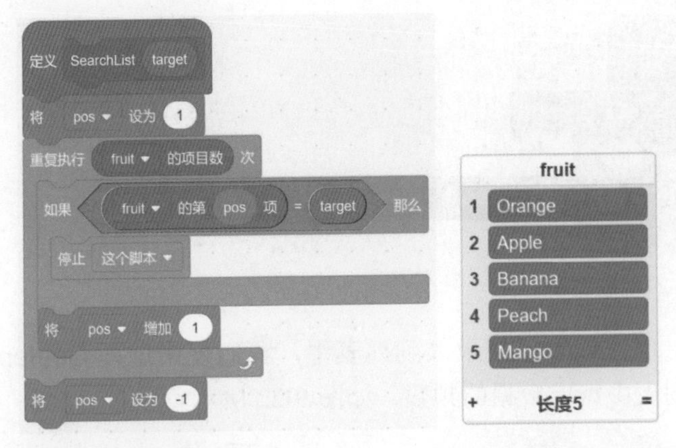

图 9-19：过程 SearchList

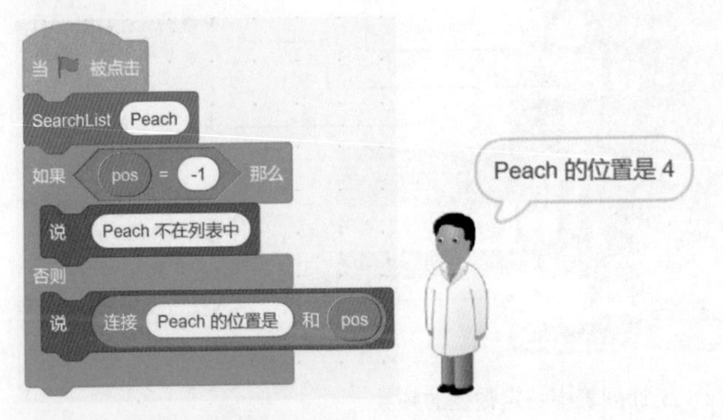

图 9-20：调用过程 SearchList

变量 pos 的值可以告诉调用者两件事：第一，待搜索的变量是否存在于列表中；第二，如果存在，pos 即位置。该脚本设置 pos 为 4，说明字符串变量“Peach”位于列表 fruit 的第 4 项。

ItemCount.sb3

频数统计

假设我们正在进行一项学校食堂饭菜质量的调查，共有 100 名学生参与其中，打分范围是 1 到 5 分。1 分表示饭菜根本无法下咽，5 分表示非常好吃。所有的投票结果都已录入到列表中，而学校要求你处理这些数据。现在校长想知道有多少学生认为饭菜特别难吃（换言之，有多少人给了 1 分），那么这个程序如何实现呢？

显然，程序需要一个过程统计列表存在多少个 1 分数据。为了模拟学生的投票数据，我们在列表 survey 中存入 100 个范围是 1 到 5 的随机数，如图 9-21 所示。

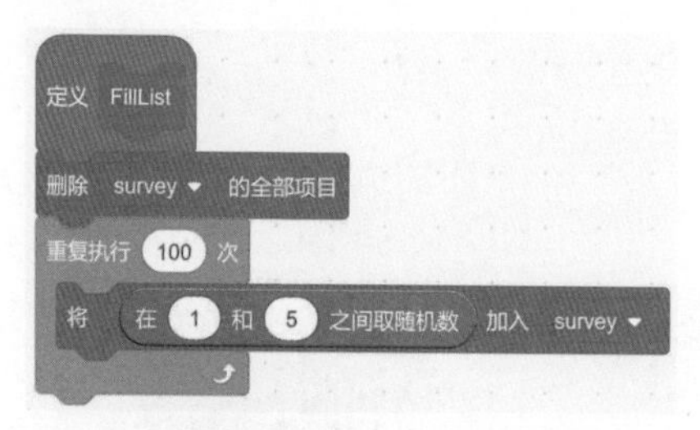

图 9-21：过程 FillList

现在选票已经录入到列表中，我们使用过程 GetItem Count 统计列表中特定数据的频数，如图 9-22 所示。

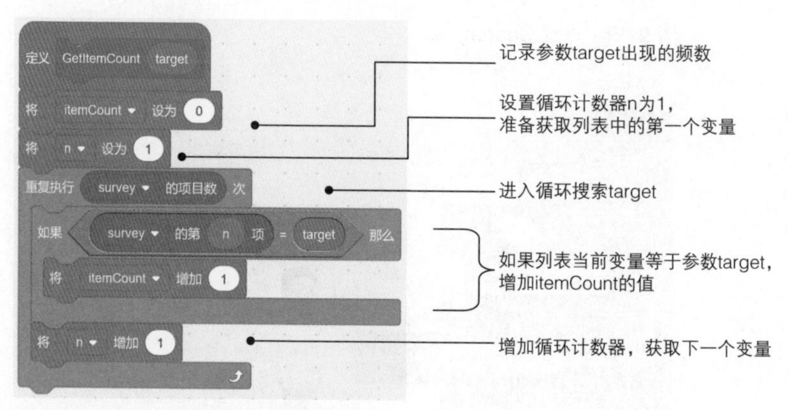

图 9-22：统计列表中特定数据的频数

参数 target 表示待统计的数据，变量 itemCount 记录了 target 出现的频数，n 是循环计数器，作为列表的索引。过程首先初始化 itemCount 为 0、n 为 1。随后进入循环，搜索变量值等于 target 的项，如果相等，则增加 itemCount。

为了向校长报告食堂饭菜的难吃程度，我们只需要以参数 1 调用 GetItemCount 即可。如图 9-23 所示。注意，如果统计速度过慢，可以隐藏列表值显示器。

图 9-23：调用过程 GetItemCount

> **试一试 9-6**
>
> 当你回答了校长的问题后，校长又好奇会有多少学生认为学校食堂非常好（5分）以及他们占总人数的百分比。修改程序，完成校长的新需求。

冒泡排序

BubbleSort.sb3

若列表中存储了姓名、电话等信息，通常我们希望将其排序后再展示。排序的方法有很多，而冒泡排序是最简单的算法之一。（之所以称为冒泡，是因为在排序的过程中数字像气泡一样“浮”到正确的位置。）本节讲解它的基本思路，再编写相应的脚本。

下列步骤详细讲解了如何使用冒泡排序算法将数字列表 [6 9 5 7 4 8] 从大到小逆序排序。

1. 首先比较列表的头两个数。因为 6 小于 9，不满足逆序排列，因此需交换两者的位置，如下图所示。

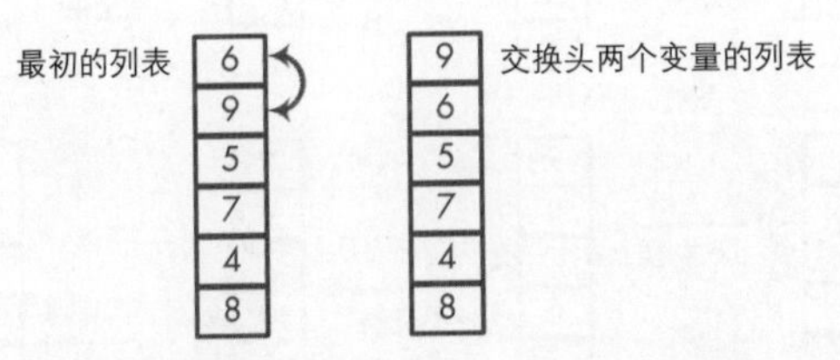

2. 现在比较第二个数字 6 和第三个数字 5。因为 6 大于 5，满足逆序排列，我们继续比较下一对数字。
3. 重复这个过程，依次比较第三和第四个数，第四和第五个数，最后比较第五和第六个数。下图演示了这三次比较的结果。

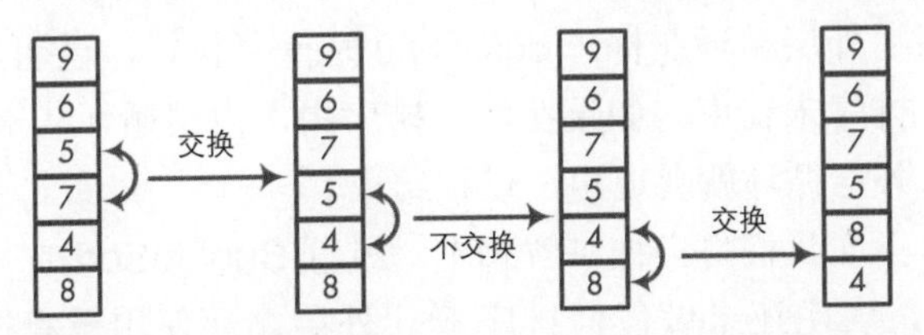

4. 至此，第一轮冒泡排序已经结束，但是列表仍然不是逆序排列的。我们需要再进行一轮冒泡排序，依然从列表的第一个变量开始进行两两比较，如果不满足逆序排列则交换。下图展示了第二

轮冒泡排序的结果。

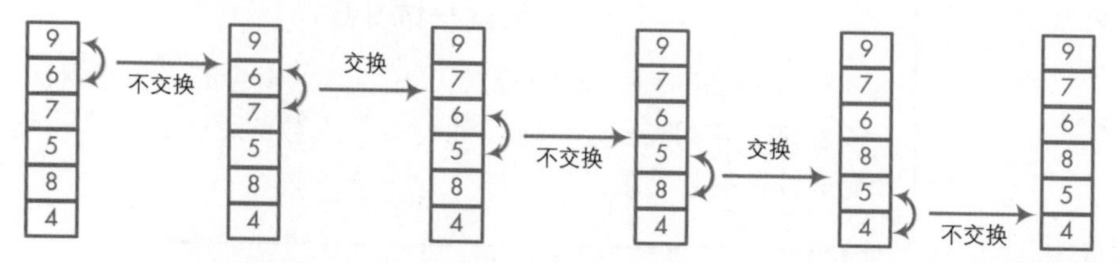

5. 我们仍需进行冒泡排序，直到本轮排序不再交换为止。没有交换就意味着列表的变量已经处于逆序排列。最后三轮如下图所示。

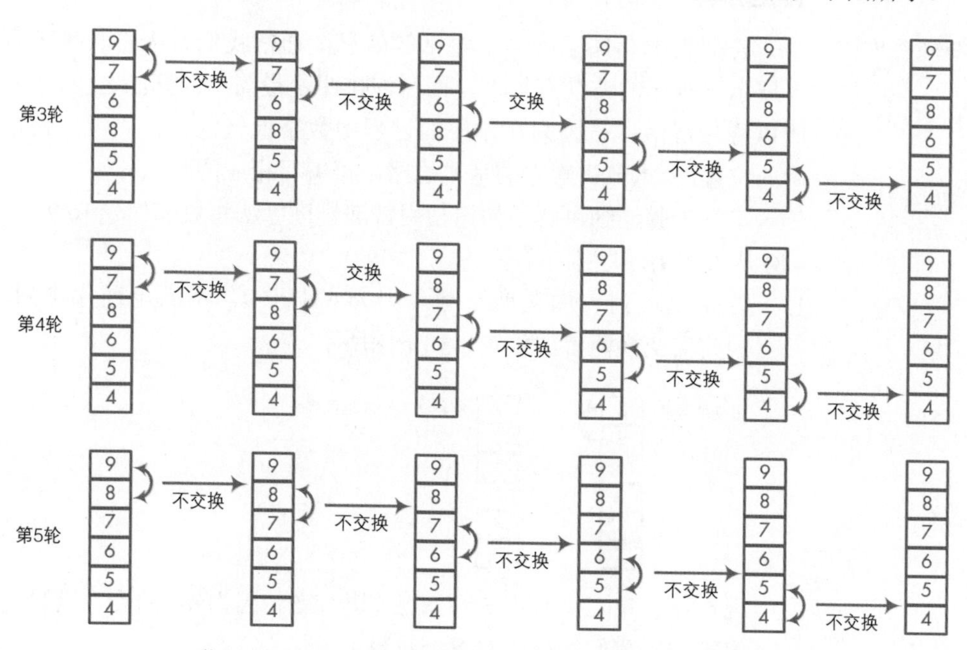

你明白冒泡排序的过程了吗？让我们用 Scratch 实现它吧！如图 9-24 所示，脚本有两个循环：内层循环进行两两比较，在非逆序排列时交换并设置标志变量 done 为 0，表示有必要再进行一轮冒泡排序；外层循环在标志 done 为 0 时重复执行，说明本轮存在变量交换，排序未结束。如果在本轮排序中，内层循环从未交换变量的值，那么外层循环就会退出，过程结束。

下面我们将详细讲解脚本。过程 BubbleSort 首先设置变量 done 为 0，表明还未做任何排序 ❶。外层循环使用**重复执行直到**积木执行多轮冒泡排序，直到列表是逆序排列（换言之，直到 done 等于 1）❷。在新的一轮冒泡排序开始时，循环先设置标志 done 为 1（即假设本轮冒泡排序未进行变量交换）❸，再设置 pos 为 1，使其从列表的前两个变量开始比较。

内层循环依次比较列表的每一对变量，共迭代 N–1 次 ❹，其中，N 是列表的项目数。

如果第 pos+1 项大于第 pos 项 ❺，脚本使用临时变量 temp 交换两个变量的值 ❻。否则变量 pos 加 1，准备比较下一对变量。

外层循环迭代之前，若标志变量 done 等于 0，说明内层循环交换了变量 ❼，需要继续冒泡排序；否则 done 等于 1，说明未进行变量交换，即列表已经处于逆序排列，外层循环结束。

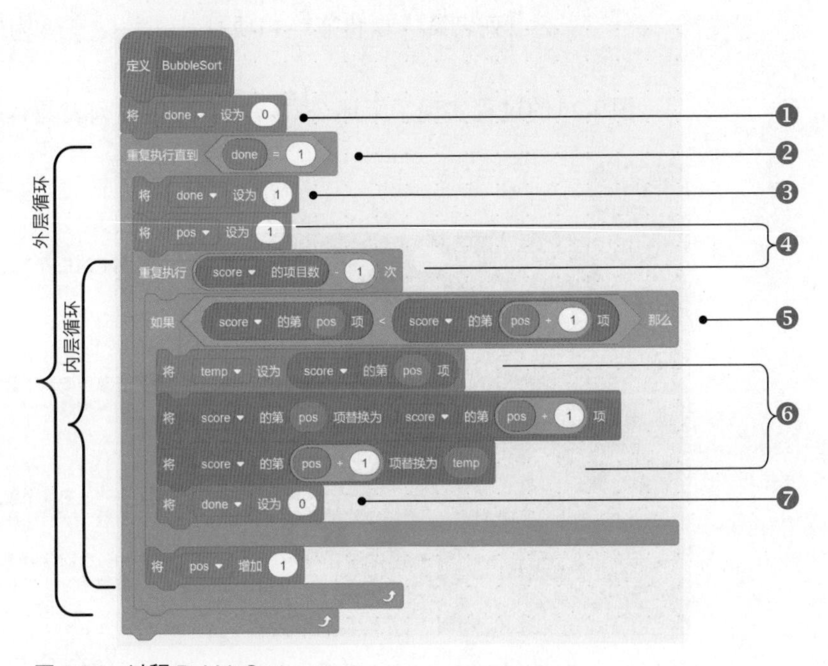

图 9-24：过程 BubbleSort

试一试 9-7

如果我们比较的不再是数字，而是英语单词，图 9-24 的过程是否奏效？如何修改才能使其按顺序排列而非按逆序排列？

寻找中位数

Median.sb3

若数字列表是有序排列的（无论是逆序还是顺序），我们便可以很轻松地找出其中位数。中位数是指有序数列中最中间的数字。如果数列有奇数个数字，中位数即最中间的数字。若数列有偶数个数字，则中位数等于中间两个数字的平均数。假设有序的数字列表中有 N 个变量，那么可以使用如下公式描述中位数。

$$\text{中位数}=\begin{cases}\text{列表第}\dfrac{N+1}{2}\text{项的值} & \text{若}N\text{为奇数}\\ \text{列表第}\dfrac{N}{2}\text{项和第}\dfrac{N}{2}+1\text{项的平均数} & \text{若}N\text{为偶数}\end{cases}$$

图9-25的过程实现了上述公式。注意，它假设列表是有序排列的。

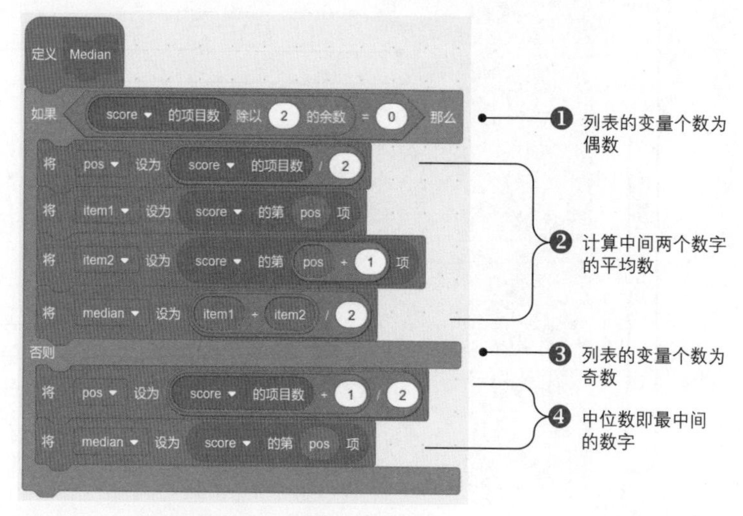

图 9-25：从有序的数字列表中寻找中位数

过程使用**如果……那么**处理偶数长度和奇数长度两种情形。如果列表的变量个数除以 2 的余数为 0（即列表有偶数个变量）❶，则设定变量 median 的值为中间两个数字的平均数。若列表有奇数个变量 ❸，则设定 median 为列表中最中间的数字 ❹。

我们已经学习了列表的各个方面，是时候运用这些新知识了！本章剩余部分将会讲解多个案例，演示如何使用列表创作更复杂的程序。

Scratch 项目

本节将探索多个实际的 Scratch 案例，从不同的角度展现列表的魅力。同时，我们还会学习新的思路和技术，你可以将其借鉴到自己的项目中。

我是诗人

Poet.sb3

本节的第一个案例是英文诗歌生成器。什么？诗歌都能自动生成？是的，只要舞台上的诗人从五个列表（article、adjective、noun、verb 和 preposition，即冠词、形容词、名词、动词和介词）中随机选词并按照特定的模式连接成句即可。列表中的单词都与爱和自然有关，因此生成诗歌的诗意近似。（当然，诗歌可能会非常怪异，不要在意这些细节！）

注意 该项目的创意来源于 Daniel Watt 的 *Learning with Logo*(McGraw-Hill, 1983)。所有的单词均可在 *Poet.sb3* 的列表中找到。

每首诗歌有三行，每行的模式如下。

- 第一行：冠词 + 形容词 + 名词
- 第二行：冠词 + 名词 + 动词 + 介词 + 冠词 + 形容词 + 名词
- 第三行：形容词 + 形容词 + 名词

使用以上结构如何构建诗歌的第一行呢？如图 9-26 所示。

图 9-26：构建诗歌的第一行

脚本首先从列表 article 中随机选取一个介词存储到 line1 中，然后再将空格和形容词列表 adjective 的随机项存入 line1，最后存储空格和名词列表 noun 的随机项。构建完毕后，舞台上的诗人说出诗歌的第一行。因为构建另外两行的思路相似，这里不再展示，你可以查看文件 *Poet.sb3*。

如下是本程序随机生成的两首诗歌。

诗歌一：

each glamorous road（条条迷幻之路啊）

a fish moves behind each white home（鱼儿在透亮的小屋后畅游）

calm blue pond（池塘深蓝又静谧）

诗歌二：

every icy drop（沁凉的水珠，嘀嗒，嘀嗒）

a heart stares under every scary gate（一颗心在惊恐之门下凝望）

shy quiet queen（女王怯懦着，万籁俱静）

Poet.sb3

试一试 9-8

打开 *Poet.sb3* 并运行，修改程序：舞台上有三个角色，每个角色负责说出诗歌的一行。这样我们就可以看到一首完整的诗歌了。

四边形分类游戏

QuadClassify.sb3

本节的第二个案例是一个辨别不同类型四边形的小游戏。程序首先在舞台上展示某一种四边形（平行四边形、菱形、矩形、正方形、梯形或风筝形），玩家通过单击按钮回答它的形状，界面如图 9-27 所示。

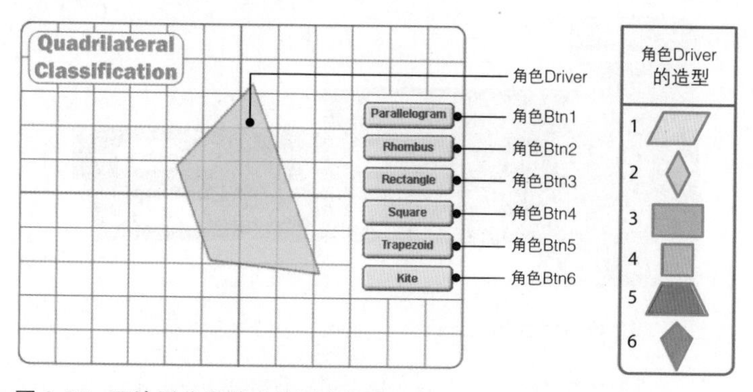

图 9-27：四边形分类游戏的用户界面

游戏包含七个角色：六个用来回答的按钮角色和一个包含了主

脚本的角色 Driver。从图 9-27 中还可看出角色 Driver 有六个造型，分别对应了六种四边形。当单击绿旗标志时，角色 Driver 执行如图 9-28 所示的脚本。

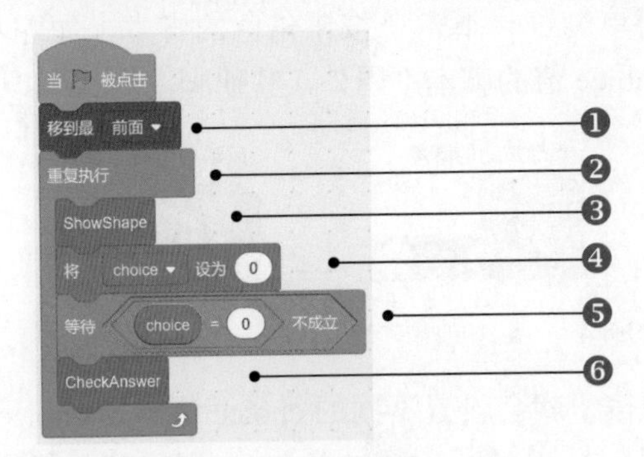

图 9-28：角色 Driver 的主脚本

角色 Driver 首先移动到最上层 ❶，避免四边形图案被按钮角色遮盖。在游戏的主循环中 ❷，脚本调用过程 ShowShape 随机显示一种四边形 ❸，然后设置变量 choice 为 0，表示玩家还未作答 ❹。

脚本随后等待直到变量 choice 不等于 0 ❺，即玩家单击了六个按钮之一。当玩家点击后，脚本继续调用过程 CheckAnswer❻ 告诉玩家回答正确与否。

下面详细看看过程 ShowShape 的脚本，如图 9-29 所示。

首先，脚本移动角色 Driver 到舞台的中心并面向随机方向 ❶。然后设置变量 shape 为 1 到 6 的随机数，再通过它切换造型 ❷，即玩家待识别的图形。

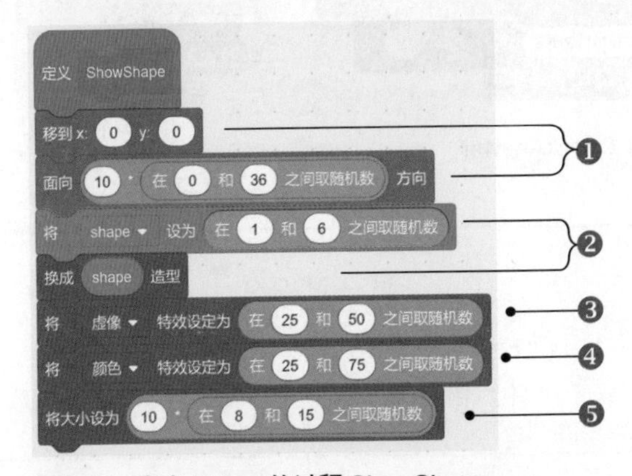

图 9-29：角色 Driver 的过程 ShowShape

为了看见舞台的网格，过程 ShowShape 随机设置虚像为 25 到 50❸，再随机设置造型的颜色（25 到 75）❹和大小（随机设置为 80%, 90%, ···, 150%）❺，使得每一次识别的形状各不相同。

下面我们简单浏览一下六个按钮角色的脚本，如图 9-30 所示。它们除了设置 choice 值的脚本不同外，其他脚本均相同。

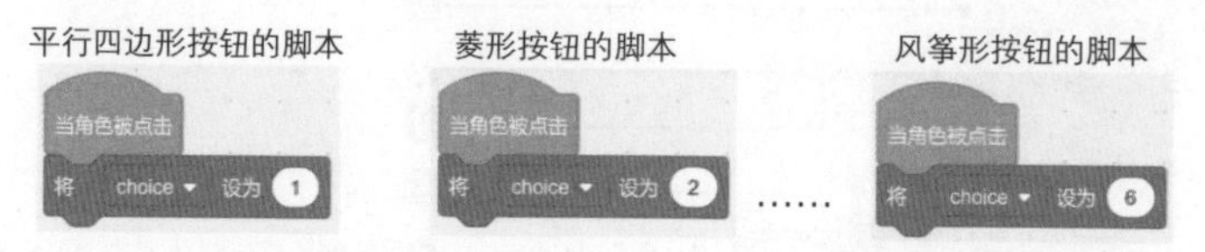

图 9-30：按钮角色的脚本

单击不同的按钮就会设置不同的 choice 值。当 choice 保存了玩家的回答后，图 9-31 的过程 CheckAnswer 则将其与代表了正确形状的变量 shape 进行比较。

如果 choice 等于 shape，说明玩家这次回答正确。否则过程 Check Answer 使用变量 shape 作为列表 quadName 的索引显示当前图形的正确名称，如图 9-31 所示，显示了形状的正确名称。

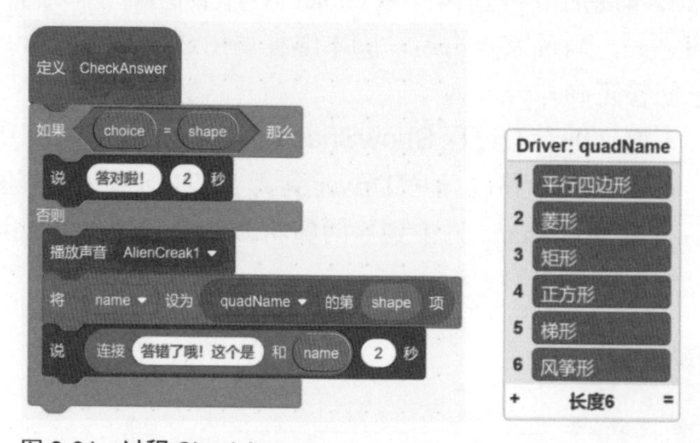

图 9-31：过程 CheckAnswer

QuadClassify.sb3

试一试 9-9

打开 *QuadClassify.sb3* 并运行。游戏是无限执行的，尝试加入游戏的终止条件。再尝试记录玩家识别错误和正确的次数。

数学魔法师

MathWizard.sb3

本程序将展示两个十分有用的列表技术：第一，使用列表存储并处理格式不统一的记录（各记录的长度不相同）；第二，一个列表作为另一个列表的索引。所谓记录，是指相关数据的集合，它在Scratch中表现为列表内多个连续变量的集合。若记录存储的是个人信息，那么列表的第一个变量为姓名，第二个为性别，第三个为年龄等，根据案例的需要自行规定。本案例的记录由谜题的答案（一个数字）和该谜题的多条数学运算指令（多个字符串）组成。每个谜题只有一个答案，不同谜题的指令数量不同。

舞台上的数学魔法师首先要求玩家记住任意一个数字，然后要求你按照他的指示在该数字上做一系列数学运算（如乘以2、减去2、除以10等）。当运算完毕后，即使你从未告知魔法师最初记住的数字，它依然能使用魔力告诉你最后的运算结果。表9-2说明了游戏的运行流程。

表9-2：数学魔法师游戏的运行流程

魔法师的指令	运算后的结果
随意记住一个数字	2
加上5	7
乘以3	21
减去3	18
除以3	6
减去最初的数字	4

当执行完最后一步后，即使程序不知道你挑选的第一个数字是2，魔法师都能告诉你最后的结果是4。不信你可以尝试其他数字哦！你看出这个游戏的玄机了吗？

程序的用户界面如图9-32所示。

该程序包含三个角色：魔法师角色Wizard，他提示玩家相应的指令；按钮角色OK和New分别为舞台的OK和New Game按钮。程序还使用了两个列表，如图9-33所示。

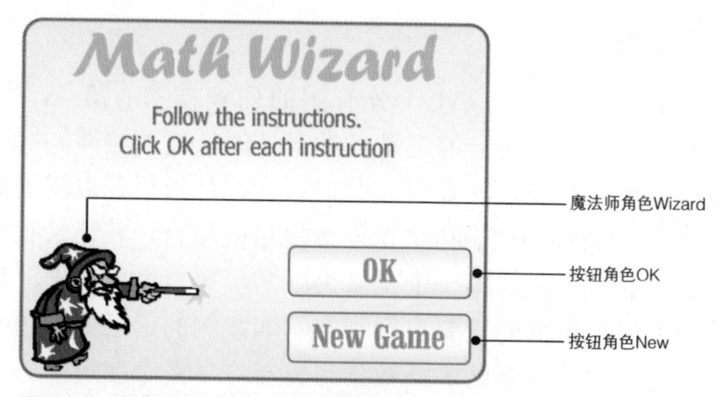

图 9-32：数学魔法师游戏的用户界面

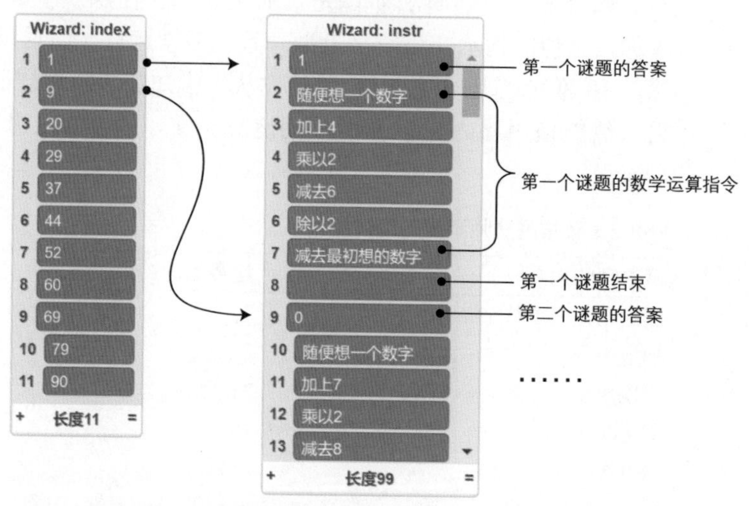

图 9-33：角色 Wizard 使用的两个列表

列表 instr（右侧）包含了 11 条谜题记录。每条记录包括三部分：第一，谜题的答案；第二，数学运算指令；第三，空字符串，标志本条记录结束。列表 index 存储的是列表 instr 中每条记录的索引。例如，列表 index 的第二个变量为 9，说明列表 instr 中第 9 项即为第二条谜题记录的起始位置，如图 9-33 所示。下面我们看看本游戏的基本流程。

1. 新游戏开始时，程序选择 1 到 11 的随机数（因为游戏共有 11 个谜题）。
2. 从列表 index 中随机选取一条谜题记录的起始位置。例如，第一步选取的随机数是 2，表示程序选取第二个谜题，那么从列表

index 的第 2 项便可得知第二条谜题记录的起始位置位于列表 instr 的索引 9。

3. 访问上一步列表 instr 的索引所代表的记录。其第一部分表示谜题的答案，第二部分代表魔法师的指令。
4. 魔法师依次说出这些指令，直到指令等于空字符串。因为空字符串表示本条记录结束。玩家每单击一次 OK 按钮，魔法师说出一条新的指令。
5. 展示谜题的答案。

我们从两个按钮的脚本开始，如图 9-34 所示。

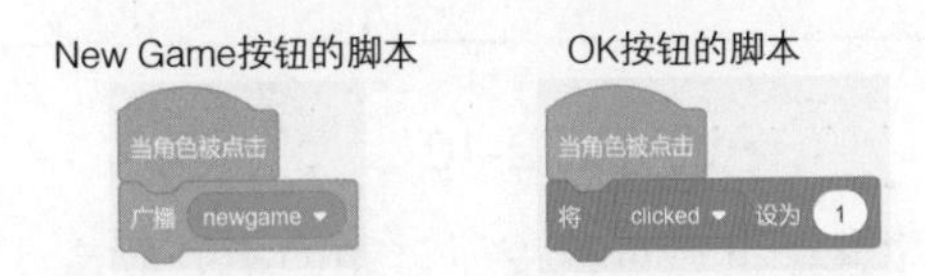

图 9-34：两个按钮的脚本

单击 New Game 按钮则广播消息 NewGame。单击 OK 按钮则设置 clicked 为 1，通知角色 Wizard 玩家已经完成了当前的数学运算。当角色 Wizard 接收到消息 NewGame 后，它执行如图 9-35 所示的脚本。

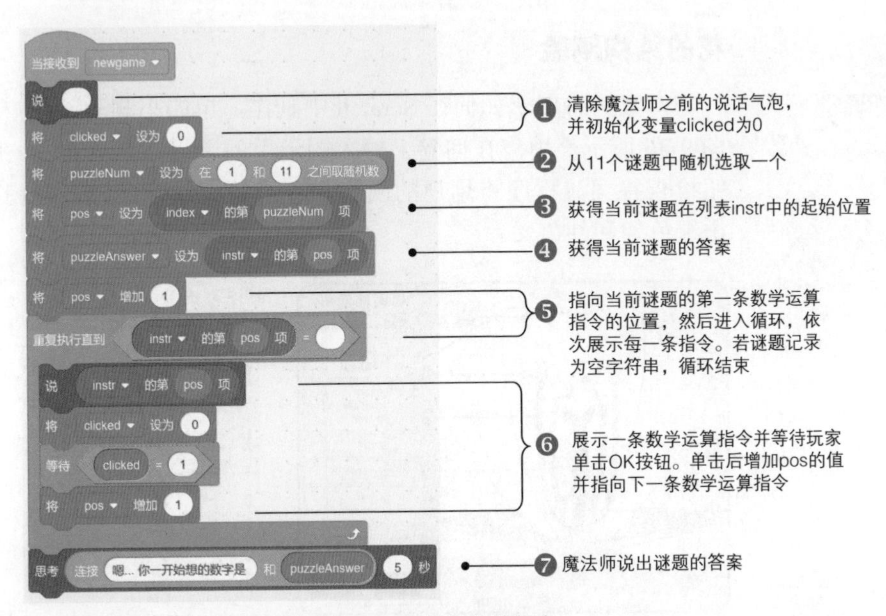

图 9-35：角色 Wizard 的 NewGame 消息处理程序

NewGame 消息处理程序首先清空之前的说话气泡（如果已经运行过该游戏），并初始化变量 clicked 为 0❶，再随机选取谜题编号，保存至变量 puzzleNum❷。然后从列表 index 中读取第 puzzleNum 个谜题的起始位置，保存至变量 pos❸。脚本使用变量 pos 读取当前谜题的答案，保存至变量 puzzleAnswer❹。随后将变量 pos 的值增加 1，使其指向当前谜题记录的第一条数学运算指令，再进入**重复执行直到**积木依次展示谜题的指令❺。在循环体内部，脚本一直等待变量 clicked 被设置为 1❻。最后，若指令为空字符串，循环结束，脚本展示谜题答案❼。

试一试 9-10

如果你删除了某个谜题或改变了谜题的指令数量，那么你不得不重新构建列表 index 使之与列表 instr 匹配。编写出根据 instr 的值自动计算 index 的过程。该过程的关键在于 instr 中的空字符串变量，因为它标记了一条记录的结尾，说明下一条即将开始。

花的结构测验

FlowerAnatomy.sb3

本案例将展示如何在 Scratch 中制作简单的小测验，用户界面如图 9-36 所示。用户在问卷上输入图示上的字母，然后单击 Check 按钮检查答案。程序将用户的回答和标准答案进行比较，在问卷后标出绿色勾和红色叉。

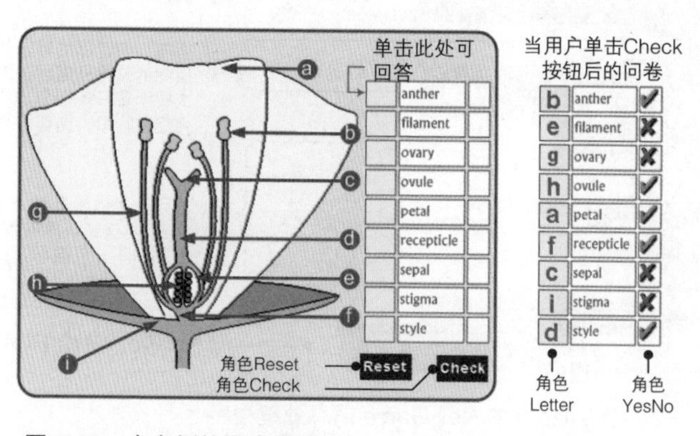

图 9-36：本案例的用户界面

本测验使用了三个列表。第一个列表（correctAns）是九道题目的正确答案。第二个列表（ans）是用户的输入，第三个列表（cellYCenter）包含 11 个 *y* 坐标（角色 Letter 和 YesNo 调用**图章**积木时使用）。当用户单击某个输入框时，舞台将会检测到鼠标单击事件并等待用户的回答。随后舞台更新列表 ans，并使用**图章**将用户的输入显示在题目前。自行研究 *FlowerAnatomy.sb3* 中读取和显示用户回答的脚本。

当用户单击 Check 按钮时，角色 YesNo（拥有造型绿色勾和红色叉）执行如图 9-37 所示的脚本。

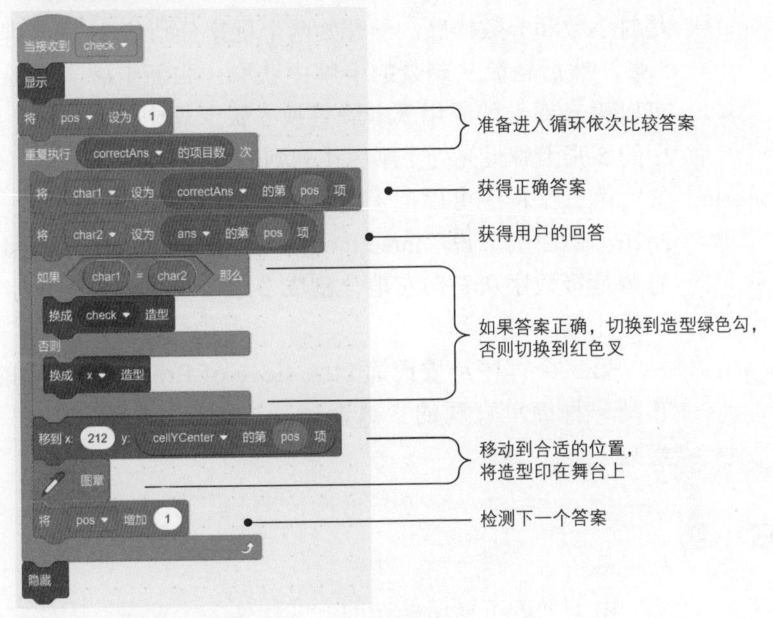

图 9-37：角色 YesNo 的 Check 消息处理过程

脚本依次比较列表 correctAns 和 ans 中的变量。如果两者相同，过程在舞台上印一个绿色勾，否则印红色叉。图章的位置是从列表 cellYCenter 中获得的。

试一试 9-11

USMapQuiz.sb3

打开项目 *FlowerAnatomy.sb3* 并运行，尝试修改程序的测试内容。打开练习项目 *USMapQuiz.sb3*，完成它的剩余的功能。

其他应用程序

SortEmOut.sb3

本章配套的额外资源包含了更多有趣的案例以及详细的解释（可以到博文视点官网的本书页面下载）。第一个程序是双人游戏，任务是对小数和分数排序。一开始两个玩家分别从 31 张卡牌中随机抽取 5 张，然后轮流从剩余的卡牌中获取一张新卡牌，处于本轮的玩家可以丢弃新卡牌或用新卡牌替换 5 张卡牌中的某一张。哪位玩家手中的 5 张卡牌最先处于顺序排列则胜出。

SayThatNumuber.sb3

第二个程序可以把正整数转换成英文单词。例如，用户输入了 3526，程序则会说“three thousand five hundred twenty six”。程序的思想是将数字从右向左地分割成多组，每组共三个数字并依次做相应的处理。

Sieve.sb3

第三个程序是埃氏筛（the sieve of Eratosthenes）的模拟程序，它是一种简单直观的素数查找算法。该程序可以找出 100 以内的素数。

本章小结

由于列表可以用统一的方式操作多个变量，因此它在编程中极其常用。本章我们学习用 Scratch 创建列表，操作列表的相关积木以及动态地将用户的输入填充至列表。

我们还学习了数字列表，展示了如何从中获得最大值、最小值以及平均数，然后介绍了简单的搜索和排序算法。最后制作了一些运用列表的程序。

练习题

1. 建立含有前 10 个素数的列表。编写程序，使用**说**积木依次显示素数。
2. 创建三个列表存储个人信息：第一个列表存储姓名，第二个列表存储生日，第三个列表存储电话号码。编写程序，询问用户要查询的用户姓名。如果在第一个列表中查找到了该姓名，程序显示他的生日和电话。
3. 创建两个列表存储商品名称及其价格。编写程序，询问用户要查询的商品名称，如果商品存在，则显示其价格。
4. 当执行下图的脚本后，列表 numList 存储了什么呢？建立如下脚本验证你的分析。

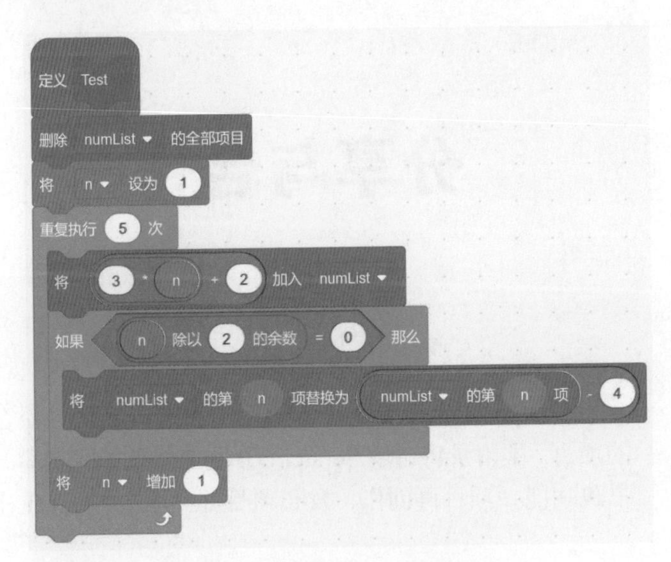

5. 编写程序，将数字列表的所有变量乘以 2。
6. 编写程序，询问学生的姓名和成绩，并将它们分别存储到两个列表中。当学生的姓名为 –1 时结束录入。
7. 编写程序，询问用户一年以来每个月的最高温度和最低温度，分别存入两个列表中。
8. 编写程序，让用户在列表中录入 10 个不相同的整数。
9. 编写程序，处理存储了 20 个学生分数的列表。统计分数在 85 到 90 分之间的学生数量。

分享与合作

Scratch 连接着世界各地的人们，它让我们轻松合作并分享自己的项目。本附录将讲解 Scratch 3.0 网络版的相关内容，包括创建账号、书包功能、项目再创作、发布项目并分享到 Scratch 社区。

创建 Scratch 账号

尽管 Scratch 账号不是必需的，但为了方便项目的合作和分享，我们必须创建 Scratch 账号。使用账号可以将作品保存到 Scratch 官网中、与其他用户交流以及在线分享项目等。按照如下步骤创建属于自己的 Scratch 账号。

1. 进入 Scratch 官方网站 *https://scratch.mit.edu/*，单击网站右上方的**加入 Scratch 社区（Join Scratch）**，出现如图 A-1 所示的对话框，输入用户名（Username）和密码（Password），然后单击**下一步（Next）**。

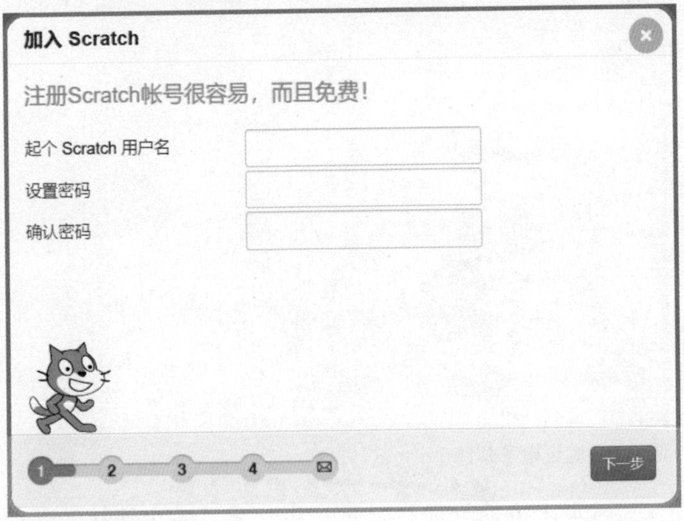

图 A-1：账号创建第一步

2. 第二步如图 A-2 所示。选择你的出生日期（Birth Month and Year）、性别（Gender）、国籍（Country），单击**下一步（Next）**。

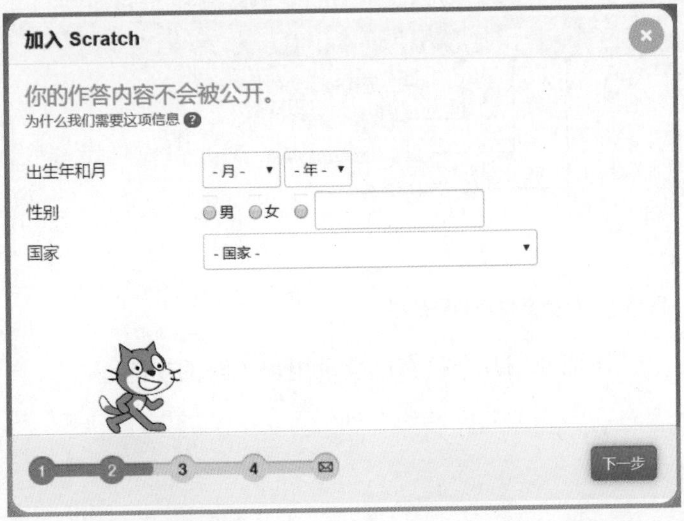

图 A-2：账号创建第二步

3. 然后进行电子邮件的验证，如图 A-3 所示。验证通过后，你就注册成功啦！

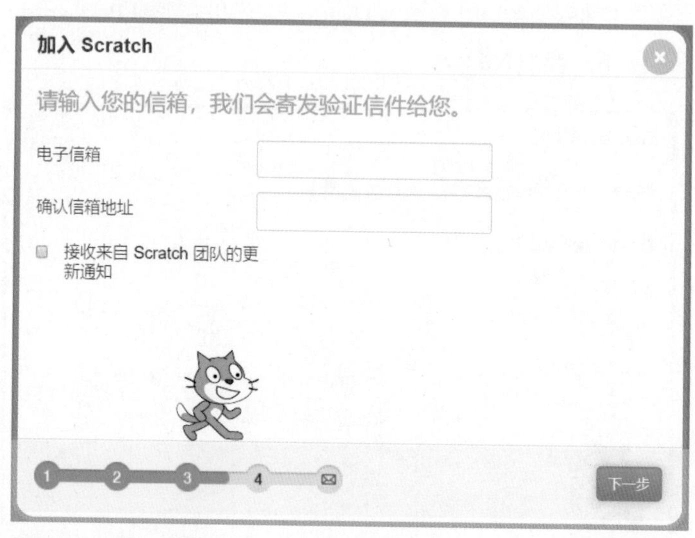

图 A-3：验证电子邮件

网页上方的导航栏显示了用户名。各个连接的功能如图 A-4 所示。

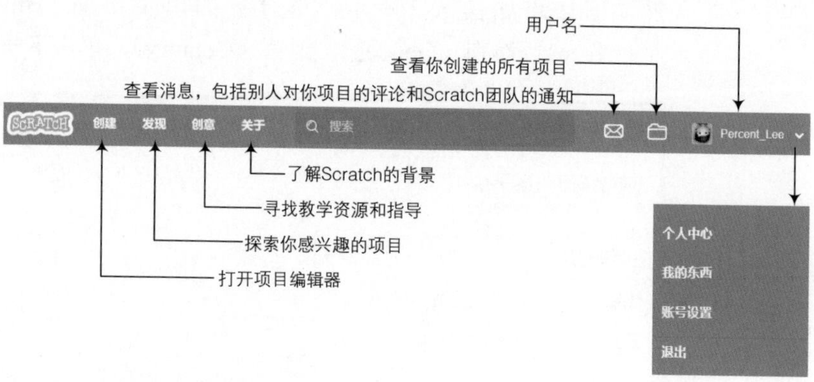

图 A-4：已登录用户的导航栏

下面介绍几个只有已登录用户才有的功能。

使用书包功能

我们可以把任何项目中的角色、脚本、造型、背景和声音放入书包（仅限登录用户使用），然后在自己的项目中使用。单击图 A-4 的**发现（Explore）**链接进入项目探索页面，类似于图 A-5 所示。

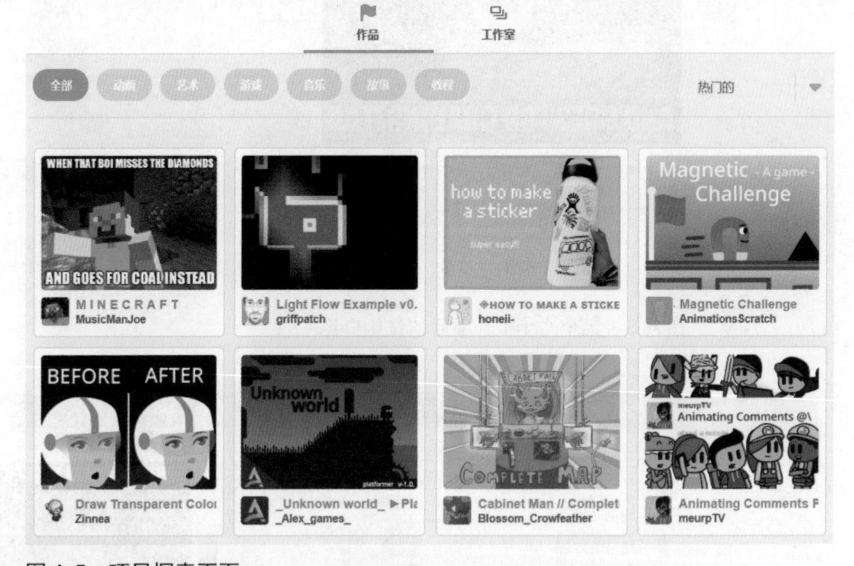

图 A-5：项目探索页面

你可以通过上侧的分类、搜索栏查找项目，然后选择不同的标准排序（热门、最受欢迎、新建）。如果你想查看别人的 Scratch 项目，单击该项目的缩略图进入项目页面，如图 A-6 所示。

单击图 A-6 右上角的**进去看看（See inside）**按钮，查看本项目的脚本，如图 A-7 所示。

图 A-6：某个 Scratch 项目的详细介绍

图 A-7：查看其他用户创作的项目

如果你想在自己的项目中使用本项目的资源（角色、脚本、造型、背景或声音），只需要将其拖动到书包中即可。如果要删除书包中的资源，对其单击鼠标右键，然后从下拉菜单中选择**删除**（Delete）。

书包中的资源都存储在 Scratch 的服务器中，因此，即使你退出登录，它们也不会丢失。如果要使用书包中的资源，将其拖动到自己的项目中即可。

创建项目

创建 Scratch 项目有多种方式，如创建空的项目，在某个项目的基础上再创作或是打开已存在的项目。下面我们看看每种创建方式。

创建新的项目

单击导航栏的**创建**（Create）按钮，即可创建一个新的空白项目，如图 A-8 所示。

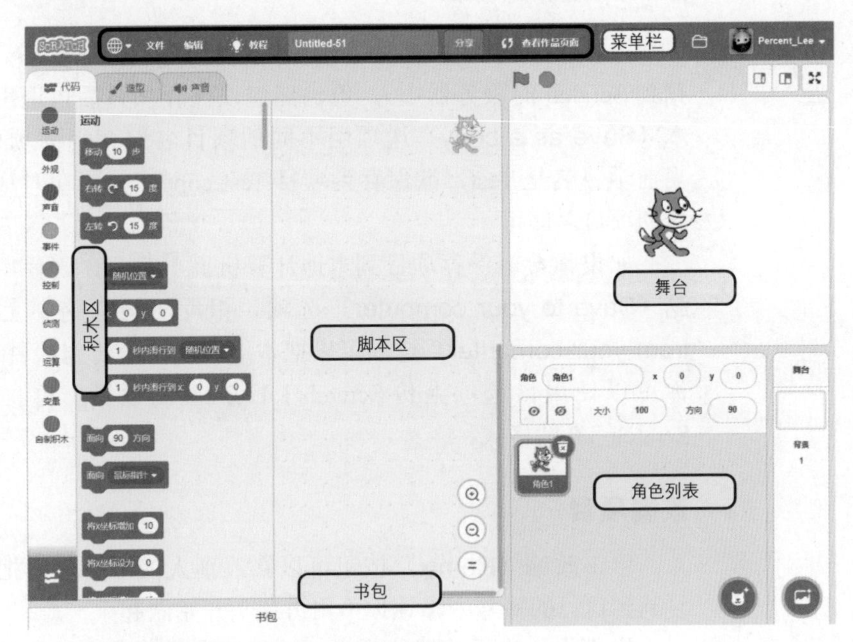

图 A-8：已登录用户的 Scratch 项目编辑器

未登录用户的界面与该界面非常相似，其不同点如下。

- 不能使用书包功能。
- 没有顶部的**分享**（Share）和**查看作品页面**（See project page）按钮。

- 没有右上角的手提箱图标和用户名。
- 文件菜单缺少个别选项。

工具栏及其选项见图 A-9。

图 A-9：已登录用户的工具栏

当你处于登录状态时，Scratch 会自动将项目保存到云中（即保存到 Scratch 的服务器中），但仍然建议保存项目后再退出。**保存副本**（Save as a copy）选项用不同的项目名保存当前项目。例如，当前项目名是 Test，欲保存为项目 Test copy，只要在对话框中输入新的项目名即可。

如果你希望保存项目到本地计算机而不是云，则使用**保存到电脑**（Save to your computer）选项。相反，**从电脑中上传**（Load from your computer）选项可以把本地的项目上传到项目编辑器中。你可以使用该选项上传 Scratch 1.4 或 2.0 的项目，再将其转换为 Scratch 3.0 的格式。

改编项目

单击**改编**（Remix）按钮可以修改别人的项目。它把当前项目复制到自己的账号中，让你不用再从头开始做起。

如果你分享了改编的项目，项目页会显示该项目的最初创作者及其项目的链接。

项目页

单击图 A-8 右上角的**查看作品页面**（See project page）按钮进入项目页编辑项目信息，如图 A-10 所示。项目信息包括操作说明（程序如何使用等）、备注和谢志（使用过谁的想法等）。

图 A-10：项目页

分享项目

在程序创建完毕后，单击**分享**（Share）按钮即可将其分享至 Scratch 社区。分享之后，任何人都能在网络中找到它并查看其脚本。

单击右上角用户名旁的下拉菜单，选择**我的东西**（My Stuff）查看所有的项目（也可以单击手提箱图标），界面如图 A-11 所示。

图 A-11：我的东西界面

该界面可以浏览所有的项目和工作室的信息，并进行操作，例如，创建、分享、编辑、取消分享和删除。你还可以选择新增工作室，它是项目的集合，可以非常方便地把相关项目组织在一起。

注意 如果你删除了未分享的项目，它会移动到回收桶（Trash）中。因此，你可以恢复曾经删除的项目。

读者服务

微信扫码回复：37616

- 获取本书配套代码资源
- 加入“少儿编程”读者交流群，与更多同道中人互动
- 获取【百场业界大咖直播合集】（持续更新），仅需 1 元

反侵权盗版声明